は　し　が　き

「志望校に合格するためにはどのような勉強をすればよいのでしょうか」 これは，受験を間近にひかえているだれもが気にしていることの１つだと思います。しかし，残念ながら「合格の秘訣」などというものはありませんから，この質問に対して正確に回答することはできません。ただ，最低限これだけはやっておかなければならないことはあります。それは「学力をつけること」，言い換えれば，「志望校の入試問題の傾向をつかむこと」と「不得意分野・単元をなくすこと」です。

前者については，弊社の『中学校別入試対策シリーズ』をひもとき，過去の入試問題を解いたり，参考記事を読んだりすることで十分対処できるでしょう。

後者は，絶対的な学力を身につけるということですから，応分の努力を必要とします。これを効果的に進めるための書として本書を編集しました。

本書は，長年にわたり『中学校別入試対策シリーズ』を手がけてきた経験をもとに，近畿の国立・私立中学校で2023年・2024年に行われた入試問題を中心として必修すべき問題を厳選し，単元別に収録したものです。本書を十分に活用することで，自分の不得意とする分野・単元がどこかを発見し，また，そこに重点を置いて学習し，苦手意識をなくせるよう頑張ってください。別冊解答には，できる限り多くの問題に解き方をつけてあります。問題を解くための手がかりとして，あわせて活用してください。

本書を手にされたみなさんが，来春の中学受験を突破し，さらなる未来に向かって大きく羽ばたかれることを祈っております。

も　く　じ

JN051673

1 力のつりあいと運動

1 ≪てこのつりあい≫ ア～サまで等間隔の目印をつけた太さが一様な棒1があります。図1のように，棒1のカの位置に糸を取りつけて天井につるすと水平につりあいました。あとの問いに答えなさい。

(帝塚山学院中)

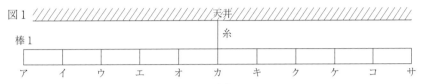

図1

(1) てこのはたらきを利用している道具として**間違っているもの**を，次のA～Dから1つ選び，記号で答えなさい。（　　　）

A　ハサミ　　B　ホチキス　　C　ピンセット　　D　バケツ

(2) 図1のウの位置に10gのおもりをつるしたとき，ケの位置に何gのおもりをつるすと棒1は水平につりあいますか。（　　　g）

(3) 図1のウの位置に12gのおもりをつるしたとき，コの位置に何gのおもりをつるすと棒1は水平につりあいますか。次のA～Dから1つ選び，記号で答えなさい。（　　　）

A　6g　　B　9g　　C　12g　　D　16g

(4) 図1のアの位置に30gのおもりをつるしたとき，ケの位置に何gのおもりをつるすと棒1は水平につりあいますか。次のA～Dから1つ選び，記号で答えなさい。（　　　）

A　18g　　B　30g　　C　50g　　D　150g

(5) 図1のイとオの位置に10gのおもりをそれぞれつるしたとき，キの位置に何gのおもりをつるすと棒1は水平につりあいますか。次のA～Dから1つ選び，記号で答えなさい。（　　　）

A　20g　　B　30g　　C　40g　　D　50g

(6) シ～ツまで等間隔の目印をつけた太さが一様で重さが5gの棒2を用意しました。棒2と30gのおもりを図2のように棒1にとりつけました。図2のシの位置に18gのおもりをつるしたとき，チの位置に何gのおもりをつるすと棒1も棒2も水平につりあいますか。あとのA～Dから1つ選び，記号で答えなさい。ただし，棒1と糸の重さは考えなくてよいものとします。（　　　）

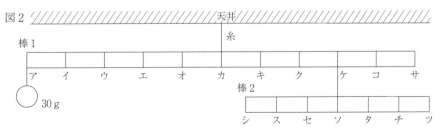

図2

A　25g　　B　27g　　C　30g　　D　32g

2　≪てこのつりあい≫　図１のような，長さが60cmで５cmおきに穴のあいたうでを持つ実験用てこに，おもりをつるした。次の各問いに答えなさい。　（同志社女中）

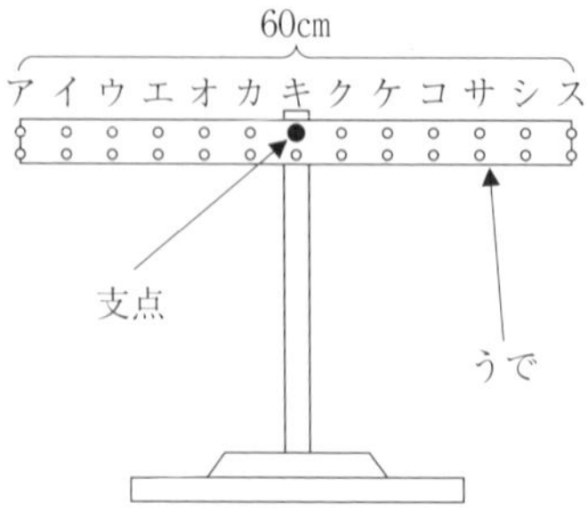

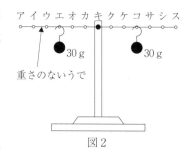

60cm
アイウエオカキクケコサシス
支点
うで
図１

問１　図１のアに20gのおもりをつるした。30gのおもりをつるしてうでを水平にするには，どの穴におもりをつるせばよいか。最も適当な位置を図１のア～スから一つ選び，記号で答えなさい。(　　　)

問２　図１のアに20gのおもりをつるした。クにおもりをつるしてうでを水平にするには，何gのおもりをつるせばよいか，答えなさい。(　　　g)

問３　図１のアに20gのおもりをつるし，エに30gのおもりをつるした。スにおもりをつるしてうでを水平にするには，何gのおもりをつるせばよいか，答えなさい。(　　　g)

問４　図１のアに20gのおもりをつるし，ケに50gのおもりをつるした。20gのおもりをもう一つつるしてうでを水平にするには，どの穴におもりをつるせばよいか。最も適当な位置を図１のア～スから一つ選び，記号で答えなさい。(　　　)

図１の実験用てこのうでだけの重さは60gあり，うでの重さはどこも均等であった。そのため，うでのアからキの部分の重さは30g，キからスの部分の重さも30gである。これは，図２のように重さのないうでに置きかえて，アからキの中央にあたるエと，キからスの中央にあたるコにそれぞれ30gのおもりをつるしたときと同じと考えることができる。したがって，うでの中心であるキを支点としたときは，うでが水平になってつりあうため，うでの重さを考える必要がない。しかし，支点がうでの中心にないときには，支点の左右のうでの重さと長さを考える必要がある。

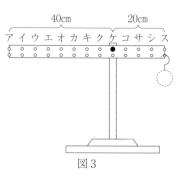

アイウエオカキクケコサシス
30 g
30 g
重さのないうで
図２

問５　図３のように，うでの支点をケにかえ，うでが水平になるようにスにおもりをつるした。次の各問いに答えなさい。

(i)　うでのアからケまでの部分の重さは何gか，答えなさい。

(　　　g)

(ii)　図３のスにつるしたおもりは何gか，答えなさい。

(　　　g)

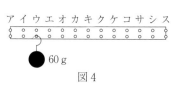

40cm
20cm
アイウエオカキクケコサシス
図３

問６　図４のようにウに60gのおもりをつるしたうでを，水平にするには，うでのどこを支点にすればよいか。最も適当な位置を図４のア～スから一つ選び，記号で答えなさい。(　　　)

アイウエオカキクケコサシス
60 g
図４

3 《てこのつりあい》　長さが 60cm で 10cm ごとに目もりがついている棒があります。棒の真ん中を糸でつるし，それぞれ重さのちがう 3 種類のおもり（Ⓐ・Ⓑ・Ⓒ）をつるして重さをくらべました。下の問いに答えなさい。ただし，棒や糸の重さは考えなくてよいものとします。　　　　　　　（松蔭中）

(1)　図 1，図 2 のように，棒の両はしにおもりをつるすとそれぞれつりあいました。Ⓐ・Ⓑ・Ⓒを重いほうから順にならべなさい。（　　＞　　＞　　）

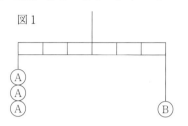

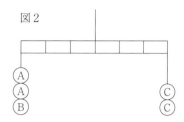

(2)　図 3 のようにおもりをつるすと，棒の右側はア，イのどちらに動きますか。記号で答えなさい。（　　　）

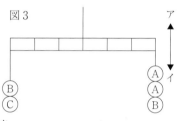

(3)　図 4 のように，左側のおもりは棒のはしに，右側のおもりは棒のはしから 10cm の位置につるしました。このとき，おもりⒶの重さを 10g とすると，棒の右側にはおもりⒷを何個つるせばつりあいますか。（　　　個）

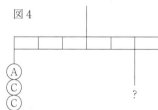

4 《てこのつりあい》　てこについて，次の文を読み，あとの問いに答えなさい。　　　　　　　　　　　　　　　（常翔啓光学園中）

　てこを使って物を持ち上げるのに必要な力は支点，力点，作用点の位置によって変わります。重い物を小さい力で持ち上げるには，てこの（　①　）を短くするか，（　②　）を長くします。てこを利用した道具はたくさんあり，支点，力点，作用点の位置関係が図 1 と同じものは（　③　）などがあります。

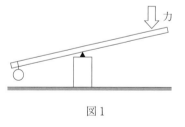

図1

(1)　文中の（　　）にあてはまるものを次から選び，記号で答えなさい。

　　①（　　　）②（　　　）③（　　　）

　　ア　支点と力点のきょり　　　イ　力点と作用点のきょり　　　ウ　作用点と支点のきょり

　　エ　せんぬき　　　　　　　　オ　くぎぬき　　　　　　　　　カ　ピンセット

(2)　長さが 100cm の棒に，図 2〜図 4 のようにおもりをつけたところ，棒が水平になってつり合いました。おもりア〜ウはそれぞれ何 g か答えなさい。ただし，おもり以外の重さは考えないものとします。ア（　　　g）イ（　　　g）ウ（　　　g）

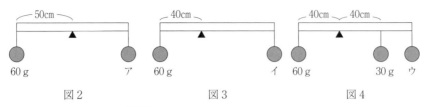

図2　　　　　　　　図3　　　　　　　　図4

(3)　図5のように100cmの棒の左端（ひだりはし）から50cmのところに200gのおもりをつるし，そこからさらに30cm右のところに100gのおもりをつるし，水平になるようにばねばかりからつるしました。ばねばかりA，Bはそれぞれ何gを示しますか。ただし，おもり以外の重さは考えないものとします。

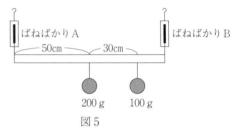

図5

A（　　　g）　B（　　　g）

図6，図7のように長さが100cm，重さのわからない太さが一様でない棒をばねばかりで持ち上げました。左端を持ち上げるとばねばかりは120g，右端を持ち上げると80gを示しました。

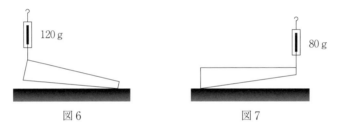

図6　　　　　　　　　　　図7

(4)　この棒の重さは何gですか。（　　　g）

(5)　この棒の重心は左端から何cmですか。（　　　cm）

5　≪てこのつりあい≫　次の【実験1】から【実験3】について，下の各問いに答えなさい。

(帝塚山学院泉ヶ丘中)

【実験1】　図1，図2のように，長さ100cm，重さ300gの一様な棒と，おもりAを1つ，おもりBを2つ用いて天井からつるしたところ，棒は水平になった。

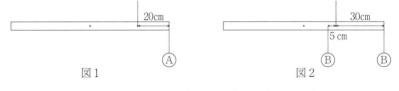

図1　　　　　　　　　　図2

(1)　おもりA，Bはそれぞれ何gですか。A（　　　g）　B（　　　g）

次に，【実験1】と同じ棒，200gのおもり，はかりを2つ用いて【実験2】，【実験3】を行った。棒の左はしから10cmの位置にあるはかりAと，車輪がついていて位置を自由に変えられるはかりBで棒を支える。おもりの大きさは考えないものとし，はかりの高さを調節して棒が水平になるように実験を行ったものとする。

【実験2】 はかり B の位置 x [cm] を 50cm から少しずつ大きくしたときの結果の一部を表1にまとめた。はかり A の目盛りを a [g]，はかり B の目盛りを b [g] と表している。

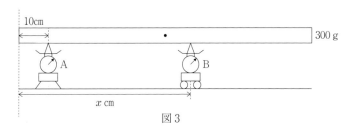

図3

表1

x [cm]	50	（あ）	70	90
a [g]	0	50	（い）	150
b [g]	300	250	（う）	150

(2) 表1の空らん（あ），（い），（う）にあてはまる値をそれぞれ答えなさい。

　（あ）(　　　　)　（い）(　　　　)　（う）(　　　　)

(3) 【実験2】に関する次の文章のうち，適当でないものを1つ選び，解答らんの記号を○で囲みなさい。（ ア　イ　ウ　エ ）

　ア．2つのはかりの値を足し合わせると300になる。

　イ．x の値が50より小さい場合，棒を水平に保つことができない。

　ウ．x の値が90より大きく，100より小さい場合，棒を水平に保つことができない。

　エ．b の値よりも a の値の方が大きくなる場合がある。

【実験3】 200g のおもりを棒の左はしから y [cm] の位置に置き，そのときのはかり A，B の値を表2にまとめた。表1と同様にはかり A の目盛りを a [g]，はかり B の目盛りを b [g] と表している。

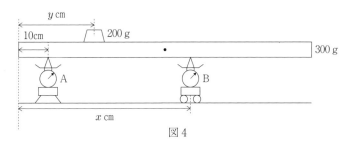

図4

表2

x [cm]	40	45	50	50	60	（お）
y [cm]	10	（え）	20	30	60	50
a [g]	100	100	150	100	60	250
b [g]	400	400	350	400	440	250

(4) 表2の空らん（え），（お）にあてはまる値をそれぞれ答えなさい。

　（え）(　　　　)　（お）(　　　　)

6 ≪ばね≫　2本のばね A，B にいろいろな重さのおもりをつるしておもりの重さとばねの長さの関係を調べる実験を行いました。あとの問いに答えなさい。ただし，ばねの重さは考えないものとします。

(初芝富田林中)

実験の結果を表にまとめていましたが，うっかり飲み物をこぼしてしまい，しみができて表の一部が見えなくなってしまいました。

表　おもりの重さとばねの長さ

おもりの重さ(g)	0	10	20	30	40	50	60	70	80
ばねAの長さ(cm)	10	12					22	24	26
ばねBの長さ(cm)	6	9					24	27	30

(1)　ばね A に 40g のおもりをつるすとばねの長さは何 cm になるか答えなさい。

（　　　　cm）

(2)　図1のようにばねをつなぐと，ばね A と B の長さはそれぞれ何 cm になるか答えなさい。A（　　　cm）　B（　　　cm）

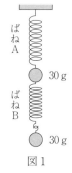

図1

(3)　図2のようにばねをつなぐと，ばね A と B の長さの合計が 66cm になりました。このとき，ばね A と B の長さはそれぞれ何 cm になるか答えなさい。A（　　　cm）　B（　　　cm）

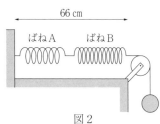

図2

(4)　図3のようにばね B の一方のはしに 50g のおもりをつるし，もう一方のはしにばねばかりをつなぐと，ばねばかりの値は何 g を示しますか。（　　　g）

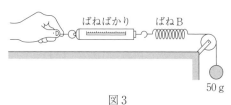

図3

(5)　図4のようにばね B の両方のはしに 50g のおもりをつるすとばね B の長さは何 cm になるか答えなさい。（　　　cm）

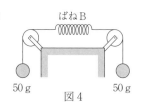

図4

(6)　図5のようにばね A をつないで，60g のおもりをつるすと 2 つのばね A の長さは同じになり，おもりをつるしている棒は水平になりました。このときばね A の長さは何 cm になるか答えなさい。ただし，おもりは棒の中心につるし，棒の重さは考えないものとします。（　　　cm）

図5

⑺ 図6のようにばねをつなぐと, ばねAとばねBは同じ長さになり, おもりを
つるしている棒は水平になりました。このときおもりの重さは何gか答えなさ
い。ただし, おもりは棒の中心につるし, 棒の重さは考えないものとします。

（　　　　g）

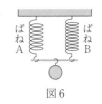

図6

7 ≪かっ車・輪じく≫　次の文を読み, あとの問いに答えなさい。　　　　　　（奈良学園中）

図1のような道具をてこと呼びます。古代ギリシアの科学者アリストテ
レスは, 「てこがあれば地球さえも持ち上げることができる」と言ったと伝
えられています。てこは私たち人類にとって, その時代から大変役立つ道
具だったのです。

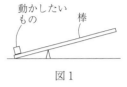

図1

図1のてこには, 棒から動かしたいものに力がはたらく点, 棒をささえる点, 人が棒に力を加え
る点があり, 順番に（　①　）,（　②　）,（　③　）と呼びます。

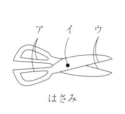
はさみ

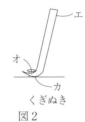
くぎぬき

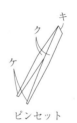
ピンセット

図2

図2のはさみやくぎぬき, ピンセット, 図3のような輪軸はてこのはた
らきを利用した道具です。輪軸とは2枚の円板をくっつけ, それぞれの円板
にひもをつけた道具です。輪軸は円板の中心に回転軸があり, 2枚の円板が
くっついたままで回転します。

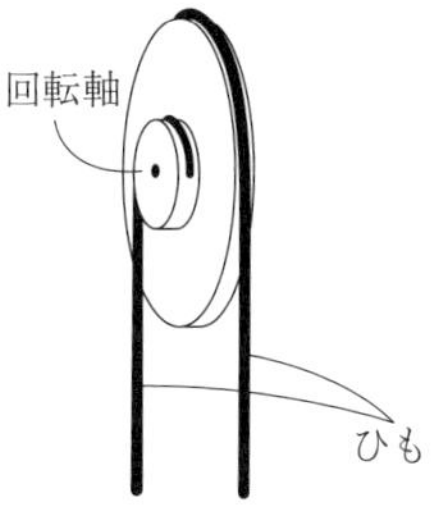

では, てこが役立つのはどのようなはたらきをもつからでしょうか。てこ
は（　①　）と（　②　）の間の長さに比べ,（　②　）と（　③　）の間の長さを大
きくすることで, 人が加える力に比べて, 動かしたいものにはたらく力を
（　④　）することができます。これがてこのはたらきです。

たとえば, 私たちが厚い紙をはさみの刃の（　⑤　）で切れないときに, はさみの刃の（　⑥　）を
使えば, 切れるようになるのもてこのはたらきを利用しているのです。

⑴　文中の（　①　）～（　③　）にあてはまる語句の組合せとして正しいものはどれですか。次のア～カ
から1つ選び, 記号で答えなさい。（　　　　　）

記号	ア	イ	ウ	エ	オ	カ
①	支点	支点	作用点	作用点	力点	力点
②	作用点	力点	支点	力点	支点	作用点
③	力点	作用点	力点	支点	作用点	支点

(2) 図2のはさみ，くぎぬき，ピンセットについて，支点の位置はどこですか。図2のア～ケから
　　それぞれ1つ選び，記号で答えなさい。

　　　はさみ（　　　）　くぎぬき（　　　）　ピンセット（　　　）

(3) 文中の（ ④ ）～（ ⑥ ）にあてはまる語句の組合せとして正しいものはどれですか。次のア～エ
　　から1つ選び，記号で答えなさい。（　　　）

記号	ア	イ	ウ	エ
④	小さく	小さく	大きく	大きく
⑤	先端	根元(軸の近く)	先端	根元(軸の近く)
⑥	根元(軸の近く)	先端	根元(軸の近く)	先端

(4) 2枚の円板の半径が5cmと25cmの輪軸があります。半径が5cmの円板につないだひもに
　　500gのおもりをつりさげ，25cmの円板につないだひもにおもりAをつりさげると，つりあって，
　　輪軸と2つのおもりは動きませんでした。

　① おもりAは何gですか。（　　　g）

　② ①の状態からおもりAをとりはずし，そのひもを手で持ちます。次に500gのおもりをゆっ
　　　くり10cm引き上げるには，手でひもを何cm下向きに引けばよいですか。（　　　cm）

8 ≪かっ車・輪じく≫　なめらかに回るいろいろなかっ車について，下の各問いに答えなさい。ただ
し，ロープの重さは考えないものとします。 (雲雀丘学園中)

(1) 図1のように，定かっ車を使って，重さ2kgのおもりを持ち上げました。A～Cのようにロー
　　プを引くとき，ロープを引く力の大きさについて正しいものを，次のア～エから1つ選び，記号
　　で答えなさい。（　　　）

図1

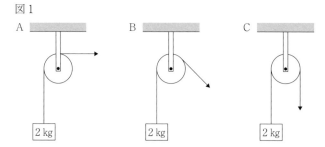

　　ア　Aが最も大きい　　イ　Bが最も大きい　　ウ　Cが最も大きい　　エ　どれも同じ

(2) 図2のように，大きい輪と小さい輪の半径の比が3：1の輪じくを使って　図2
　　重さ6kgのおもりを30cm持ち上げました。ロープを引く力の大きさは何
　　kgですか。また，ロープを引く長さは何cmですか。

　　　大きさ（　　　kg）　長さ（　　　cm）

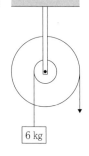

(3) 図3のように，動かっ車と定かっ車を使って，重さ6kgのおもりを 図3
30cm持ち上げました。ロープを引く力の大きさが4kgだったとき，動
かっ車の重さは何kgですか。また，ロープを引く長さは何cmですか。

　　重さ（　　　kg）　長さ（　　　　cm）

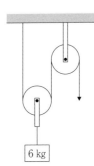

(4) 図4のように，(3)と同じ動かっ車2つと定かっ車1つを使って6kg 図4
のおもりを30cm持ち上げました。ロープを引く力の大きさは何kg
ですか。また，ロープを引く長さは何cmですか。

　　大きさ（　　　kg）　長さ（　　　　cm）

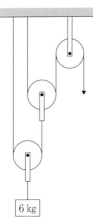

(5) 図5のように，(3)と同じ動かっ車1つと輪じくを使って10kgのお 図5
もりを30cm持ち上げました。ロープを引く力が1kg必要だったと
き，輪じくの大きい輪と小さい輪の半径の比はいくらですか。その時，
ロープを引く長さは何cmですか。

　　大きい輪の半径：小さい輪の半径＝（　　：　　）　長さ（　　　　cm）

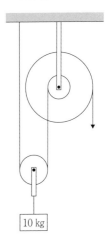

9　《ふりこ》　次の表は，ふりこの長さ，おもりの重さ，ふれ幅の角度をいろいろ変えて，ふりこが
1往復する時間を調べた結果です。これについて，あとの問いに答えなさい。ただし，摩擦や空気
の抵抗は考えないものとします。

(四條畷学園中)

ふりこ	長さ(cm)	重さ(g)	ふれ幅の角度(°)	1往復する時間(秒)
あ	25	100	60	1.0
い	100	50	30	2.0
う	100	100	30	2.0
え	150	100	60	2.4

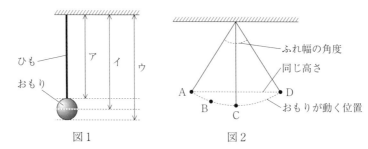

図1　　　　　　　　　図2

(1)　ふりこの長さとはどの長さをいいますか。図1のア〜ウから選び，記号で答えなさい。

（　　　）

(2)　図2のふりこが往復運動しているとき，おもりが動く速さが一番速い場所と一番遅い場所をA〜Dからそれぞれすべて選び，記号で答えなさい。

一番速い場所（　　　）　一番遅い場所（　　　）

(3)　ふりこが1往復する時間に，おもりの重さが関係しているかどうかを調べようとするとき，表のどのふりこを比べるとよいですか。表のあ〜えから2つ選び，記号で答えなさい。

（　　　と　　　）

(4)　おもりの重さを増やすと，1往復する時間はどうなりますか。説明しなさい。

（　　　　　　　　　　　　　　　　　　　　　）

(5)　表のあとえのふりこの結果を比べると，ふりこの長さとふりこの1往復する時間について，どのようなことがわかりますか。説明しなさい。

（　　　　　　　　　　　　　　　　　　　　　　　　　　　　）

(6)　表の結果からは，ふりこが1往復する時間について，ふれ幅がどう関係するかがわかりません。これを調べるために，次のようなふりこを用意して，あのふりこと比べました。①，②にあてはまる数字は何ですか。①（　　　）　②（　　　）

長さ（　①　）cm，おもりの重さ（　②　）g，ふれ幅の角度が20°のふりこ

10　≪ふりこ≫　ふりこが1往復するのにかかる時間は，何に関係しているかを調べるために，グループで仮説を立てた後，実験計画を立てて実験を行った。下はグループで話し合っている会話文とグループで考えた〔実験1〕〜〔実験3〕を行った結果である。次の各問いに答えなさい。　　　　（育英西中）

A君　ふりこが1往復するのにかかる時間は何に関係しているのか，意見を出し合ってみよう。

B子　私は，ふりこのふれはばを大きくすると，1往復するのにかかる時間が長くなると思うわ。

C君　確かにふれはばが大きいと1往復にかかる時間は長くなりそうだね。ふりこの糸の長さは関係するのかなあ？

D子　私の家にメトロノームがあって，おもりの位置を変えると針のふれが速くなったり，おそくなったりするわ。ふりこの糸の長さも1往復するのにかかる時間と関係がありそうね。

A君　ぼくは，ふりこにつけているおもりの重さが関係すると思うんだ。重たいおもりの方が1往復にかかる時間が長くなると思うんだ。

D子　それじゃあ，実験計画を立ててみましょう。実験である条件の効果を調べるためには，他の条件を全く同じにして，調べたい条件のみを変えて行う方法を考えないといけないって先生が説明されていたわ。

B子　みんなの意見をまとめると，ふりこのふれはば，ふりこの糸の長さ，それからふりこにつけるおもりの重さを変える実験をすればいいわね。

〔実験1〕　変えた条件：おもりの重さ

おもりの重さ〔g〕	50	100	150	200	250
10往復の時間〔秒〕	20.2	19.9	19.8	20.0	20.1

〔実験2〕　変えた条件：X

X〔cm〕	10	20	30	40	50
10往復の時間〔秒〕	19.9	20.0	20.0	20.1	20.1

〔実験3〕　変えた条件：Y

Y〔cm〕	25	50	75	100	125
10往復の時間〔秒〕	10.0	14.0	17.3	19.8	22.3

(1)　〔実験1〕～〔実験3〕ではふりこが10往復するのにかかる時間を測定した。10往復にした理由を簡単に説明しなさい。

（　　　　　　　　　　　　　　　　　　　　　　　　　　　　　　　　　　　　　　　）

(2)　〔実験2〕，〔実験3〕で変えた条件X，Yは何か，会話文中からぬき出して答えなさい。

　　X（　　　　　　　　　　）　Y（　　　　　　　　　）

(3)　次の条件①②でふりこを作った場合，10往復するのにかかる時間はそれぞれ何秒になるか，整数で答えなさい。ただし，XとYは〔実験2〕と〔実験3〕で変えた条件とする。

　　①（　　　）　②（　　　　　）

　①　おもりの重さ：300g　　　X：10cm　　　Y：100cm

　②　おもりの重さ：100g　　　X：60cm　　　Y：200cm

(4)　図1のようなふりこにおいて，A～Eのうちおもりの速さが最も速くなる位置はどこか，A～Eの記号で答えなさい。（　　　　）

(5)　図1のAの位置でおもりを静かに放し，はじめてEの位置にきたところで，糸を切った。その後のおもりの動きを正しくえがいたものはどれか，下のア～ウから選び，記号で答えなさい。（　　　　）

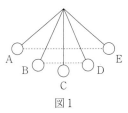

図1

(6) 図2のPの位置からおもりを静かにはなした。途中Oの位置にくぎがあるとき，おもりはどの高さまで上がるか。図2のア～エから選び，記号で答えなさい。（　　　　）

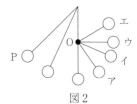

図2

11 ≪ものの運動≫　図1のように斜面と水平な床がなめらかに接続されたレールがあります。斜面上のある高さからボールを静かにはなし，床の上にある箱にあてる実験を，ボールの重さやはなす高さをいろいろ変えて行いました。このときの床上の点Aにおけるボールの速さは表1のとおりとなり，箱が動いたキョリは表2のとおりとなりました。次の各問いに答えなさい。なお，箱と床の間にまさつはありますが，床や斜面とボールの間にまさつはなく，空気の抵こうもないものとします。

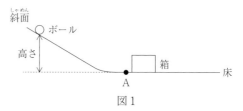

図1

(追手門学院中)

表1

	実験1	実験2	実験3	実験4	実験5	実験6	実験7	実験8
ボールの重さ[g]	20	20	20	20	30	30	30	30
はなす高さ[cm]	10	20	40	80	10	20	40	80
点Aでの速さ[cm/秒]	140	200	280	400	140	200	［ A ］	［ B ］

表2

	実験1	実験2	実験3	実験4	実験5	実験6	実験7	実験8
ボールの重さ[g]	20	20	20	20	30	30	30	30
はなす高さ[cm]	10	20	40	80	10	20	40	80
箱が動いたキョリ[cm]	25	50	100	［ C ］	36	72	［ D ］	288

(1) 表1，2中の空らんA～Dに当てはまる数値を答えなさい。

A（　　　）B（　　　）C（　　　）D（　　　）

(2) 表1から点Aでの速さについて言えることを，「ボールの重さ」と「はなす高さ」という語句を用いて説明しなさい。

（　　）

(3) 表2から箱が動いたキョリについて言えることを，「ボールの重さ」と「はなす高さ」という語句を用いて説明しなさい。

（　　）

(4) ボールの重さ，はなす高さをそのままにした状態で，箱をより動かすためにはどうしたらいいですか。説明しなさい。

（　　）

12 ≪浮力≫ かっ車を使っておもりを支える実験を行いました。次の問いに答えなさい。ただし，実験に使用したかっ車と糸の重さは無視できるものとします。

（神戸龍谷中）

(1) 一辺が4cmの立方体で重さが100gのおもりを一番下のかっ車につるし，図1の位置でつりあうように手で支えました。A〜Cの糸が支えている重さは何gですか。A（   g）　B（   g）　C（   g）

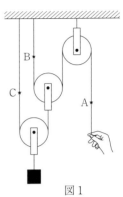

図1

(2) おもりを水中に沈めて図2の位置でつりあうように手で支えました。おもりにはたらく浮力は重さにして何gですか。水の重さは1cm³あたり1gとします。（   g）

(3) 図2でAの糸が支えている重さは何gですか。（   g）

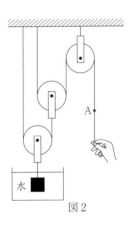

図2

2 電流のはたらきと磁石

1 ≪豆電球≫ かん電池のはたらきについて，次の問いに答えなさい。 (浪速中)

問1 豆電球とかん電池をどう線でつないで作った，輪のようになっている電気の通り道を何といいますか。（　　　）

問2 豆電球とかん電池をどう線でつないだとき，豆電球が光るものを次のア～カからすべて選び，記号で答えなさい。（　　　）

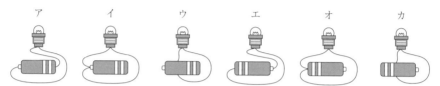

問3 右の図のように豆電球とかん電池をどう線でつないだとき，▨の部分につないで豆電球が光るものを，次のア～カからすべて選び，記号で答えなさい。

（　　　）

ア ゴム　　イ アルミニウム　　ウ 銅　　エ ガラス　　オ 紙
カ 鉄

問4 右の図のようなかん電池のつなぎ方を何つなぎといいますか。

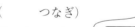

（　　　つなぎ）

問5 かん電池を2つつないだとき，豆電球の光がもっとも明るくなるものを，次のア～エから1つ選び，記号で答えなさい。（　　　）

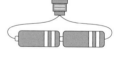

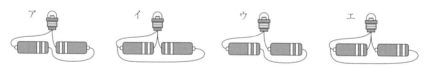

2 ≪豆電球≫ 電池と豆電球を使って，下図のような8種類の回路A～Hを作りました。電池，豆電球はすべて同じ性質で，電池は電池ホルダーにおさまっているものとします。以下の問いに答えなさい。

(開明中)

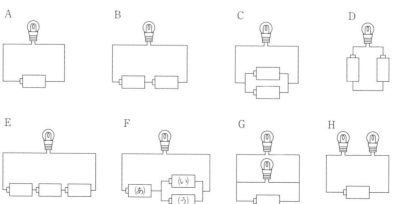

(1) 図の回路の中で，豆電球がまったく光らないものはどれですか。A～Hから1つ選び，記号で答えなさい。（　　　）

(2) 図の回路の中で，豆電球が一番明るく光る回路はどれですか。A～Hから1つ選び，記号で答えなさい。（　　　）

(3) 図の回路の中で，豆電球が一番暗く光る回路はどれですか。A～Hから1つ選び，記号で答えなさい。（　　　）

(4) 図の回路の中で，Aと同じ明るさで豆電球が光る回路はどれですか。B～Hから2つ選び，記号で答えなさい。（　　　と　　　）

(5) 同じ明るさで豆電球が光る回路の組み合わせを次のア～オから1つ選び，記号で答えなさい。

（　　　）

ア　BとC　　イ　BとF　　ウ　CとF　　エ　CとH　　オ　FとH

(6) 図の回路Fで，㋐の電池を電池ホルダーから取りのぞいた場合，豆電球はどうなりますか。次のア～エから1つ選び，記号で答えなさい。（　　　）

ア　同じ明るさで光る　　イ　暗くなる　　ウ　明るくなる　　エ　消える

(7) 図の回路Fで，㋑の電池を電池ホルダーから取りのぞいた場合，豆電球はどうなりますか。次のア～エから1つ選び，記号で答えなさい。（　　　）

ア　同じ明るさで光る　　イ　暗くなる　　ウ　明るくなる　　エ　消える

③ ≪発光ダイオード≫　同じ乾電池，豆電球，ダイオード，スイッチを使って色々な回路をつくり，電気器具について考えました。次の問いに答えなさい。ただし，回路は電気用図記号（表1）を用いた回路図で表しています。　　　　　　　　　　　　　　　　　　　（羽衣学園中）

表1：電気用図記号

名称	電気用図記号
豆電球	⊗
乾電池	―|＼― ※長い方が＋極，短い方が－極。
スイッチ	―∘／∘―
ダイオード	X ▷| Y ※XからYへは電流が流れるが，YからXへは電流が流れない。

太郎君は，乾電池と豆電球を使って，次の4つの回路①～④をつくりました。

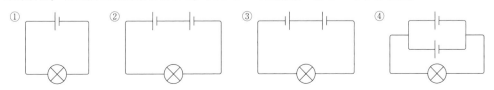

(1)　①～④の回路における豆電球の光り方の説明として，最も適切なものを㋐～㋓の中から1つ選び，記号で答えなさい。(　　　)

　㋐　①と②はほとんど同じ明るさで光る。

　㋑　③は①よりも明るく光る。

　㋒　②と④はほとんど同じ明るさで光る。

　㋓　①～④の中では，②が最も明るく光る。

(2)　②～④の回路の中で，①の回路よりも乾電池が長く使える回路を1つ選び，番号で答えなさい。ただし，豆電球が光らないものは除きます。(　　　)

　太郎君は，乾電池と豆電球，スイッチを使って，次の2つの回路⑤・⑥をつくりました。

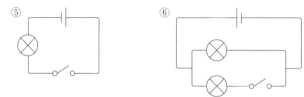

(3)　⑤・⑥の回路における説明として，最も適切なものを㋐～㋓の中から1つ選び，記号で答えなさい。(　　　)

　㋐　どちらの回路も，スイッチを開いたままでも豆電球が光る。

　㋑　⑤の回路は，スイッチを閉じると豆電球が光り，スイッチを開くと消える。

　㋒　⑥の回路は，スイッチを閉じると2つの豆電球が光り，スイッチを開くと2つとも消える。

　㋓　⑤の回路は，スイッチを閉じても豆電球は光らない。

　太郎君は，乾電池，豆電球，ダイオードを使って，次の回路⑦～⑩をつくりました。

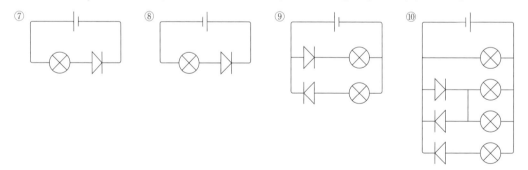

　ダイオードは，表1の説明にある通り，電流を流せる向きが決まっています。例えば，⑦の回路では豆電球が光りましたが，⑧の回路では豆電球が光りませんでした。

(4)　⑨・⑩の回路について，それぞれ豆電球はいくつ光りますか。⑨(　　　)　⑩(　　　)

　太郎君は，乾電池，豆電球，ダイオード，スイッチを使って，次の回路⑪をつくりました。ただし，アとイにはダイオードの記号が入ります。

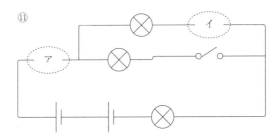

(5) ⑪の回路で，スイッチを閉じる前は豆電球が1つも光りませんでしたが，スイッチを閉じると豆電球が2つ光りました。このとき，アとイに適切なダイオードの図を書き込み，回路を完成させなさい。

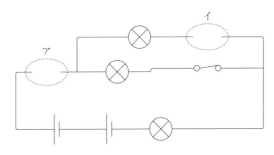

4 ≪磁石≫ 棒磁石を用いて実験を行った。次の問いに答えなさい。 （京都聖母学院中）

(1) 図1のように紙の上にゼムクリップをおき，棒磁石を近づけた。棒磁石のどこにゼムクリップがたくさんついたか。次のア〜オからすべて選び，記号で答えなさい。（　　　）

ア．S極の端　　　イ．N極の端

ウ．棒磁石の中央　　エ．棒磁石の中央とS極の端の中間

オ．棒磁石の中央とN極の端の中間

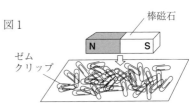

図1

(2) 棒磁石を2本用意し，一方の棒磁石を固定して，もう一方の棒磁石を近づけた。次の①〜③のように棒磁石を動かした場合，「引きあう」，「しりぞけあう」どちらの力がはたらくか。それぞれ答えなさい。

① N極にS極を近づける。（　　　）

② N極にN極を近づける。（　　　）

③ S極にS極を近づける。（　　　）

(3) 2本の棒磁石を図2のようにした状態で，ゼムクリップに近づけた場合，どのようなつき方をすると考えられるか。あとのア〜エから1つ選び，記号で答えなさい。（　　　）

図2

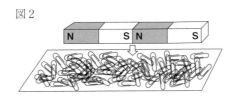

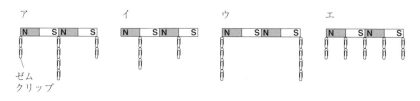

ア　　　　　　　イ　　　　　　　ウ　　　　　　　エ

ゼム
クリップ

(4) 棒磁石につくものを次のア～カからすべて選び，記号で答えなさい。(　　　　)

ア．鉄くぎ　　　イ．スチール缶(かん)　　　ウ．1円玉　　　エ．プラスチックのものさし

オ．ガラスのコップ　　　カ．10円玉

(5) 図3のように発泡スチロールの上に棒磁石を置き，水の入った洗面器に浮かべた。次の問いに答えなさい。

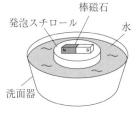

図3

棒磁石

発泡スチロール

水

洗面器

① 棒磁石のN極はこのあと，「東・西・南・北」のどの方位に向きますか。(　　　　)

② ①から地球は大きな磁石になっていると考えられる。このことから地球の北極は磁石の何極になっていると考えられますか。

(　　　極)

③ 図4のように水に浮かべた棒磁石に，手に持った1本の棒磁石を下の(i)(ii)のように近づけた。棒磁石をのせた発泡スチロールは，図4のア，イのどちら向きに動きますか。

図4

(左)　　　　(右)

ア　　イ

(i) 水に浮かべた棒磁石の右側から手に持った棒磁石のN極側を近づける。(　　　　)

(ii) 水に浮かべた棒磁石の左側から手に持った棒磁石のS極側を近づける。(　　　　)

5 ＜電磁石＞　図1のように，コイルに鉄心（鉄くぎ）を入れて電流を流すと，鉄心がゼムクリップ（鉄）を引きつけました。電流は，かん電池2個を直列つなぎにして流しました。次の問いに答えなさい。

(天理中)

図1

a

(1) 図1のようにしたものを何といいますか。(　　　　)

(2) 図1のaの部分に棒磁石のN極を近づけると，しりぞけ合いました。このことより，図1のaの部分は何極だといえますか。(　　　極)

(3) 図1の装置が，何個のゼムクリップを持ち上げることができるかを調べました。持ち上げることができるゼムクリップの数を増やすにはどのような方法がありますか。簡潔に答えなさい。

(　　　　　　　　　　　　　　　　　　　　　　　　　　　　　　　　　)

(4) 図1の状態から，かん電池の向きを変え，電流の向きを逆にしました。また，かん電池のつなぎ方を，直列つなぎから並列つなぎに変えました。このときの変化として正しいものを，次の(ア)～(エ)から1つ選び，記号で答えなさい。(　　　　)

(ア)　図1のaの極は変わり，ゼムクリップを持ち上げる数も変わる。

(イ)　図1のaの極は変わらず，ゼムクリップを持ち上げる数も変わらない。

(ウ)　図1のaの極は変わり，ゼムクリップを持ち上げる数は変わらない。

(エ)　図1のaの極は変わらず，ゼムクリップを持ち上げる数は変わる。

(5)　コイルに流れる電流を，電流計で調べると，図2のようになり　図2
ました。このとき，コイルには何Aの電流が流れていますか。た
だし電流計の－たんしは5Aのものにつないでいるものとします。

（　　　A）

6　≪電磁石≫　電磁石について，次の各問いに答えなさい。　　　　　　　（奈良育英中）

ストローのつつにエナメル線を巻いて，コイルを作りました。表に示している巻き数，電池の数
でコイルに電流を流し電磁石を作りました。図は，コイル①〜コイル④に電池をつないだ様子を示
しています。ただし，コイル①〜④のエナメル線の長さは，すべて同じものとします。

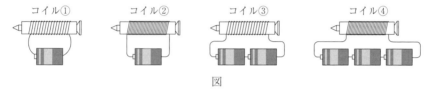

コイル①　　　　コイル②　　　　　コイル③　　　　　　コイル④

図

表　各コイルにおける巻き数と電池の数

	巻き数	電池の数
コイル①	100回	1個
コイル②	200回	1個
コイル③	100回	2個
コイル④	200回	3個

(1)　電磁石に近づけたとき，引きつけられるのはどれですか。次のア〜エから1つ選び，記号で答
えなさい。（　　　）

　　ア　1円玉　　　イ　ガラス　　　ウ　プラスチック　　　エ　スチールウール

(2)　エナメル線の巻き数と電磁石の強さの関係を調べるには，表のコイル①〜④のうち，どれとど
れを比べればよいですか。次のア〜カから1つ選び，記号で答えなさい。（　　　）

　　ア　コイル①とコイル②　　　イ　コイル①とコイル③　　　ウ　コイル①とコイル④
　　エ　コイル②とコイル③　　　オ　コイル②とコイル④　　　カ　コイル③とコイル④

(3)　電流の大きさと電磁石の強さの関係を調べるには，表のコイル①〜④のうち，どれとどれを比
べればよいですか。次のア〜カから2つ選び，記号で答えなさい。（　　　）

　　ア　コイル①とコイル②　　　イ　コイル①とコイル③　　　ウ　コイル①とコイル④
　　エ　コイル②とコイル③　　　オ　コイル②とコイル④　　　カ　コイル③とコイル④

(4)　1番強い電磁石になるものを表のコイル①〜④から1つ選び，番号で答えなさい。（　　　）

(5) 電磁石の性質について，正しく説明しているものを次のア～エからすべて選び，記号で答えなさい。（　　　）

ア　電磁石には，棒磁石とちがって，N極とS極がない。

イ　コイルに流れる電流の向きを逆にすると，電磁石のN極とS極は入れかわる。

ウ　電磁石は，コイルに電流が流れているときだけ，磁石の性質をもつ。

エ　電磁石は，コイルに電流が流れていないときも磁石の性質をもつ。

(6) コイルに電流を流し続けると，コイルの温度はどのようになりますか。次のア～ウから1つ選び，記号で答えなさい。（　　　）

ア　高くなる。　　イ　低くなる。　　ウ　変わらない。

7　≪モーター≫　電磁石について，次の問いに答えなさい。　　　　　　　　（神戸海星女中）

(1) 図1のように，鉄しんを入れたコイルと電池を使って回路を作り，Aの部分には電流を測る器具をつなぎました。電流を測る器具として，XとYの2種類を用意しました。器具Xは−端子が3つあり，電流の大きさを詳しく測ることができます。器具Yは，電流が流れる向きに針がふれるので，電流の大きさだけではなく電流の向きを調べることができます。器具XとYの名前を答えなさい。X（　　　）Y（　　　）

図1
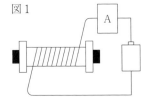

(2) 図2のように，鉄しんを入れた100回巻きコイルに電池1個をつなぎました。また，図3のように，鉄しんを入れた100回巻きコイルに電池2個を並列につなぎました。図2と図3の電磁石の強さについて正しいものを，次のアからウの中から1つ選び，記号で答えなさい。（　　　）

図2
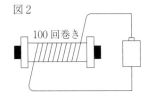

図3
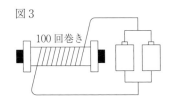

ア．図2の電磁石の方が強い。

イ．図3の電磁石の方が強い。

ウ．どちらの電磁石も強さは同じである。

(3) 鉄しんを入れた200回巻きコイルに，色々な数の電池をアからエのようにつなぎました。最も強い電磁石と最も長持ちする電磁石を選び，それぞれ記号で答えなさい。

最も強い電磁石（　　　）　最も長持ちする電磁石（　　　）

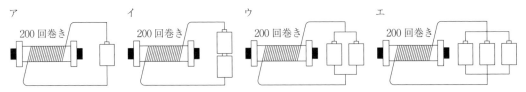

(4) 図4のように，鉄しんを入れた100回巻きコイルと200回巻きコイ 　図4 ルを直列につなぎました。これらの電磁石の強さについて正しいもの を，アからウの中から1つ選び，記号で答えなさい。（　　　）

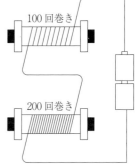

ア．100回巻きの電磁石の方が強い。

イ．200回巻きの電磁石の方が強い。

ウ．どちらの電磁石も強さは同じである。

(5) コイルの鉄しんをガラス棒に変えたときに，磁石の力（磁力）はど うなりますか。正しいものを次のアからウの中から1つ選び，記号で 答えなさい。（　　　）

ア．鉄しんを入れたときの方が磁力は強い。

イ．ガラス棒を入れたときの方が磁力は強い。

ウ．どちらの場合も磁力は変わらない。

電磁石の性質を利用した道具としてモーターがあります。モーターは電磁石と磁石が引きつけあ う力や，しりぞけ合う力を利用して回転しています（図5）。

図5

(6) 図5のような装置を作った場合，電磁石が半回転したところ 　図6 で，電磁石のN極と磁石のS極が引き寄せあい，回転しなくな ります（図6）。この装置が回転し続けるために必要な工夫とし て，最も適当なものを次のアからカの中から選び，記号で答えなさい。（　　　）

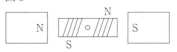

ア．半回転ごとに電流を強くする。　　　イ．半回転ごとに電流を弱くする。

ウ．半回転ごとに電流の向きを逆にする。　エ．1回転ごとに電流を強くする。

オ．1回転ごとに電流を弱くする。　　　カ．1回転ごとに電流の向きを逆にする。

(7) ある電磁石を使ってモーターを作りました。このモーターの回転する速さを大きくする方法と して適当なものを，次のアからカの中からすべて選び記号で答えなさい。（　　　）

ア．電池の数を2個にして，並列につなぐ。

イ．モーターに使っている磁石を強いものに変える。

ウ．電磁石に使っているコイルの巻き数を増やす。

エ．電磁石に使っている鉄しんをゴムに変える。

オ．電磁石と磁石の間の距離をはなす。

カ．モーターに使う2つの磁石のN極同士を向かい合わせにする。

(8) ゴミ処理場では，大きな鉄のかたまりを，強力な電磁石を使って運んでいることがあります。 鉄を運ぶのに，磁石よりも電磁石を使うと便利な理由を説明しなさい。

　（　　）

8 ≪光電池≫　電気について，次の問いに答えなさい。　　　　　　　　　　　　　（親和中）

(1)　かん電池1個，豆電球，電流計，導線を正しくつなぎ，回路に流れる電流の大きさを調べたところ，230mAでした。このとき，導線は電流計のどの − たんしにつなぐのが最も適当ですか。次のア〜ウから1つ選び，記号で答えなさい。また，このときの針の位置を右の(1)の解答例のように解答らんにかき入れなさい。

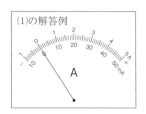
(1)の解答例

記号（　　　）

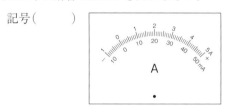

ア　50mA　　イ　500mA　　ウ　5A

(2)　同じ種類のかん電池2個，豆電球，電流計，導線を用いていろいろな回路をつくり，豆電球に流れる電流の大きさを調べました。豆電球を流れる電流の大きさを正しく調べることができるものはどれですか。次のア〜オからあてはまるものをすべて選び，記号で答えなさい。（　　　　）

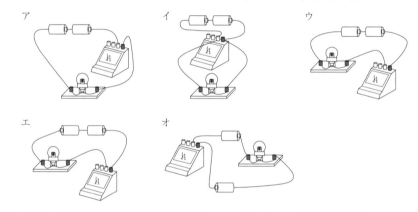

(3)　光を当てると発電する光電池と豆電球を使って，明かりをつける実験を行いました。図1の豆電球をより明るく光らせるには，どうすればよいか簡単に答えなさい。ただし，図1以外に装置は加えないものとします。
　　　（　　　　　　　　　　　　　　　　　　　　　　　　　　　　　）

太陽光
図1

(4)　同じ種類の光電池を図2〜図4のようにそれぞれモーターにつなぎました。屋外に置いたところ，どれもモーターが回り始めました。図3，図4のモーターの回転の速さは，図2のモーターの回転の速さと比べるとそれぞれどのようになりますか。あとのア〜ウから正しいものをそれぞれ1つずつ選び，記号で答えなさい。

　　　図3（　　　）　図4（　　　）

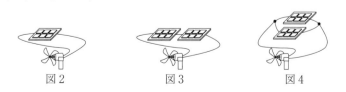
図2　　　　　　　図3　　　　　　　図4

　ア　図２と比べて回転の速さは遅くなる。　　イ　図２と比べて回転の速さは変わらない。

　ウ　図２と比べて回転の速さは速くなる。

(5)　図３で，１個の光電池に黒い紙をかぶせると，モーターの回転が止まりました。このことから，光電池について何がわかるか答えなさい。

　　（　　　　　　　　　　　　　　　　　　　　　　　　　　　　　　　　　　　　　　）

(6)　図４で，１個の光電池に黒い紙をかぶせると，モーターの回転はどうなりますか。次のア～エから正しいものを１つ選び，記号で答えなさい。（　　　　）

　ア　モーターの回転の速さは速くなる。　　　イ　モーターの回転の速さは遅くなる。

　ウ　モーターの回転の速さは変わらない。　　エ　モーターの回転は止まる。

(7)　かん電池と光電池のはたらきについて，違う点を１つ答えなさい。

　　（　　　　　　　　　　　　　　　　　　　　　　　　　　　　　　　　　　　　　　）

(8)　私たちの身のまわりには電気を利用しているものが多くあります。次のa～eの電気製品は電気を何に変えて利用しているか，それぞれあとのア～エから最も適するものを１つ選び，記号で答えなさい。ただし，同じ記号を何度使ってもよいものとします。

　a　アイロン（　　　　）　　　b　自動車用の信号機（　　　　）　　　c　せん風機（　　　　）

　d　防犯ブザー（　　　　）　　e　洗たく機（　　　　）

　ア　光　　イ　音　　ウ　熱　　エ　運動

きんきの中入 標準編

1　≪光≫　鏡や虫めがねを使って実験をした。次の問いに答えなさい。　　　　　　　　（京都聖母学院中）

(1)　図1のように，鏡を3枚使って壁に日光を当てた。壁に当たった光の中で，もっとも明るい点は，どこか。A～Cから1つ選び，記号で答えなさい。（　　　　）

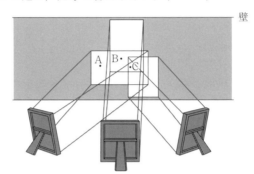

(2)　図1のように光を壁に20秒間当てつづけた。A～Cの点を放射温度計で測った。もっとも温度が低いと考えられる点をA～Cから1つ選び，記号で答えなさい。（　　　　）

(3)　図1の右の鏡を左右どちらかに回転させて，Bの点の温度を高くしたい。図1の右の鏡を左右どちらに回転させたらいいですか。（　　　　）

(4)　虫めがねの使い方で，まちがっているものを次のア～エから1つ選び，記号で答えなさい。

（　　　　）

ア．観察するものが動かせる場合は，観察するものを近づけたり遠ざけたりする。

イ．虫めがねで太陽を見てはいけない。

ウ．虫めがねは小さなものを大きくして見るときに使う。

エ．まどぎわの明るいところに置いておく。

(5)　日光を虫めがねで集めると，紙をこがすことができる。もっともはやく紙がこげるのは，虫めがねと紙の距離をどのようにしたときか。正しいものを右のア～エから1つ選び，記号で答えなさい。（　　　　）

(6)　紙をこがす実験をおこなったとき，もっともはやく紙がこげる組み合わせはどれか。正しいものを次のア～エから1つ選び，記号で答えなさい。ただし，虫めがねの厚みは同じで，紙と虫めがねの距離も同じとする。（　　　　）

ア．(5)の虫めがねより小さい虫めがねと白い紙を使う。

イ．(5)の虫めがねより小さい虫めがねと黒い紙を使う。

ウ．(5)の虫めがねより大きい虫めがねと白い紙を使う。

エ．(5)の虫めがねより大きい虫めがねと黒い紙を使う。

(7)　日光の明るさを利用しているものはどれか。次のア～ウから1つ選び，記号で答えなさい。

（　　　　）

ア．ソーラークッカー　　　イ．ビニルハウス　　　ウ．光電池

(8) 季節が春のとき，図2のように，30°の角度をつけて太陽光電池を設置すると，発電量が最大になった。季節が冬のとき，もっとも発電量が多くなるのは，どの角度のときか。次のア～エから1つ選び，記号で答えなさい。（　　　）

図2

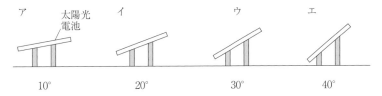

2　≪光≫　図のように，ろうそく，「と」という文字を書いたガラス板，とつレンズ，スクリーンが，それぞれレールの上に一直線に並ぶように置いてあります。スクリーンはすりガラスでできていて，図の矢印の向きから見ても像を見ることができるようになっています。

ガラス板とレンズの間のきょりを変えて，スクリーンにはっきりと文字がうつるときのレンズとスクリーンのきょりをはかったところ，下の表のようになりました。以下の各問いに答えなさい。

（大谷中―大阪―）

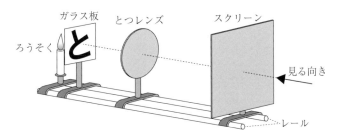

ガラス板とレンズのきょり〔cm〕	像がうつったときのレンズとスクリーンのきょり〔cm〕	像のようす
30	15	①
20	20	もとの字と同じ大きさの像がうつった
15	30	②
10	どこに置いてもうつらなかった	③
5	どこに置いてもうつらなかった	④

(1) 図の矢印の向きから見たとき，スクリーンにうつった像はどれですか。次のア～エから1つ選び記号で答えなさい。（　　　）

(2) スクリーンに像がうつっている状態のとき，レンズの上半分を黒い紙でかくしました。このときのようすを正しく表した文章を，次のア～オから1つ選び記号で答えなさい。（　　　）

ア．像の上半分が欠けたが，見えている部分の明るさは変わらなかった

イ．像の上半分が欠けて，見えている部分の明るさが暗くなった

ウ．像の下半分が欠けたが，見えている部分の明るさは変わらなかった

エ．像の下半分が欠けて，見えている部分の明るさが暗くなった

オ．像は欠けなかったが，全体が暗くなった

(3)　表の中の①と②にあてはまる文章を，次のア～ウからそれぞれ1つずつ選び記号で答えなさい。

　　　①(　　　)　②(　　　)

ア．もとの字よりも小さい像がうつった

イ．もとの字よりも大きい像がうつった

ウ．もとの字と同じ大きさの像がうつった

(4)　表の中の③と④にあてはまる文章を，次のア～オからそれぞれ1つずつ選び記号で答えなさい。

　　　③(　　　)　④(　　　)

ア．レンズを直接のぞきこむと，もとの字よりも小さい倒立像が見えた

イ．レンズを直接のぞきこむと，もとの字よりも小さい正立像が見えた

ウ．レンズを直接のぞきこむと，もとの字よりも大きい倒立像が見えた

エ．レンズを直接のぞきこむと，もとの字よりも大きい正立像が見えた

オ．レンズを直接のぞきこんでも，像は見えなかった

③ ≪光≫　次の問いに答えなさい。

（大阪教大附平野中）

(1)　リカさんとマナブさんは，光の道すじを別の鏡でつなぎ，光がどのように進むか調べました。すると，鏡は光と鏡との間にできる角度と同じ角度で，まっすぐ光をはね返すことがわかりました。

　　　下の図の①，②のように，鏡に当たった光はどのように進みますか。矢印で表しなさい。

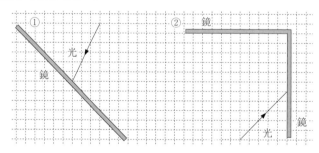

(2)　マナブさんは，鏡を4枚使ってはね返した光を1つのところに集めました。右の図は，4枚の鏡の光が重なったときのようすを表したものです。

①　観察をして，1番明るくなると考えられる部分を塗りつぶしなさい。

②　光を集めたそれぞれの場所の温度を温度計ではかりました。2番目に温度が高くなる可能性のある部分をすべて塗りつぶしなさい。

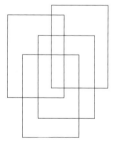

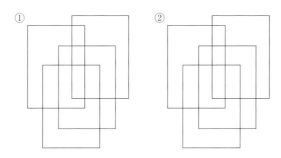

① ②

(3) リカさんは，虫めがねで日光を集める実験をしました。実験として適切なものを，次のア～エから１つ選び，記号で答えなさい。（　　　　）

ア　虫めがねを紙から遠ざけると，日光が集まるところが小さくなり，紙が早く焦げた。

イ　虫めがねを紙に近づけると，日光が集まるところが小さくなり，紙が早く焦げた。

ウ　虫めがねを紙から遠ざけると，日光が集まるところが大きくなり，紙が早く焦げた。

エ　虫めがねを紙に近づけると，日光が集まるところが大きくなり，紙が早く焦げた。

(4) あるホームセンターで販売していたステンレス製ボウルで，中に入れた食品が燃えてしまうという事故がニュースになりました。このボウルの内部に金属の面をピカピカに仕上げる「鏡面加工」を施していたことが原因ではないかと考えられています。

　　光の性質を考えて，なぜステンレス製ボウルで，中に入れた食品が燃えてしまったのかを簡単に説明しなさい。（　　　　　　　　　　　　　　　　　　　　　　　　　　　　　　　　　）

4　《音》　いろいろなものを使って音が出るときのようすを調べてみました。　　　　　　（樟蔭中）

(1) 次のア～クの文の下線部が正しければ○，まちがっていれば×を書きなさい。

ア．たいこの上に紙切れをおいてたたくと，紙切れははねる（　　　　）

イ．高い音はふるえが大きい（　　　　）

ウ．トライアングルを強くたたくと，音は低くなる（　　　　）

エ．ものから音が出ているとき，ものはふるえている（　　　　）

オ．空気がない真空の状態でも，すずの音は聞こえる（　　　　）

カ．ぴんとはった糸をはじいたら，音が出る（　　　　）

キ．ぴんとはった針金をはじいたら，音は出ない（　　　　）

ク．水の中では，音は伝わらない（　　　　）

(2) 右図のように糸電話をつないで，５人で遊びました。サクラさんの声は，他の４人に良く聞こえています。④をつまんだとき，サクラさんの声が聞こえなくなる人をすべて答えなさい。（　　　　　）

(3) 右図のどこをつまむとサクラさんの声はみんなに聞こえなくなりますか。①～⑦から１つ選びなさい。（　　　　）

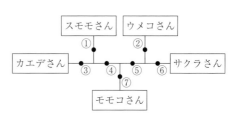

5　《音》　同じ太さのげんとおもりを使って下図の A～D の装置をつくり，表1の条件で装置 A～D のげんをはじいて音を出しました。装置 A から出た音と，装置 B～D から出た音を比べ，その結果をまとめました。これについて，あとの問いに答えなさい。

(報徳学園中)

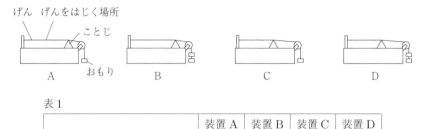

表1

	装置 A	装置 B	装置 C	装置 D
げんをはじく場所の長さ(cm)	40	40	30	30
おもりの個数(個)	1	2	1	2

【結果】

装置 B から出た音について	装置 A よりも高い音が出た。
装置 C から出た音について	装置 A よりも高い音が出た。
装置 D から出た音について	装置 A よりも高い音が出た。

(1)　音はものがどうなることで発生しますか。(　　　　　　　　　　　)

(2)　装置 B と装置 D のげんを，同じ力ではじいたときに出る音について述べたものを下のア～エから選び，記号で答えなさい。(　　　)

　ア．装置 B の方が高い音が出た。

　イ．装置 D の方が高い音が出た。

　ウ．装置 B と装置 D からは，同じ高さの音が出た。

　エ．装置 B と装置 D の音の高さは比べることができない。

(3)　装置 B と装置 C のげんを，同じ力ではじいたときに出る音について述べたものを下のア～エから選び，記号で答えなさい。(　　　)

　ア．装置 B の方が高い音が出た。

　イ．装置 C の方が高い音が出た。

　ウ．装置 B と装置 C からは，同じ高さの音が出た。

　エ．装置 B と装置 C の音の高さは比べることができない。

(4)　右の表2は，同じ高さの音が出るようにげんの太さ，げんの長さ（ことじの位置），おもりの数を調整したものです。これについて，次の①，②の問いに答えなさい。

　①　げんの太さが 2.0mm，げんの長さが 15cm で同じ高さの音を出すためには，おもりは何個必要ですか。

(　　　個)

　②　表2と同じ高さの音になるものを次のア～エから選び，記号で答えなさい。(　　　)

表2

げんの太さ （mm）	げんの長さ （cm）	おもりの数 （個）
0.5	15	1
0.5	30	4
0.5	45	9
1.0	15	4
1.5	15	9

ア．げんの太さ：2.0mm　　　げんの長さ：30cm　　　おもりの数：64個

イ．げんの太さ：2.5mm　　　げんの長さ：15cm　　　おもりの数：32個

ウ．げんの太さ：2.5mm　　　げんの長さ：45cm　　　おもりの数：196個

エ．げんの太さ：3.0mm　　　げんの長さ：15cm　　　おもりの数：45個

6　≪音≫　文章を読んで，各問いに答えなさい。　　　　　　　　　　　（関西大倉中）

　図1のように，弦をはります。弦の中央をはじき，音の様子を記録すると図2のようになりました。ただし，横軸は時間，縦軸は振幅を表します。

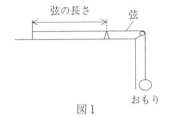

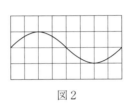

図1　　　　　　　　　　　　　　図2

問1　図2のような音が出るように弦をはじいたときよりも，大きい音を出すためには，どのようにしたらよいですか。正しいものを次のア〜エの中から1つ選び，記号で答えなさい。（　　　）

ア　おもりを重いものに変える。　　イ　弦を太いものに変える。　　ウ　弦を強くはじく。

エ　弦の長さを長くする。

問2　図2のような音が出るように弦をはじいたときよりも，高い音を出すためには，どのようにしたらよいですか。正しいものを次のア〜エの中から1つ選び，記号で答えなさい。（　　　）

ア　おもりを重いものに変える。　　イ　弦を太いものに変える。　　ウ　弦を強くはじく。

エ　弦の長さを長くする。

問3　図2のような音が出るように弦をはじいたときよりも，高い音を出したとき，音の様子を記録すると，どのようになりますか。正しいものを次のア〜エの中から1つ選び，記号で答えなさい。

（　　　）

問4　がけから680m離れて静止している船が汽笛を鳴らしました。船に乗っている人には，汽笛を鳴らしてから4秒後にがけで反射した汽笛が聞こえました。このときの音の速さは何m/秒ですか。（　　　m/秒）

問5　船がある位置で汽笛を鳴らし，がけから遠ざかる向きに一定の速さ15m/秒で進み始めました。すると，がけで反射した汽笛が，船に乗っている人には，汽笛を鳴らしてから8秒後に聞こえました。船が最初に静止していた位置はがけから何m離れた場所ですか。ただし，音の速さは問4のときと同じとします。（　　　　m）

1 ≪もののあたたまり方≫　ものの温まり方を調べるために次のような実験を行いました。これについて，以下の各問いに答えなさい。実験で使用する示温シール（温度によって色が変化するシール）・示温インク（温度によって色が変化するインク）の色の変化は図1のように低い温度（青色）を×，中間の温度を△，高い温度（ピンク色）を○で表すものとします。　　　　（滝川中）

図1

① 青色の示温インクを混ぜた水を2本の試験管に入れ，それぞれにふっとう石を入れた後，片方の試験管は底を，もう片方の試験管は液面の上部を熱しました。加熱後の同じ時間ごとの試験管の示温インクの様子が図2のように変化しました。

② 青色の示温インクを混ぜた水をビーカーに入れ，ビーカーの底のはしの部分を熱しました。加熱前のビーカーの様子が図3です。

③ 金属の棒の一部に青色の示温シールをはり，金属の棒のはしの部分を熱しました。加熱による金属の棒の示温シールの様子が図4のように変化しました。

④ 金属の板全体に青色の示温シールをはり，金属の板のはしの部分を熱しました。加熱前の金属の板の示温シールの様子が図5です。

⑤ 火のついた線香を温めた電熱器に近づけて，けむりの動きを調べました。その結果，図6のようになりました。

【実験】

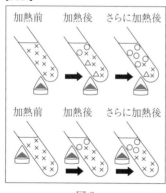

図2

図3

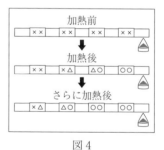

図4

図5

図6

問1　実験①を行うときにふっとう石を入れる理由を答えなさい。

　　（　　　　　　　　　　　　　　　　　　　　　　　　　　　　　　　　　　　　）

問2　実験①の図2を見て，⑦試験管の底を熱したときと⑦液面の上部を熱したときでは，どちらのほうが試験管の水は温まりやすいですか。⑦，⑦の記号で答えなさい。（　　　　　）

問3　実験②を行ったとき，図3の(ア)～(エ)の位置で示温インクが，青色からピンク色に変わるのがはやい順に並べるとどうなりますか。実験①を参考にして答えなさい。（　　→　　→　　→　　）

問4　実験④を行ったとき，図5の(ア)～(エ)の位置で示温シールが，青色からピンク色に変わるのがはやい順に並べるとどうなりますか。実験③を参考にして答えなさい。（　　→　　→　　→　　）

問5　実験①のような「水の温まり方」と，実験③のような「金属の温まり方」を何といいますか。次の(ア)～(エ)から適した言葉をそれぞれ1つずつ選び，記号で答えなさい。

　　　水（　　　　）　　金属（　　　　）

　　(ア)　放射　　　(イ)　伝導　　　(ウ)　ふっとう　　(エ)　対流

問6　空気の温まり方は，「水」，「金属」のどちらの温まり方に近いですか，実験①～⑤を参考にして「水」か「金属」で答えなさい。（　　　　　）

問7　エアコンで部屋を暖めるとき，エアコンの風の向きをどの向きにすれば，はやく部屋を暖めることができますか。次の(ア)，(イ)から適したものを選び，記号で答えなさい。ただし，風の強さは同じとします。（　　　　　）

　　(ア)　部屋の上向き　　　(イ)　部屋の下向き

2　≪氷・水・水蒸気≫　下図は水のすがたの変化を表しています。　　　　　　（同志社香里中）

$$\text{氷} \underset{2}{\overset{1}{\rightleftarrows}} \text{水} \underset{4}{\overset{3}{\rightleftarrows}} \text{水蒸気}$$

(ア)　矢印1～4のうち，加熱すると起こる変化をすべて選びなさい。（　　　　　）

(イ)　矢印2の変化が起こるのは何℃ですか。（　　　　　℃）

(ウ)　矢印3の変化を何といいますか。（　　　　　）

　　1．結露（けつろ）　　　2．蒸発　　　3．冷凍（れいとう）　　　4．分解

(エ)　次の文中の下線部では，図中の矢印1～4のどの変化が起こりましたか。ただし，同じ番号を何度使ってもよい。(a)（　　　　）　(b)（　　　　）　(c)（　　　　）

　(a)　ジュースの入ったコップに氷を入れると，コップの周りに水滴（すいてき）がつき始めた。

　(b)　洗たくした服を外につるしておくと，かわいていた。

　(c)　やかんに水を入れてふっとうさせると，やかんの口からゆげがでてきた。

3　≪氷・水・水蒸気≫　リカさんは，水を熱し続けるとどうなるかを調べるために，ビーカーで水を加熱しました。次の問いに答えなさい。　　　　　　　　　　　　　（大阪教大附平野中）

(1)　リカさんは先生から，「ビーカーで水を加熱するときには，ふっとう石を入れて下さい。」と言われました。ふっとう石を入れなければいけない理由を簡単に説明しなさい。

　　（　　　　　　　　　　　　　　　　　　　　　　　　　　　　　　　　　　　　）

(2)　しばらく加熱を続けていくと，ビーカーの水面から湯気が出てきました。しかし，その湯気はビーカーから離れたところで目に見えなくなりました。目に見えなくなった理由を簡単に説明しなさい。

　　（　　　　　　　　　　　　　　　　　　　　　　　　　　　　　　　　　　　　　）

(3)　さらに加熱を続けると，ビーカーの中からおおきな泡が激しく出るようになりました。この泡を集めるために，水でみたした試験管に，ゴム栓をつけたろうとを取り付け，右の図のようにビーカーに入れました。この装置で再び加熱しました。しばらくすると泡が出てきました。しかし，その泡がろうとの中には入っていくものの，試験管の中にはたまっていきませんでした。

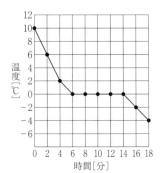

水でみたした試験管
ゴム栓
ろうと
金あみ
ふっとう石

　　なぜ泡は試験管の中にたまらなかったのか，理由を簡単に説明しなさい。

　　（　　　　　　　　　　　　　　　　　　　　　　　　　　）

(4)　ビーカーの水面から出た湯気も，ビーカーの中から激しく出た泡も，正体は水です。それぞれの水のすがたについて正しい組み合わせを，右のア〜エから1つ選び，記号で答えなさい。（　　　　）

	湯気	泡
ア	気体	液体
イ	気体	気体
ウ	液体	液体
エ	液体	気体

(5)　水は，加熱をするとすがたを変えるとともに，体積も変化します。20℃の空気，水，金属を用意し，それぞれ同じ温度だけ変化させたとき，体積の変化の割合が一番大きいものはどれか答えなさい。（　　　　）

4　《氷・水・水蒸気》　右のグラフは，くだいた氷と食塩を入れたビーカーの中に，水を入れた試験管をさしこみ，試験管の水の温度を2分おきに記録したものです。　　　　　　　　　　　（樟蔭中）

(1)　0℃のとき，起こっている変化として正しいものを，次の①〜④から選びなさい。（　　　　）

　①　氷がだんだん水に変化している

　②　すべて氷で，氷の温度が下がっている

　③　水がさかんに水じょう気に変化している

　④　水がだんだん氷に変化している

(2)　試験管の水が，すべてこおったのは，何分後ですか。次のア〜エから選びなさい。（　　　　）

　　ア．2分後　　　イ．6分後　　　ウ．14分後　　　エ．18分後

(3)　水がすべてこおったとき，体積はどうなりますか。次のア〜ウから選びなさい。（　　　　）

　　ア．へる　　　イ．変化しない　　　ウ．ふえる

(4)　水のように目に見えて，入れる容器によって自由に形を変えるすがたのことを，何といいますか。（　　　　）

(5)　氷のように自由に形を変えられないすがたのことを，何といいますか。（　　　　）

(6)　水面から水が水じょう気となって出ていくことを，何といいますか。（　　　　）

(7) 水を熱すると，100℃くらいであわがたくさん出てきます。このことを何といいますか。

（　　　　　）

⑤ ≪温度とものの体積≫　天理中学校の校舎南側には，「月
と日と―ダイアモンドリング―」という名前の図1のよう
な金属でできた作品が設置されています。夏のある晴れた
日，この作品をさわってみると，とても熱くなっていまし
た。そこで，金属を熱するとどのようになるかを調べる次
の実験を行いました。あとの問いに答えなさい。（天理中）

図1

図2

【実験】　図2の金属球は，常温では図2の①の金属の輪を
　　　通りぬけた。この金属球をガスバーナーで熱すると，図2の①の金属の輪を通りぬけなかった。

(1) 金属に共通する性質を次の㋐～㋒からすべて選び，記号で答えなさい。（　　　　　）

　㋐　電気を通す。　　㋑　磁石につく。　　㋒　塩酸にとける。

(2) 次の㋐～㋓のガスバーナーに火をつける手順で，3番目にくるものを1つ選び，記号で答えな
　さい。（　　　　）

　㋐　コックを開ける。

　㋑　ガス調節ねじを開ける。

　㋒　ガスライターの火をつける。

　㋓　空気調節ねじを開け，炎を調節する。

　㋔　ガスバーナーに火をつける。

　㋕　元せんを開ける。

(3) この実験から分かることを次の㋐～㋓から1つ選び，記号で答えなさい。（　　　　　）

　㋐　金属球を熱すると，金属球の重さと体積が大きくなる。

　㋑　金属球を熱すると，金属球の重さが大きくなる。

　㋒　金属球を熱すると，金属球の体積が大きくなる。

　㋓　金属球を熱しても，金属球の重さと体積は変化しない。

(4) 図2の金属球は，常温では図2の②の金属の輪を通りぬけませんでした。金属球がこの輪を通
　りぬけられるようにするには，どのようにすればよいですか。次の㋐～㋓からすべて選び，記号
　で答えなさい。（　　　　）

　㋐　金属球を熱する。　　㋑　金属球を冷やす。　　㋒　②の金属の輪を熱する。

　㋓　②の金属の輪を冷やす。

(5) この実験から分かる金属の性質を使っているものを，次の㋐～㋓から1つ選び，記号で答えな
　さい。（　　　　）

　㋐　電線には金属が使われている。

　㋑　フライパンなどの調理器具には金属が使われている。

　㋒　金属でできた線路のつなぎ目にはすき間がつくられている。

　㋓　1円玉や10円玉などのこう貨には金属が使われている。

(6)　火災報知器には金属の性質を利用したしくみが活かされています。図3は火事になると火災報知器の中の金属の部分が熱せられて変化し，ふだんは切れている回路がつながり，警報が鳴るしくみの火災報知器を示しています。図3の①が②に接することで回路がつながります。図4は，図3の火災報知器の[⋯⋯]の部分を拡大したものです。図4の部分には熱に対する変化が異なる2種類の金属が使われています。熱に対する変化が大きい金属は図4の(ア)，(イ)のどちらですか。

(　　　　)

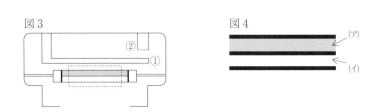

図3　　　　　　　　　　　　図4

6　《温度とものの体積》　ものの体積と温度の関係について調べる実験をおこないました。次の問題に答えなさい。

(関西学院中)

[準備]　同じ試験管を2本用意して，それぞれを試験管Aと試験管Bとしました。図1のように，試験管A，Bをビーカーの中に入れた状態で，2本の口が同じ高さになるようにして，スタンドに固定しました。次に，試験管Aの口にはせっけん水のまくをつけ，試験管Bには室温と同じ温度の水を口のところまで入れました。ここまでを[準備]の状態とします。

[実験1]　[準備]の状態からビーカーの中に氷水を入れて試験管A，Bをそれぞれ冷やしました。

[実験2]　[準備]の状態からビーカーの中に湯を入れて試験管A，Bをそれぞれ温めました。

表1は[実験1]と[実験2]の結果をまとめたものです。

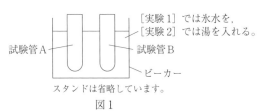

[実験1]では氷水を，
[実験2]では湯を入れる。

試験管A　　　　試験管B

ビーカー

スタンドは省略しています。

図1

	[実験1]の結果	[実験2]の結果
試験管A	まくはへこみ，試験管の中に入った。	まくはふくらんだ。
試験管B	水面ははじめより下がった。	水面ははじめより上がった。

表1

(1)　[実験1]，[実験2]から分かることとして最も適当なものを次の中から選び，記号を書きなさい。(　　　　)

　ア．空気は温度が高いほど体積が大きくなるが，水は温度が高いほど体積が小さくなる。

　イ．空気は温度が高いほど体積が小さくなるが，水は温度が高いほど体積が大きくなる。

　ウ．空気や水は温度が高いほど体積が大きくなる。

　エ．空気や水は温度が高いほど体積が小さくなる。

(2)　[実験1]で試験管A，Bを冷やしたとき，試験管Aのまくと試験管Bの水面の高さを比べるとどうでしたか。最も適当なものを次の中から選び，記号を書きなさい。(　　　　)

　ア．試験管Aのまくの方が，試験管Bの水面よりも高い位置にあった。

　イ．試験管Aのまくと試験管Bの水面は同じ高さにあった。

　ウ．試験管Aのまくの方が，試験管Bの水面よりも低い位置にあった。

7 ≪もののあたたまり方総合≫ たろうさんは，毎日使っている水に興味をもち，実験をしてその性質を調べてみることにしました。あとの問いに答えなさい。 (大阪教大附池田中)

【実験1】

試験管に示温インクをまぜた水を入れました。その試験管に（ A ）を入れてから，図1のように実験用ガスコンロで液体の真ん中あたりを熱しました。示温インクは温度によって色が変化する液体で，加熱前の水では青色を示しますが，温度が高くなるとピンク色に変化します。

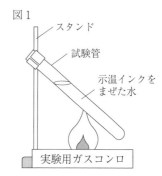

図1

スタンド

試験管

示温インクを
まぜた水

実験用ガスコンロ

(1) 文中の（ A ）は，急に湯がわき立つのを防ぐために入れます。（ A ）にあてはまる語を答えなさい。（　　　）

(2) 示温インクの色の変化を表す説明として，もっとも適当なものを次のア～オから1つ選び，記号で答えなさい。（　　　）

ア．上の方からピンク色になり，すぐに下の方まで広がり全体がピンク色になる。

イ．液体の真ん中あたりからピンク色になり，すぐに上下に同じように色が広がり全体がピンク色になる。

ウ．下の方からピンク色になり，すぐに上の方まで広がり全体がピンク色になる。

エ．上の方からピンク色になり，すぐに液体の真ん中あたりまでピンク色になるが，そこより下はなかなか色が変化しない。

オ．試験管にふれている部分からピンク色になり，すぐに中心の方へと広がり全体がピンク色になる。

【実験2】

図2のように，水を入れたビーカーに実験1の（ A ）を入れ，アルミニウムはくでふたをし，その中央に穴をあけて温度計をつり下げ，実験用ガスコンロで10分間熱し，1分ごとに水の温度とそのようすを調べました。熱し始めてから4分後に水から小さなあわが出はじめ，6分後にはさかんにあわが出るようになりました。

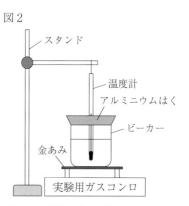

図2

スタンド

温度計
アルミニウムはく

ビーカー

金あみ

実験用ガスコンロ

(3) 棒温度計の管の中には，色をつけた灯油などの液が入っています。灯油などの液のかわりに，色をつけた水を入れても同じしくみの棒温度計をつくることができます。棒温度計は，温度が上がると温度計内の液面の位置が高くなりますが，それはなぜですか。簡単に説明しなさい。

（　　）

(4) このときの温度の変化を，そのようすがわかるように解答らんの図に線でかきなさい。ただし，加熱前の水の温度は 20℃ とします。

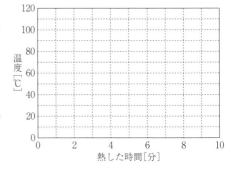

(5) 熱し始めてからしばらくすると，アルミニウムはくのふたのすき間から白いものが出てきました。この白いものは何ですか。漢字で答えなさい。またそのすがたは次のア〜ウのどれですか。記号で答えなさい。

　　白いもの（　　　）　記号（　　　）

ア．気体　　イ．液体　　ウ．固体

(6) (5)の白いものの多くは，出てきたあとどうなりますか。熱している間の変化について，もっとも適当なものを次のア〜エから 1 つ選び，記号で答えなさい。（　　　）

ア．見えなくなって空気と混ざる。　　イ．集まって下に落ちる。　　ウ．消えてなくなる。

エ．ビーカーのまわりにつく。

---

8 ≪もののあたたまり方総合≫　次の文章を読み，下の各問いに答えなさい。　　　　　　（清風中）

金属の性質について調べました。

問1　磁石に引きよせられるものとして適するものを，次のア〜エのうちから 1 つ選び，記号で答えなさい。（　　　）

ア　5 円玉　　イ　10 円玉　　ウ　スチール缶（かん）　　エ　アルミニウム缶

問2　次の文章中の空欄（①）〜（④）にあてはまる語句の組み合わせとして適するものを，下のア〜カのうちから 1 つ選び，記号で答えなさい。（　　　）

　　冷蔵庫で冷やされている金属のふたが閉まったガラスびんを冷蔵庫から取り出して，図1のように，金属のふたをまわして開けるとき，金属のふたが開けにくいことがあります。このとき，（①）を（②）と，金属のふたが開けやすくなります。これは，（①）の体積が（③）の体積より早く（④）なるからです。

図1

	①	②	③	④
ア	ガラスびん	あたためる	金属のふた	大きく
イ	ガラスびん	あたためる	金属のふた	小さく
ウ	ガラスびん	冷やす	金属のふた	大きく
エ	金属のふた	あたためる	ガラスびん	大きく
オ	金属のふた	あたためる	ガラスびん	小さく
カ	金属のふた	冷やす	ガラスびん	小さく

問3　ア〜オは厚さが同じで形の異なる銅板を真上から見たもので，図2のように，すべての銅板には，1 辺が 3cm の正方形のマス目となる線を引いています。図3のように，銅板を水平にして，

ア～オの●のあるマス目をアルコールランプで下から熱しました。ア～オの×のあるマス目よりも▲のあるマス目に熱が早く伝わる銅板はどれですか。適するものを，次のア～オのうちから**すべて選び**，記号で答えなさい。（　　　　）

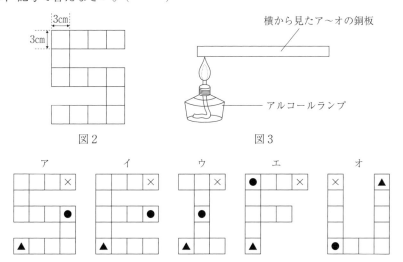

図2　　　　　　　　　　　　　　図3

問4　金属での熱の伝わり方と同じ熱の伝わり方として適するものを，次のア～エのうちから1つ選び，記号で答えなさい。（　　　　）

ア　たき火に手をかざすと，手があたたまる。

イ　ストーブをつけると，部屋全体があたたまる。

ウ　あたたかいお茶を入れると，コップがあたたまる。

エ　お風呂をわかすと，お風呂の水全体があたたまる。

問5　同じ太さで同じ長さの金属Aの棒，金属Bの棒，金属Aと金属Bの合金の棒，金属Cの棒を用意しました。この4本の棒の一方の端にろうをぬり，もう一方の端をアルコールランプで熱して，熱し始めてからろうがとけるまでの時間をはかりました。この操作を，1班～4班の4つの班で行って，結果を表にまとめました。熱が伝わる速さについて表からわかることとして適するものを，下のア～オのうちから**2つ選び**，記号で答えなさい。（　　　　）（　　　　）

表

	金属A	金属B	金属Aと金属Bの合金	金属C
1班	45秒	48秒	60秒	164秒
2班	40秒	43秒	49秒	170秒
3班	47秒	40秒	51秒	169秒
4班	48秒	44秒	53秒	183秒

ア　金属Aの棒がもっとも速い。

イ　金属Cの棒がもっとも遅い。

ウ　金属Aと金属Bの合金の棒より金属Aの棒のほうが遅い。

エ　金属Aと金属Bの合金の棒より金属Bの棒のほうが遅い。

オ　金属Aの棒と金属Bの棒のどちらのほうが速いか判断することができない。

1 《ろうそく》　ろうそくの芯に火をつけると，熱によって火の近くのろうが溶けて液体になります。溶けた液体は，芯を伝わって上がっていきます。この間に液体は，火に熱せられて気体となり，この気体が空気中の酸素と結びついて燃えます。芯に火がつくと，ろうそくの先は高い温度になっているので，ろうが次々と溶けて，液体から気体になり続けます。このため，ろうそくは長い時間燃え続けます。これらのことをもとに，次の実験を行いました。　　　　　　　　　　　　（京都橘中）

【実験1】

　①　ドライアイスから発生した気体を集め，石灰水に通した。

　②　水が少し入っている二つのビーカーにそれぞれドライアイスを入れて，発生した気体で満たした。片方のビーカーには，空気で満たしたシャボン玉を，もう片方のビーカーには火をつけたろうそくを入れた。ろうそくはビーカーの中心に立て，火は水に接触していなかった。

(1)　【実験1】の①で，石灰水は白くにごりました。発生した気体は何ですか。名称を答えなさい。
　　　　　　　　　　　　　　　　　　　　　　　　　　　　　　　　　　　　　（　　　　　）

(2)　【実験1】の②で，水にドライアイスを入れると，もくもくとした煙のようなものが発生しました。この煙は何ですか。適当なものを次のア〜エから1つ選び，記号で答えなさい。（　　　　）

　ア．ドライアイスが液体になったもの。

　イ．ドライアイスが気体になったもの。

　ウ．ビーカーの水が小さな氷（固体）や水（液体）のつぶになったもの。

　エ．ビーカーの水が気体になったもの。

(3)　(1)の気体のみでふくらませた風船を手から離すと，どのようになりますか。適当なものを次のア〜ウから1つ選び，記号で答えなさい。（　　　　）

　ア．天井までうかぶ。　　　イ．地面まで落ちる。　　　ウ．地面から天井の間でうかぶ。

(4)　【実験1】の②で，シャボン玉はどのようになりますか。適当なものを次のア〜ウから1つ選び，記号で答えなさい。（　　　　）

　ア．ビーカーの外に飛び出す。　　　イ．ビーカーの底にたまる。　　　ウ．ビーカーの中でうかぶ。

(5)　【実験1】の②で，ろうそくの火は消えました。この理由として，適当なものを次のア〜オから1つ選び，記号で答えなさい。（　　　　）

　ア．ドライアイスから発生した気体によって，ろうが気体になれなかったため。

　イ．ドライアイスから発生した気体によって，酸素がろうそくの芯に十分に来なくなったため。

　ウ．ドライアイスから発生した気体によって，ろうそくの芯が冷やされたため。

　エ．ドライアイスから発生した気体によって，気体になったろうがおしのけられたため。

　オ．ドライアイスから発生した気体には，火を消す性質があるため。

(6)　ドライアイスの$1cm^3$あたりの重さを1.6g，(1)の気体は，22Lで44gとします。ドライアイスが全て気体になると，体積は何倍になりますか。また，400mLの風船を(1)の気体で満たすために必要なドライアイスの重さは何gか求めなさい。体積（　　　　倍）　重さ（　　　　g）

【実験2】

① 図1のように，火のついたろうそくにガラスのつつとふたを
かぶせたところ，しばらくしてろうそくの火が消えた。

② 図2のように，火のついたろうそくに，下に穴があいている
ガラスのつつをかぶせ，ふたをかぶせなかったところ，ろうそ
くは燃え続けた。

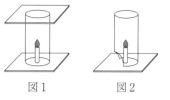

図1　図2

(7) 【実験2】の①で，ろうそくの火が消えたあと，もとの空気と比べて，つつの中の酸素，二酸化
炭素，ちっ素の体積の割合は，それぞれどのように変化していますか。次のア～ウからそれぞれ
1つずつ選び，記号で答えなさい。

酸素（　　　）　二酸化炭素（　　　）　ちっ素（　　　）

ア．増える　　イ．減る　　ウ．ほとんど変わらない

(8) 【実験2】の②で，ろうそくが燃え続けているとき，空気はどのように流れていると考えられま
すか。適当なものを次のア～エから1つ選び，記号で答えなさい。（　　　）

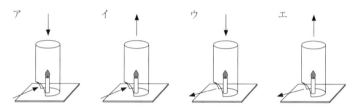

(9) 宇宙ステーションなどの無重力状態でろうそくを燃やすと，(8)のような空気の流れはほとんど
起こりません。このとき，炎の形はどのようになると考えられますか。適当なものを次のア～オ
から1つ選び，記号で答えなさい。ただし，空気は十分にあるとします。（　　　）

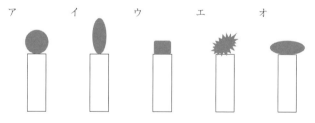

(10) (9)の理由を説明した次の文章の空らんに当てはまる語句を語群から選び，記号で答えなさい。

①（　　　）　②（　　　）

無重力状態では，同じ体積で温度が高い気体と低い気体のあいだに（　①　）の違いがない。し
たがって，あたためられた気体が（　②　）しないから。

〈語群〉

ア．色　　イ．重さ　　ウ．形　　エ．上昇　　オ．下降　　カ．変化

2　《ろうそく》　びんの中のろうそくが燃えるようすを調べるために，次の図1～4のろうそくに火
をつけて，実験をしました。これについて，あとの(1)～(3)の問いに答えなさい。　（京都教大附桃山中）

図1	図2	図3	図4
	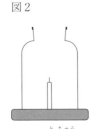		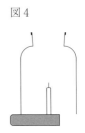

(1) 図1〜4のうち，ろうそくの火が途中で消えてしまうものがあります。なぜろうそくの火は消えたのですか。その理由を次の(ア)〜(オ)から**すべて**選んで，記号で答えなさい。（　　　　）

(ア) ろうそくの火がビンの中の酸素にふれたから。

(イ) ろうそくの火がビンの中のちっ素にふれたから。

(ウ) ろうそくの火がビンの中の二酸化炭素にふれたから。

(エ) ビンの中の酸素が少なくなったから。

(オ) ビンの中の空気の出入りがないから。

(2) 上の図1で，ろうそくを燃やす前と，ろうそくの火が消えた後で，びんの中の気体の割合はどのようになりますか。もっとも近いと考えられるものを次の(ア)〜(エ)から1つ選んで，記号で答えなさい。ただし，図の〇，△，●は酸素，二酸化炭素，ちっ素のいずれかを表します。（　　　　）

燃やす前	(ア)	(イ)	(ウ)	(エ)
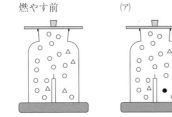				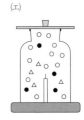

(3) ろうそくが燃えたときに発生する気体について正しいものを，次の(ア)〜(カ)から**すべて**選んで，記号で答えなさい。（　　　　）

(ア) 地球温暖化の原因の一つになっている。

(イ) 水にとけた水溶液は，ムラサキキャベツ液を黄色に変える。

(ウ) 塩酸に多く含まれている。

(エ) 石灰水を白くにごらせる。

(オ) 水にとけた水溶液を蒸発皿に入れて蒸発させると，白い粉が残る。

(カ) 水にとけた水溶液は青色リトマス紙を赤色に変える。

3　《木》　かわいたわりばしを蒸し焼きにして木炭をつくるため，次の実験を行いました。右の図はそのときのようすを表しています。あとの問いに答えなさい。　　　　（京都文教中）

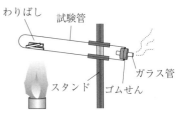

[実験]

① よくかわいたわりばしを小さく切り，重さを測定した。

② ①のわりばしを試験管の中に入れ，ガラス管を通したゴムせんでふたをした。試験管を，口

の部分が少し下がるようにスタンドに固定し，ガスバーナーで，試験管の中のわりばしを加熱し，そのようすを観察した。

③ ガラス管から出てきた白いけむりにマッチの火を近づけた。

④ 加熱後，試験管がよく冷えたことを確認し，中の木炭を取り出して重さを測定した。

⑤ 試験管の中には黒くねばねばした液体と，黄色い液体がたまっていた。黄色い液体をリトマス紙につけて色の変化を確認した。

(1) 実験②のように，試験管の口を下げる理由を説明しなさい。

（　　　　　　　　　　　　　　　　　　　　　　　　　　　　　　　　　　　）

(2) 加熱を続けても，試験管の中のわりばしはほとんど燃えずに木炭に変化しました。この実験でわりばしが燃えなかったのは，物が燃える条件のうち，何が足りなかったと考えられますか。

（　　　　　）

(3) 実験③の白いけむりは，マッチの火を近づけると燃えました。マッチの使い方として正しいものを，次の(ア)～(エ)から選び記号で答えなさい。（　　　　）

(ア) マッチは折れてしまわないように，3本を束にして使用する。

(イ) マッチを取り出したマッチばこは，必ず開けたままの状態で火をつける。

(ウ) 火のついているマッチは，上に向けるとすぐに消えるので横に向ける。

(エ) 火を消すときは，いきおいよくマッチをふって消す。

(4) 実験⑤では，青色リトマス紙が赤色に変化しました。これより試験管にたまっていた黄色い液体と同じ性質の液体を，次の(ア)～(エ)から選び記号で答えなさい。（　　　　）

(ア) 石けん水　　(イ) 食塩水　　(ウ) 炭酸水　　(エ) アンモニア水

(5) 取り出した木炭について適するものを，次の(ア)～(エ)から選び記号で答えなさい。（　　　　）

(ア) もとのわりばしより軽く，試験管の外で燃やすと赤いほのおを出しながら燃える。

(イ) もとのわりばしより軽く，試験管の外で燃やすとほのおを出さずに燃える。

(ウ) もとのわりばしより重く，試験管の外で燃やすと赤いほのおを出しながら燃える。

(エ) もとのわりばしより重く，試験管の外で燃やすとほのおを出さずに燃える。

4 《マッチ》 マッチをすって火をつけ，その炎（ほのお）を観察しました。以下の各問いに答えなさい。

（大谷中－大阪－）

(1) 火のついたマッチを上向きに持つと炎の向きは右の図1のようになります。マッチをななめ下向きに持つと炎の向きはどうなりますか。次のア～エから1つ選び記号で答えなさい。（　　　　） 図1

(2)　右の図2のようにガラスのびんを用意し, 火
のついたマッチを入れると, しばらくして火が
消えました。図3は, 空気中の気体の体積の割
合を表しています。マッチを入れて火が消えた
後のびんの中の, 酸素と二酸化炭素の体積の割
合の組み合わせとして正しいものを, 下の表のア
～エから1つ選び記号で答えなさい。(　　　)

図2

図3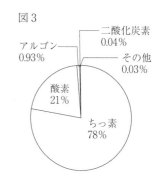

	酸素	二酸化炭素
ア	25 %	0.01 %
イ	25 %	3 %
ウ	17 %	0.01 %
エ	17 %	3 %

(3)　(2)のときよりもガラスのびんの中の酸素の割合を多くして, 火のついたマッチを入れました。
(2)の場合と比べてマッチの火はどうなりますか。次のア～ウから1つ選び記号で答えなさい。

(　　　)

ア. よく燃える　　イ. 同じ　　ウ. 燃え方が弱い

5　≪金属≫　鉄を加熱すると空気中の酸素と反応して黒色の酸化鉄ができます。この黒色の酸化鉄
を加熱し続けるとさらに酸素と反応して赤色の酸化鉄ができます。表1は鉄の重さ（g）とできる
黒色の酸化鉄の重さ（g）の関係を, 表2は鉄の重さ（g）とできる赤色の酸化鉄の重さ（g）の関
係を表したものです。以下の問いに答えなさい。　　　　　　　　　　　　　　　　　　(開明中)

表1　鉄の重さ（g）とできる黒色の酸化鉄（g）の重さの関係

鉄の重さ(g)	1.4	4.2	7.0
黒色の酸化鉄の重さ(g)	1.8	5.4	ア

表2　鉄の重さ（g）とできる赤色の酸化鉄（g）の重さの関係

鉄の重さ(g)	2.8	5.6	7.0
赤色の酸化鉄の重さ(g)	4.0	8.0	イ

(1)　表のア, イに当てはまる数値をそれぞれ答えなさい。

ア(　　　)　イ(　　　)

(2)　黒色の酸化鉄と赤色の酸化鉄をそれぞれ18gつくりました。黒色の酸化鉄と赤色の酸化鉄にふ
くまれる鉄の重さの比をもっとも簡単な整数比で答えなさい。

黒色：赤色＝(　　　：　　　)

(3)　黒色の酸化鉄4.5gを加熱して, すべて赤色の酸化鉄にしました。できた赤色の酸化鉄の重さは
何gですか。(　　　g)

(4)　8.4gの鉄をしばらく加熱すると, 酸化鉄が11.2gできました。この酸化鉄には黒色の酸化鉄と
赤色の酸化鉄がまざっており, 酸化されていない鉄はまざっていませんでした。

① この酸化鉄にふくまれる黒色の酸化鉄の重さは何 g ですか。（　　　g）

② この酸化鉄をさらに加熱し，すべて赤色の酸化鉄にしました。酸化鉄の重さは何 g 増えますか。（　　　g）

6 ≪プロパン≫　次の説明文を読み，あとの問いに答えなさい。　　　　　　　（四條畷学園中）

プロパン（ガス）という気体は炭素と水素からできているため，燃えると，酸素と結びつき二酸化炭素と水ができます。

プロパン 22g が完全に燃えると，二酸化炭素 66g ができます。

炭素 6g が完全に燃えると，二酸化炭素 22g ができます。また，水素 2g が完全に燃えると，水18g ができます。

(1) プロパン 22g にふくまれる炭素と水素はそれぞれ何 g ですか。

炭素（　　　g）　水素（　　　g）

(2) プロパン 22g が完全に燃えると，何 g の水ができますか。（　　　g）

(3) プロパン 22g が完全に燃えると，何 g の酸素と結びつきますか。（　　　g）

7 ≪気体の性質≫　右図のように試験管の中に液体 A を入れ，その中に固体 B を入れると気体が発生しました。試験管の口にマッチの火を近づけると，ポンと音をたてて燃え，試験管の内側に細かい液体の粒がついていました。以下の問いに答えなさい。　　　　　　　　　　　　　　　　　　　　　　　　　　（開明中）

液体A
固体B

(1) この実験で発生した気体の名前を答えなさい。（　　　　）

(2) 液体 A と固体 B の組み合わせとして考えられるものを次の表のア〜オからすべて選び，記号で答えなさい。（　　　）

表

	液体 A	固体 B
ア	うすい塩酸	銅
イ	水酸化ナトリウム水溶液	アルミニウム
ウ	食塩水	石灰石
エ	うすい塩酸	アルミニウム
オ	水酸化ナトリウム水溶液	鉄

(3) この実験で発生した気体の集め方を次のア〜ウから 1 つ選び，記号で答えなさい。また，その集め方を選んだ理由は気体のどのような性質によるものですか。10 字程度で答えなさい。

記号（　　　）　理由（　　　　　　　　　　性質）

ア　イ　ウ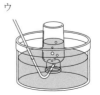

(4)　この気体の発生実験を行うときに試験管の口をゴム栓（せん）でふさいではいけません。その理由として正しいものを次のア〜エから1つ選び，記号で答えなさい。（　　　　）

ア　発生した気体とゴム栓が反応してしまうから

イ　液体Aが蒸発できなくなるから

ウ　気体のにおいをかげなくなるから

エ　試験管の中の圧力が大きくなり，危険だから

8　≪気体の性質≫　5種類の気体A〜Eについての文を読み，次の問いに答えなさい。　(同志社香里中)

気体Aと気体Bはどちらもつんとしたにおいがあり，水によくとけます。気体Aがとけている水溶液（すいようえき）にBTB液を加えると，青色になり，気体Bがとけている水溶液にBTB液を加えると，黄色になります。

気体Cは空気中に約78％，気体Dは空気中に約21％，気体Eは空気中に約0.04％ふくまれています。気体Eを石灰水（せっかいすい）にふきこむと，白くにごります。

(ア)　気体Aと気体Bはそれぞれ何ですか。A（　　　　）　B（　　　　）

1．酸素　　2．二酸化炭素　　3．ちっ素　　4．アンモニア　　5．塩化水素

(イ)　空気が入ったビンの中で，ろうそくを燃やしました。燃やす前と後では，ビンの中の気体Cの割合はどうなりましたか。（　　　　）

1．大きくなった　　2．小さくなった　　3．変わらなかった

(ウ)　気体Dの説明として，正しいものを選びなさい。（　　　　）

1．ものを燃やすと発生する気体である。

2．人の肺で，血液中から出される気体である。

3．日光が当たっている水草が出すあわに多くふくまれる気体である。

4．水をふっとうさせると出てくる気体である。

(エ)　気体Eがとけている水溶液は何性ですか。（　　　　）

1．酸性　　2．中性　　3．アルカリ性

9　≪気体の性質≫　酸素と二酸化炭素について，次の各問いに答えなさい。　(開智中)

問1　〈図1〉は酸素を発生させる装置を示しています。

(1)　図の固体A，液体Bにあてはまるものとして適当なものを，下の①〜⑥の中からそれぞれ1つずつ選び，番号で答えなさい。

固体A（　　　　）　液体B（　　　　）

① 大理石　　　　　　② 二酸化マンガン
③ 亜鉛（あえん）　　④ うすい塩酸
⑤ うすい過酸化水素水　⑥ うすい水酸化ナトリウム水溶液

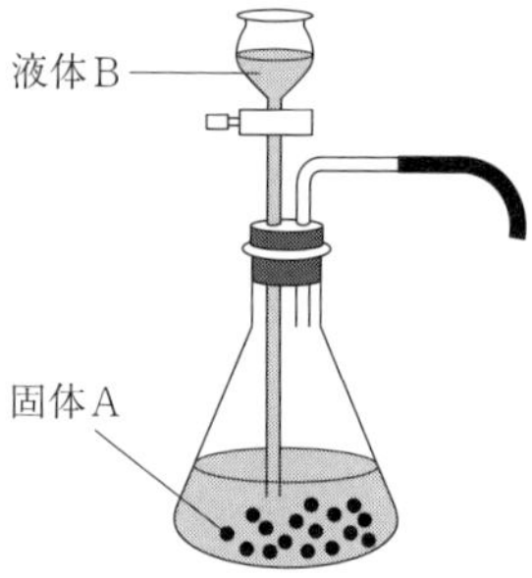

液体B

固体A

〈図1〉

(2)　固体Aの重さと液体Bの体積をいろいろ変えて，実験を行いました。次の(ア)，(イ)のように条件を変えたときのグラフをそれぞれかきなさい。ただし，1gの固体Aに10cm³の液体Bを加えて，十分な時間をおいたときに発生した酸素は100cm³とします。

(ア)　固体 A の重さをいろいろ変えて，それぞれに 10cm³ の液体 B を
加えたときの，固体 A の重さと，発生した酸素の体積との関係。た
だし，固体 A の重さは 1g から始めるとします。

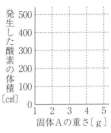

(イ)　1g の固体 A に液体 B の体積をいろいろ変えて加えたときの，
液体 B の体積と，発生した酸素の体積との関係。

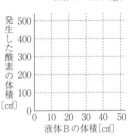

問2　二酸化炭素について，下の各問いに答えなさい。

(1)　二酸化炭素を発生させるため，石灰石に，ある液体 C を加えました。この液体 C はある気体
をとかした液体です。この気体の性質として適当なものを，下の①～⑥の中からすべて選び，
番号で答えなさい。（　　　　　）

①　水にぬらした青いリトマス紙を赤くする。

②　水にぬらした赤いリトマス紙を青くする。

③　においはない。

④　刺激臭がある。

⑤　空気よりも重い。

⑥　空気よりも軽い。

(2)　二酸化炭素を固体にしたものを何といいますか。（　　　　　）

(3)　二酸化炭素を水の入ったペットボトルに入れ，ふたをかたくしめてふると，ペットボトルが
へこみました。ペットボトルがへこんだのは，二酸化炭素にどのような性質があるからですか。

（　　　　　　　　）

(4)　石灰石に液体 C を加えると二酸化炭素が発生するのは，石灰石の主な成分である炭酸カルシ
ウムが反応するからです。実験で，石灰石 10g に液体 C を十分に加えたときに発生した二酸化
炭素は 2128cm³ でした。この石灰石 10g 中に炭酸カルシウム以外の成分は何 g 含まれますか。
ただし，炭酸カルシウム 1g から発生する二酸化炭素の体積は 224cm³ です。（　　　g）

---

1 ≪もののとけ方≫　文章を読んで，各問いに答えなさい。　　　　　　　　（関西大倉中）

　質量パーセント濃度が 12.5 ％の食塩水 A（200g）と濃度の分からない食塩水 B（50g）を混合しました。ただし，濃度の異なる液体を混合しても液体の体積変化はないものとします。

問1　食塩水 A 200g に含まれている食塩は何 g ですか。（　　　　g）

問2　食塩水 B は，水 45g に食塩 5 g を加えてつくりました。食塩水 B の濃度は何％ですか。

　　　　　　　　　　　　　　　　　　　　　　　　　　　　　　　　　　（　　　　％）

問3　食塩水 A と B を混ぜると何％の食塩水になりますか。（　　　　％）

問4　問3でできた食塩水は何 mL ですか。小数第 1 位を四捨五入して，整数値で答えなさい。
　　　ただし，混合溶液の密度は 1.1g/mL とします。（　　　　mL）

2 ≪もののとけ方≫　次の各問いに答えなさい。　　　　　　　　　（ノートルダム女学院中）

(1)　次のア～オから正しいものをすべて選び，記号で答えなさい。（　　　　）

　ア　食塩や砂を水に混ぜたものを水よう液という。

　イ　水よう液には色のついたものもあれば，ついていないものもある。

　ウ　水よう液は，すべてとうめいである。

　エ　決まった量の水にとける物質の量は，食塩の場合にはかぎりがあるが，ホウ酸の場合はかぎりがない。

　オ　食塩は水にとけても目に見えないくらい小さなつぶになっただけでなくならないが，ホウ酸は水にとけるとなくなる。

(2)　次のア～コはメスシリンダーを使って水 50mL をはかるときのはかり方を示しています。ただし，まちがったものや必要ないものもふくまれています。ア～コから必要なものを選び，はかり方の順に並べなさい。（　　　　　　）

　ア　50 の目もりより水を多く入れ，50 ちょうどになるまで水を捨てる。

　イ　メスシリンダーは割れないようにスポンジの上に置く。

　ウ　50 の目もりより少し下のところまで水を入れる。

　エ　メスシリンダーを水平なところに置く。

　オ　水面の一番高くもり上がっているところと 50 の目もりが重なって見えるように水の量を調節する。

　カ　メスシリンダーの目もりを読むときはななめ 45 度上のところから読む。

　キ　スポイトなどで水を入れて 50 の目もりに水面を合わせる。

　ク　水 50mL の重さは 50g である。

　ケ　水が蒸発しないようにふたをする。

　コ　水面のへこんだところが 50 の目もりの線と重なっているか，目盛りと水平の位置から確認する。

(3) 20℃の水 50mL にホウ酸 2g を加えてかきまぜるとすべてとけました。次に 20℃の水 50mL にホウ酸 5g を加えるととけずに残ったものがありました。とけずに残ったホウ酸をすべてとかすにはどのような方法が考えられますか。方法を 2 つ答えなさい。

（　　　　　　　　　　　　　　　）（　　　　　　　　　　　　　　　　　　　）

(4) 以下の①〜③の各問いに答えなさい。ただし，必要ならば次の表の数値を使いなさい。また，計算で割り切れないときは小数第 2 位を四捨五入して小数第 1 位まで答えなさい。

各温度の水 100g にとけるミョウバンの量						
水の温度	0℃	10℃	20℃	30℃	40℃	60℃
ミョウバンのとける量	6g	8g	11g	17g	24g	57g

① 60℃の水 100g にミョウバンをとけるだけとかしたとき水よう液の重さは何 g になりますか。

（　　　　g）

② ①の水よう液ののう度は何 % ですか。（　　　　%）

③ ①の水よう液を 30℃にしたときどのような変化が生じますか。できるだけ具体的に答えなさい。

（　　　　　　　　　　　　　　　　　　　　　　　　　　　　　　　　　　　　）

3 ≪もののとけ方≫　ある温度で水 100g にとける物質の最大量を「よう解度」といいます。下の表は各温度における水 100g にとける食塩，ホウ酸のよう解度をまとめたものです。次の各問いに答えなさい。

(追手門学院中)

表

水の温度(℃)	0	10	20	40	60	80
食塩(g)	35.6	35.7	35.8	36.3	37.1	38.0
ホウ酸(g)	2.77	3.65	4.88	8.90	14.9	23.5

(1) 食塩とホウ酸の結しょうの形を，次のア〜エから選びそれぞれ記号で答えなさい。

食塩（　　　）　ホウ酸（　　　）

　　ア　　　　イ　　　　ウ　　　　エ

(2) 水に物質をとけるだけとかした水よう液の名しょうを答えなさい。（　　　　）

(3) 20℃の水 150g にとかすことのできる食塩の質量は何 g ですか。（　　　g）

(4) 80℃の水 50g に食塩とホウ酸をそれぞれ 10g ずつとかして，20℃まで冷やしたとき，とけずに出てくる結しょうはどちらでしょうか。また，結しょうは何 g 出てきますか。小数第 2 位を四捨五入して答えなさい。結しょう（　　　）（　　　g）

(5) 10℃の水 200g にホウ酸 10g を加え，十分に混ぜたあと，ろ過してろ液を取り出しました。次の各問いに答えなさい。

① ろ過のやり方として正しい方法を，次のア～エから1つ選び記号で答えなさい。（　　　）

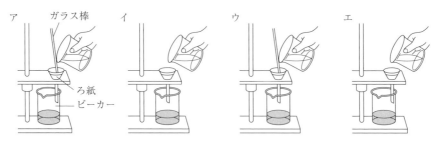

ア　ガラス棒　　イ　　　　　　ウ　　　　　　エ

ろ紙

ビーカー

② ろ液ののう度は何％ですか。小数第2位を四捨五入して答えなさい。（　　　％）

4 《もののとけ方》　右図は水の温度（℃）と，物質Xを水100g
にとけるだけとかした量（g）との関係をグラフにしたものです。
例えば60℃のとき，水100gに物質Xは100gまでとけることが
グラフからわかります。また，水の温度が高くなるほど，とける
量が多くなることもわかります。答えが割り切れない場合は，小
数第1位を四捨五入して整数で答えなさい。　　（同志社香里中）

(ア) 40℃の水40gに物質Xは何gまでとけますか。（　　　g）

(イ) 60℃の水60gに物質Xを40gとかしたところ，すべてとけ
ました。この水溶液のこさは何％ですか。（　　　％）

(ウ) 80℃の水80gに物質Xをとけるだけとかした水溶液を，20
℃まで冷やすと結晶（けっしょう）ができます。何gの結晶ができますか。（　　　g）

(エ) 水70gに物質Xを100gとかすには，水の温度を何℃にする必要がありますか。次の中から最
も低い温度を選びなさい。（　　　）

1．30℃　　　2．40℃　　　3．50℃　　　4．60℃　　　5．70℃　　　6．80℃

5 《もののとけ方》　あとの会話文は，れんくんとゆあさんが資料1，2を参考にしながら，問題を
といているようすである。これについて，あとの各問いに答えなさい。ただし，計算結果が割り切
れない場合は，小数第1位を四捨五入して整数で答えなさい。　　（関西大学中）

問題

　60℃のミョウバンのほう和水よう液200gと，60℃ののう度10％のミョウバンの水よう
液100gをよく混ぜてから，40℃に冷ましたとき，とけきれなくなったミョウバンが結晶と
なって出てきた。このミョウバンをろ過で取りのぞいた後，水を50g蒸発させ，水よう液の
温度を60℃にして，温度を一定に保った。

　このときの水よう液のようすを正しく説明しているのは次のA～Cのいずれか。また，A
の場合は，出てくるミョウバンの重さ，Bの場合は，さらにとかすことのできるミョウバン
の重さ，Cの場合は，0gと答えなさい。ただし，ろ過や温度の変化によって水やミョウバン
の量は変化しないものとする。

［A　とけきれないミョウバンの結晶が出る］

［B　さらにミョウバンをとかすことができる］

［C　ほう和水よう液になるが，ミョウバンの結晶は出ない］

資料1　ほう和水よう液

　　物質が水にとける重さは，物質の種類や温度によって決まっており，水100gにその物質が何gとけるかで表す。ミョウバンの場合，60℃では25g，40℃では12gである。物質を最大量までとかした水よう液を「ほう和水よう液」と呼ぶ。

資料2　のう度

　　水よう液のこさを表したものを「のう度」といい，次の式で計算することができる。

$$のう度〔％（パーセント）〕＝\frac{とけている物質の重さ〔g〕}{水よう液の重さ〔g〕}×100$$

れんくん：まずは60℃のミョウバンのほう和水よう液200gについて考えよう。資料1には，水100gにミョウバン25gがとけると書いてあるから，この200gには50gがとけているということだね。

ゆあさん：ちょっと待って。この200gは（　①　）をあわせた量だから，今の計算はまちがっていると思う。資料1からわかるのは，ミョウバンは60℃のほう和水よう液（　②　）gに25gがとけているということだよ。

れんくん：そうか。ゆあさんの言う通りだね。つまり，ミョウバンは60℃のほう和水よう液（　③　）gに1gがとけているということだから，200gにとけているミョウバンは（　④　）gだね。

ゆあさん：次は，のう度10％のミョウバンの水よう液100gについて考えよう。資料2ののう度の式に当てはめると，とけているミョウバンの重さは（　⑤　）gになるね。

れんくん：2つの水よう液を混ぜたときにとけているミョウバンの重さはわかったけど，この後どうすればいいのかな。

ゆあさん：ミョウバンは40℃では水100gに12gとけるから，混ぜた水よう液のうち，水の重さは，合計（　⑥　）gになることを使えばいいんじゃないかな。

れんくん：そうか。40℃で水（　⑥　）gにとけるミョウバンは（　⑦　）gだから，とけきれなくなって取りのぞいたミョウバンは（　⑧　）gだね。

ゆあさん：水50gを蒸発させると，残った水にとけるミョウバンは，60℃では（　⑨　）gだから，問題の答えは（　⑩　）で（　⑪　）gだね。

図

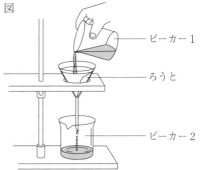

(1)　図は下線部のようすを表しているが，正しくない点が2つある。正しい方法をそれぞれについて答えなさい。

（　　　　　　　　　　　　　　　　　　　）

（　　　　　　　　　　　　　　　　　　　）

(2)　資料 1，資料 2 をもとに，60℃のミョウバンのほう和水よう液ののう度を答えなさい。

（　　　　％）

(3)　（　①　）に入る正しい言葉を答えなさい。（　　　　　）

(4)　（　②　）～（　⑨　）に入る数字を答えなさい。

②（　　　）③（　　　）④（　　　）⑤（　　　）⑥（　　　）⑦（　　　）⑧（　　　）

⑨（　　　）

(5)　（　⑩　）に入る記号と（　⑪　）に入る数字を答えなさい。⑩（　　　）⑪（　　　）

6　《水よう液の性質》　次の 5 種類の水よう液 A～E を区別するために，さまざまな実験を行いました。下の問いに答えなさい。　　　　　　　　　　　　　　　　　　　　　　　　　　（松蔭中）

A．アンモニア水　　B．塩酸　　C．重そう水　　D．食塩水　　E．炭酸水

(1)　各水よう液の見た目のようすを調べました。このとき，水よう液の中からあわが出ていたのはどれですか。A～E から 1 つ選び，記号で答えなさい。（　　　　）

(2)　(1)で出てきた気体を試験管に集めました。この気体は二酸化炭素だと考えられますが，火のついた線香を使う以外に，どのような方法で確かめることができますか。（　　　　　　　　　　）

(3)　各水よう液のにおいを調べました。このとき，つんとしたにおいがしたのはどれですか。A～E から 2 つ選び，記号で答えなさい。（　　　）（　　　）

(4)　各水よう液を青色リトマス紙につけました。このとき赤色に変化したのはどれですか。A～E から 2 つ選び，記号で答えなさい。（　　　）（　　　）

(5)　(4)の結果から，それらの水よう液の性質は，酸性，中性，アルカリ性のどれだといえますか。

（　　　　　）

(6)　各水よう液を約 1 mL 蒸発皿に取り，弱火で加熱して水を蒸発させました。このとき蒸発皿に白い固体が残ったのはどれですか。A～E から 2 つ選び，記号で答えなさい。（　　　）（　　　）

(7)　各水よう液にスチールウールを入れました。このとき気体が発生してスチールウールがとけたのはどれですか。A～E から 1 つ選び，記号で答えなさい。（　　　　）

7　《水よう液の性質》　天理中学校の昼食にはしょう油とソースが調味料として出ます。しょう油とソースをリトマス紙で調べると，どちらも青色リトマス紙の色が変化しました。そこで，炭酸水，うすいアンモニア水，うすい塩酸，食塩水，重そう水の 5 つの水よう液の性質を調べる実験を行いました。あとの問いに答えなさい。ただし，実験結果を示している図 1，図 2 の①～⑤は，それぞれ同じ水よう液の結果を示しているものとします。　　　　　　　　　　　　　　　　　　　　　（天理中）

【実験 1】　赤色と青色のリトマス紙にそれぞれの水よう液をガラス棒でつけ，変化を調べた。図 1 はその結果を示している。ただし，図 1 の〇はリトマス紙が変化したことを，×は変化しなかったことを示している。

図 1

	①	②	③	④	⑤
赤色リトマス紙	〇	×	×	×	〇
青色リトマス紙	×	×	〇	〇	×

図 2

①	②	③	④	⑤
×	〇	×	×	〇

図 3

【実験2】 図3の器具でそれぞれの水よう液を約1mL蒸発皿にとり，弱火で加熱した。図2はその結果を示している。ただし，図2の○は加熱後，蒸発皿に固体が残ったことを，×は加熱後，蒸発皿に何も残らなかったことを示している。

(1) 図3の器具の名前を答えなさい。（　　　　　）

(2) 実験1で，リトマス紙の色が変化したとき，青色リトマス紙は何色になりましたか。（　　　色）

(3) ①の水よう液は何性ですか。（　　　性）

(4) BTB液を加えて色の変化を調べたとき，黄色になる水よう液を図1，図2の①〜⑤からすべて選び，記号で答えなさい。どれも黄色にならない場合は，×と答えなさい。（　　　　　）

(5) ②と⑤の水よう液の名前を答えなさい。②（　　　　　）⑤（　　　　　）

(6) ③と④の水よう液は実験結果がすべて同じになりました。この2つの水よう液を区別するには，どのようにすればよいですか。「○○して，□□であれば，△△。□□でなければ，××」のように，方法（○○），結果（□□），結果から区別できる水よう液の名前（△△・××）を明確にして，簡潔に答えなさい。

　（　　　）

(7) しょう油を使って実験1，実験2を行ったとき，すべて同じ結果になるものを図1，図2の①〜⑤からすべて選び，記号で答えなさい。どれも当てはまらない場合は，×と答えなさい。（　　　　　）

8 ≪水よう液の性質≫ 塩酸，食塩水，水，水酸化ナトリウム水溶液，石灰水が，5つのビーカーにそれぞれ入っています。それぞれの液体を，実験結果をもとに分類し，下の図にまとめました。図の①〜④に入る最も適したものをあとのア〜オからそれぞれ1つ選び，記号で答えなさい。

　①（　　　　　）②（　　　　　）③（　　　　　）④（　　　　　）

（奈良教大附中）

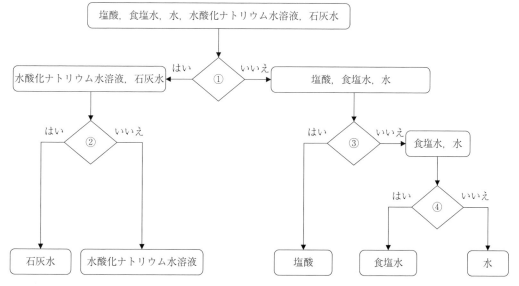

ア．色がついている。
イ．青色リトマス紙が赤色に変わる。
ウ．赤色リトマス紙が青色に変わる。
エ．蒸発させると固体が残る。
オ．二酸化炭素と反応して白くにごる。

9　≪水よう液の性質≫　次の文はAさんとBさんの会話のようすです。この文を読み，あとの各問いに答えなさい。

（大谷中－京都－）

A：水，うすい塩酸，水酸化ナトリウム水よう液，食塩水，重そう水をそれぞれビーカーに入れていたのだけど，全部無色とう明の液体で，どれがどれだかわからなくなってしまいました。

B：困りましたね。まず，左から順に①～⑤と番号をつけて，それぞれ少しずつ取って性質を確かめてみたらどうでしょうか。

A：いいですね。

B：酸性の水よう液はアルミニウムなどの金属をとかして気体が発生するということを聞いたことがあります。①～⑤を少しずつ取ってアルミニウムのかけらをそれぞれ入れたときに，あわが出てきてとけたら，その液体が塩酸だとわかるはずですね。

A：やってみましょう！　あれ？　③と⑤の両方から(i)あわが発生し，アルミニウムがとけました。これではどちらが塩酸かわかりません。

B：インターネットで調べてみると，アルミニウムは塩酸にも水酸化ナトリウム水よう液にもとけて，同じ気体が発生すると書いてありました。

A：ではアルミニウムの代わりに石灰石を入れてみたらどうでしょうか。③と⑤を少しずつ取って，石灰石の小さなかけらを入れてみましょう。

B：今度は③の液体だけから(ii)あわが出てきました。なるほど！　これで，③と⑤の水よう液のどちらが塩酸でどちらが水酸化ナトリウム水よう液かがわかりました。

A：でも，まだ残りの3つはわかりません。どうしたらいいでしょうか。

B：①～⑤の水よう液を1滴ずつスライドガラスの上につけて，ドライヤーでかわかしてみたらどうでしょうか。

A：やってみると，①と④と⑤をつけたスライドガラスには白い物質が残りました。

B：これで②，③，⑤の液体が何であったか判断できました。でも①と④はわからないままです。

問1　AさんとBさんの会話から，②，③，⑤の液体はそれぞれ何であったと考えられますか。水，塩酸，水酸化ナトリウム水よう液，食塩水，重そう水のうちから，それぞれ選び，答えなさい。

　　②（　　　　）　③（　　　　）　⑤（　　　　）

問2　AさんとBさんが行った実験の中で，下線部(i)と(ii)の2種類の気体（あわ）が発生しました。それぞれの気体について説明した文を次のア～オから1つずつ選び，記号で答えなさい。

　　(i)（　　　）　(ii)（　　　）

　ア．空気に約80％ふくまれている気体で，他の物質とほとんど反応しない。

　イ．空気に約20％ふくまれている気体で，オキシドールに二酸化マンガンを加えると発生する。ものが燃えるのを助けるはたらきがある。

　ウ．空気より重く，水にとける気体。水にとけると炭酸水になる。石灰水と混ぜると石灰水が白くにごる。

　エ．とても軽く，空気中で燃える気体。燃料電池の燃料になったり，この気体を燃やして走る自動車が開発されたりしていて新しいエネルギーとして近年注目されている。

　オ．空気に約1％ふくまれている気体で，他の物質とはほとんど反応しない。蛍光灯（けいこうとう）の中に少量

入れられている気体。

問3　すべての液体にアルミニウムを入れたとき，③と⑤の液体にとけたことから，もう1つ別の実験を行って③と⑤を区別しようと思います。もう1つの実験とその結果について述べた文として**正しくないもの**を次の中から1つ選び，記号で答えなさい。（　　　）

　ア．③と⑤の液体に青色リトマス紙をつけると③だけが赤色に変化する。

　イ．③と⑤の液体に赤色リトマス紙をつけると⑤だけが青色に変化する。

　ウ．③と⑤の液体に二酸化マンガンを入れると③だけから，あわが発生する。

　エ．③と⑤の液体にBTB液を加えると③は黄色に，⑤は青色に変化する。

問4　①と④の液体がそれぞれ何であるかを判断する方法と，その結果について述べた文として正しいものを次の中から1つ選び，記号で答えなさい。（　　　）

　ア．①と④の液体に青色リトマス紙をつけたとき，片方だけが赤色に変化する。

　イ．①と④の液体に赤色リトマス紙をつけたとき，片方だけが青色に変化する。

　ウ．①と④の液体に石灰石を入れると，片方だけから，あわが発生する。

　エ．①と④の液体に二酸化マンガンを入れると，片方だけから，あわが発生する。

10　≪物質との反応≫　約4％の塩酸20cm³にあえんの小片を加えて，気体を発生させる実験を行った。下の表は，加えたあえんの重さと発生した気体の体積との関係を示したものである。次の各問いに答えなさい。

（育英西中）

あえんの重さ〔g〕	0.10	0.15	0.20	0.25	0.30	0.35
気体の体積〔cm³〕	40	①	80	②	③	114

(1)　この実験で発生した気体は何か，その名前を答えなさい。（　　　）

(2)　発生した気体の性質として正しいものを下のア～キからすべて選び，記号で答えなさい。

（　　　）

　ア　燃える　　イ　燃えない　　ウ　ものが燃えるのを助ける　　エ　空気より軽い

　オ　空気より重い　　カ　水によくとける　　キ　水にとけにくい

(3)　表の①～③にあてはまる適切な数値を答えなさい。

　①（　　　）②（　　　）③（　　　）

(4)　あえんの重さ〔g〕と発生した気体の体積〔cm³〕の関係を表すグラフを解答らんに書きなさい。

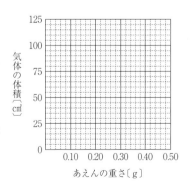

(5)　あえんの重さと発生した気体の体積が比例したのは，あえんを何g加えるまでか，小数第3位を四捨五入して答えなさい。

（　　　）

(6)　あえんを(5)より多く加えると，あえんの重さと発生する気体の体積が比例しなくなるのはなぜか，簡単に説明しなさい。

　（　　　　　　　　　　　　　　　　　　　　　　　）

11 ≪物質との反応≫　花子さんは夏休みの自由研究で発泡入浴剤を作り，実験することにしました。以下は発泡入浴剤の作り方と実験の内容を示したものです。　　　　　　　　　　　　（甲南女中）

【準備するもの】

クエン酸，重曹，消毒用エタノール，プラスチックのコップ 2 個，ポリ袋，クリップ，ビーカー，上皿てんびん，電子てんびん，試験管

【発泡入浴剤の作り方】

①　クエン酸と重曹の A 重さを上皿てんびんではかり，コップの中に入れてかき混ぜる。

②　よくかき混ぜながら，エタノールを少しずつ加える。全体がしっとりとしてくるまでかき混ぜる。

③　もう一つのコップを上から重ね，しっかりと手で押す。おもりをコップの上にのせて，一晩待つ。

④　コップからはずし，乾そうさせる。

【実験】

①　ポリ袋，クリップ，発泡入浴剤，ビーカーに入った水をすべて電子てんびんの上にのせて，重さをはかると 50.0g であった。

②　ポリ袋の中に発泡入浴剤と水を加え，すぐにポリ袋の口をクリップで閉じるとポリ袋がふくらんだ。このふくらんだポリ袋と空になったビーカーを B 電子てんびんの上にのせた。

③　C ポリ袋の中の気体を空気と混ざらないように試験管の中に入れた。

④　③の後に，ポリ袋と空になったビーカーを D 電子てんびんの上にのせた。

⑤　試験管の中にある気体が何であるかを決めようと，気体検知管を使おうとした。すると先生から，E 気体検知管を使わなくても，気体が何であるかを決めることができると教えてもらった。

---

(1)　下線部 A について，花子さんは上皿てんびんと分銅を使ってクエン酸を 2g はかりとろうとしました。上皿てんびんの左右にのせるものとして適切な組み合わせを次の(ア)～(エ)から選びなさい。ただし，花子さんは右利きです。（　　　）

	左	右
(ア)	クエン酸（薬包紙あり）	分銅（薬包紙なし）
(イ)	分銅（薬包紙なし）	クエン酸（薬包紙あり）
(ウ)	クエン酸（薬包紙あり）	分銅（薬包紙あり）
(エ)	分銅（薬包紙あり）	クエン酸（薬包紙あり）

(2)　下線部 B，下線部 D について，電子てんびんの目盛りはそれぞれどうなりますか。適切なものを次の(ア)～(ウ)から選びなさい。

下線部 B（　　　）　下線部 D（　　　）

(ア)　50.0g よりも重くなる　　(イ)　50.0g　　(ウ)　50.0g よりも軽くなる

(3) 下線部 C について，ポリ袋の中の気体を空気と混ざらないように，試験管の中に入れるにはどうしたらよいですか。最も適切な図を次の(ア)〜(ウ)から選びなさい。（　　　）

(ア)　　　　　　　　　　(イ)　　　　　　　　　　(ウ)

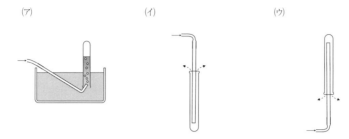

(4) 下線部 E について，試験管の中には 1 種類の気体が入っています。この気体を別の試験管 3 本に分けて入れました。花子さんはこの気体が「酸素，窒素，二酸化炭素，アンモニア」のどれであるかを決めようとしました。

(a) 花子さんは 1 本目の試験管にある操作を行い，試験管の中の気体がアンモニアではないと考えました。花子さんはどんな操作をしたのかを答えなさい。

（　　　　　　　　　　　　　　　　　　　　　　　　　　　　　　　　　　　）

(b) 花子さんは 2 本目の試験管にある操作を行い，試験管の中の気体が酸素ではないと考えました。花子さんはどんな操作をしたのかを答えなさい。

（　　　　　　　　　　　　　　　　　　　　　　　　　　　　　　　　　　　）

(c) 花子さんは 3 本目の試験管の中の気体が二酸化炭素または窒素のどちらであるかを決める操作を行い，二酸化炭素であると考えました。花子さんはどんな操作をしたのかを答えなさい。

（　　　　　　　　　　　　　　　　　　　　　　　　　　　　　　　　　　　）

(d) (a)〜(c)の結果，試験管の中の気体は二酸化炭素であることが分かりました。次の文を読んで，文中の気体が二酸化炭素であるものを(ア)〜(エ)からすべて選びなさい。（　　　）

(ア) 石灰石に塩酸を加えると発生する気体である。

(イ) 動物が息をはき出したときに最も多くふくまれる気体である。

(ウ) 炭酸水にとけている気体である。

(エ) うすい過酸化水素水に二酸化マンガンを加えると発生する気体である。

(5) 花子さんは，重曹を 6.3g ずつ 5 本の試験管①〜⑤にとり，クエン酸の重さを変えて【実験】を行いました。その結果を示したものが下の表です。

試験管	重曹	クエン酸	水	発生した二酸化炭素
①	6.3g	1.2g	10g	0.40L
②	6.3g	2.4g	10g	0.80L
③	6.3g	3.6g	10g	1.20L
④	6.3g	4.8g	10g	1.60L
⑤	6.3g	6.0g	10g	1.60L

(a) 横軸にクエン酸の重さ〔g〕，縦軸に発生した二酸化炭素の体積〔L〕をとり，その関係を示すグラフを作りなさい。

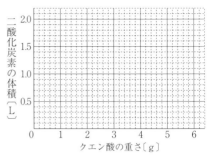

(b) 重曹 6.3g と反応できるクエン酸は最大何 g ですか。グラフより読み取りなさい。（　　　　g）

(c) 重曹 4.0g とクエン酸 1.6g に水を加えて反応させたとき，重曹またはクエン酸のどちらが何 g 余るのか答えなさい。（　　　が　　　g 余る。）

(d) 花子さんはこの実験をやっている途中で，発泡入浴剤をいれたポリ袋をさわると冷たくなっていることに気づきました。次の(ア)～(オ)の中で冷たく感じるものをすべて選びなさい。（　　　　）

(ア) 消毒用エタノールで手指の消毒をする。

(イ) 塩酸が入った試験管に鉄を入れ，試験管をさわる。

(ウ) 電流を流した直後のモーターをさわる。

(エ) 紙袋に鉄の粉，活性炭（炭の粉末）と食塩を加え，よくまぜた後，紙袋をさわる。

(オ) 冷ぼうをかけているエアコンの室外機からふく風に手を当てる。

12　《物質との反応》　うすい過酸化水素水（オキシドール）に二酸化マンガンを加えると，過酸化水素が分解されて酸素が発生します。この反応について調べるために，[実験1]～[実験6]を行いました。次の各問いに答えなさい。
(開智中)

[実験1]　25℃の条件で，三角フラスコに入ったうすい過酸化水素水 10mL に二酸化マンガン 1g を加えたところ，反応時間と，発生した酸素の体積との関係は，〈図1〉のようになった。ただし，過酸化水素水に二酸化マンガンを加えなければ，酸素は発生しないものとする。

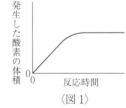

〈図1〉

[実験2]　25℃の条件で，三角フラスコに入ったうすい過酸化水素水 10mL に二酸化マンガン 1g を加え，十分な時間が経過して酸素が発生しなくなった後，そこに ア を加えると イ が発生した。

[実験3]　25℃の条件で，三角フラスコに入ったうすい過酸化水素水 10mL に二酸化マンガン 1g を加え，十分な時間が経過して酸素が発生しなくなった後，そこに ウ を加えると エ は発生しなかった。

[実験4]　15℃の条件で，三角フラスコに入ったうすい過酸化水素水 10mL に二酸化マンガン 1g を加えた。

[実験5]　25℃の条件で，三角フラスコに入ったうすい過酸化水素水 10mL に二酸化マンガン 2g を加えた。

[実験6]　〈図2〉のように，うすい過酸化水素水 60g の入ったビーカー，空の三角フラスコ，薬包紙にとった二酸化マンガン 1g をはかりにのせて，全体の重さをはかると 400g であった。次に，二酸化マンガンとビーカーの中の過酸化水素水をすべて三角フラスコに入れ，酸素を発生させた。酸素が発生しなくなった時点で，〈図3〉のように全体の重さをはかると，390g となった。

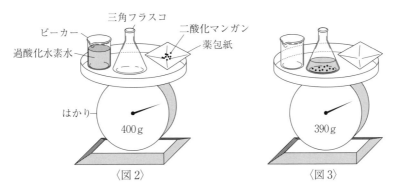

〈図2〉　　　　　　　　　　　〈図3〉

問1　［実験1］で発生した気体が酸素であることを確かめる方法として適当なものを，下の①～⑥の中から1つ選び，番号で答えなさい。（　　　）

① 食塩水にとおす。　　　　② 石灰水にとおす。

③ 氷水にとおす。　　　　　④ 赤色リトマス紙を近づける。

⑤ 青色リトマス紙を近づける。　⑥ 火をつけた線香を近づける。

問2　［実験2］，［実験3］の結果から，「［実験1］で，うすい過酸化水素水に二酸化マンガンを加え，十分な時間が経過して酸素が発生しなくなったのは，二酸化マンガンが過酸化水素を分解する能力が失われたからではなく，過酸化水素がすべて分解されたからであること」がわかりました。　ア　～　エ　にあてはまる語として適当なものを，下の①～⑥の中からそれぞれ1つずつ選び，番号で答えなさい。ただし，同じ番号を2度選んでもかまいません。

ア（　　　）イ（　　　）ウ（　　　）エ（　　　）

① 水　　② 酸素　　③ 水素　　④ 二酸化炭素　　⑤ 二酸化マンガン

⑥ 過酸化水素水

問3　［実験4］，［実験5］の結果を［実験1］の結果と比べると，「温度が高いときや二酸化マンガンの量が多いときに，酸素が発生しなくなるまでにかかる時間が短くなること」がわかりました。［実験4］，［実験5］の結果を表すグラフ（実線）として最も適当なものを，下の①～⑥の中からそれぞれ1つずつ選び，番号で答えなさい。ただし，グラフ中の破線は，［実験1］の結果を表しています。実験4（　　　）実験5（　　　）

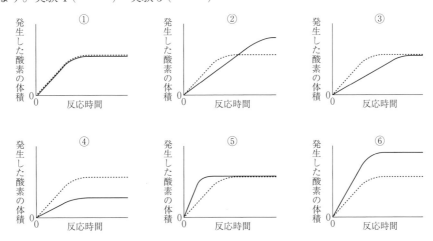

問4　［実験6］で発生した酸素は何 g ですか。（　　　g）

問5　［実験6］では，最終的に三角フラスコの中に水と二酸化マンガンだけが残っていました。残っ
　　　ていた水と二酸化マンガンは，それぞれ何 g ですか。水（　　　g）　二酸化マンガン（　　　g）

13　≪中和≫　酸性とアルカリ性の水よう液をまぜ合わせたときの変化を調べるため，同じ濃さのう
　すい塩酸とうすい水酸化ナトリウム水よう液を用いて，次の実験を行いました。下の各問いに答え
　なさい。　　　　　　　　　　　　　　　　　　　　　　　　　　　　　　　（東海大付大阪仰星高中等部）

【実験】

　1．うすい塩酸 $20cm^3$ とうすい水酸化ナトリウム水よう液 $20cm^3$ を，1本の試験管に入れ，よく
　　　まぜる。

　2．①BTB液で，試験管内の水よう液が何性であるかを調べる。

　3．よくまぜた後の試験管内の水よう液 $5cm^3$ を蒸発皿にとり，②ガスバーナーで加熱して蒸発
　　　させるとどうなるかを調べる。

問1．下線部①で，BTB液を加えると何色になりますか，答えなさい。（　　　色）

問2．下線部②で，蒸発皿の中はどのようになりますか，次の(ア)～(ウ)から1つ選び，記号で答えな
　　　さい。（　　　）

　(ア)　黒い固体が残った　　　(イ)　白い固体が残った　　　(ウ)　何も残らなかった

問3．酸性の水よう液の性質として適切なものはどれですか，次の(ア)～(エ)から1つ選び，記号で答
　　　えなさい。（　　　）

　(ア)　赤色リトマス紙を青色に変える

　(イ)　青色リトマス紙を赤色に変える

　(ウ)　フェノールフタレイン液を赤色に変える

　(エ)　手でさわるとぬるぬるする

問4．この実験のように，酸性とアルカリ性の水よう液をまぜ合わせたとき，たがいにその性質を
　　　打ち消し合う変化のことを何といいますか，答えなさい。（　　　）

問5．それぞれの水よう液の体積を変えて，同様の実験を行いました。試験管内の水よう液がアル
　　　カリ性を示すものはどの組み合わせですか，次の(ア)～(オ)からすべて選び，記号で答えなさい。

　　　　　　　　　　　　　　　　　　　　　　　　　　　　　　　　　　　　　（　　　）

	うすい塩酸〔cm^3〕	うすい水酸化ナトリウム水よう液〔cm^3〕
(ア)	10	25
(イ)	15	20
(ウ)	15	15
(エ)	20	15
(オ)	25	10

14 《中和》 6つのビーカー A〜F に同じこさの塩酸を 20cm³ ずつとり，それぞれに同じこさの水酸化ナトリウム水よう液を表のように体積を変えて加えました。その後，加熱して水をすべて蒸発させ，残った固体の重さを調べました。以下の各問いに答えなさい。 （大谷中－大阪－）

ビーカー	A	B	C	D	E	F
塩酸〔cm³〕	20	20	20	20	20	20
加えた水酸化ナトリウム水よう液〔cm³〕	5	10	15	20	25	30
蒸発後残った固体〔g〕	0.5	X	1.5	2	2.3	2.6

(1) 水を蒸発させる前の A のビーカーは，酸性，中性，アルカリ性のどれですか。（　　　）

(2) 表の X にあてはまる数字を答えなさい。（　　　）

(3) 水を蒸発させる前，ビーカー A〜F の液をリトマス紙で調べると，赤と青のリトマス紙の両方とも変化しないものはどれですか。A〜F の記号で答えなさい。（　　　）

(4) ビーカー F に残った固体 2.6g 中，水酸化ナトリウムは何 g ふくまれていますか。（　　　g）

(5) この実験に使った水酸化ナトリウム水よう液 5cm³ には，何 g の水酸化ナトリウムがとけていますか。（　　　g）

15 《中和》 右のグラフは，ある濃さの水酸化ナトリウム水溶液（A液）とある濃さの塩酸（B液）を混ぜて，ちょうど中和するときの体積の関係を表しています。次の問いに答えなさい。計算問題で割り切れない場合は，小数第2位を四捨五入して，小数第1位まで求めなさい。

（神戸海星女中）

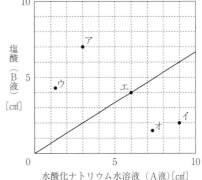

(1) A 液 24cm³ をちょうど中和するには，B 液が何 cm³ 必要ですか。（　　　cm³）

(2) アの水溶液は A 液 3cm³ に B 液 7cm³ を加えたものです。この水溶液に BTB 液を入れると，何色になりますか。（　　　色）

(3) イの水溶液は A 液 9cm³ に B 液 2cm³ を加えたものです。この水溶液をちょうど中和させるには，A 液と B 液のうち，どちらを何 cm³ 加えればよいですか。（　　　液を　　　cm³ 加える）

(4) 水溶液ウ・エ・オを少量ずつとり，それぞれ十分に加熱して水を蒸発させました。このとき，食塩だけが残るものをウからオの中からすべて選び，記号で答えなさい。（　　　）

(5) 水溶液ウ・エ・オをそれぞれ 2 本の試験管に入れ，1 本には鉄の小片，もう 1 本にはアルミニウムの小片を入れました。水溶液ウ・エ・オについて，どのような結果になりますか。次の①から④の中からそれぞれ 1 つずつ選び，記号で答えなさい。ウ（　　　）エ（　　　）オ（　　　）

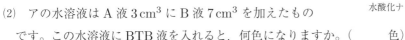

① 鉄とアルミニウムの両方が溶ける。　　② 鉄のみが溶ける。

③ アルミニウムのみが溶ける。　　④ 鉄とアルミニウムの両方が溶けない。

(6) A液の濃さを2倍にしたものをC液とします。C液にB液を混ぜて，ちょうど中和するときの体積の関係を表すグラフはどれですか。右の①から④の中から最も適当なものを選び，記号で答えなさい。（　　　）

(7) A液の濃さを半分にしたものをD液とします。C液 15cm³ と D液 15cm³ を混ぜたものをちょうど中和するために必要なB液は何 cm³ ですか。（　　　　cm³）

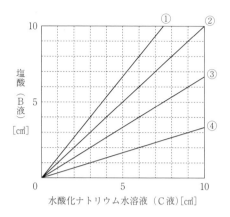

16 《水よう液総合》　次の文章を読み，以下の問いに答えなさい。　　　　　　　　　（清教学園中）

【実験1】　ある濃度の塩酸と水酸化ナトリウム水溶液を用いて，表1に示す体積の水溶液をビーカーに入れて，水溶液①〜⑦とした。

表1

	①	②	③	④	⑤	⑥	⑦
塩酸[mL]	100	80	60	40	30	20	0
水酸化ナトリウム水溶液[mL]	0	20	40	60	70	80	100
水溶液の性質				中性			

【実験2】　次に，金属粉A（マグネシウムと銅を混合したもの）を用意し，同じ量のAを水溶液①〜⑦に加えた。表2は，十分に時間が経過した後の溶け残った金属粉の重さを示したものである。

表2

	①	②	③	④	⑤	⑥	⑦
溶け残った金属粉A[g]	0.64	0.64	0.88	1.12	1.12	1.12	1.12

【実験3】　次に，金属粉B（銅とアルミニウムを混合したもの）を用意し，同じ量のBを水溶液①〜⑦に加えた。表3は，十分に時間が経過した後の溶け残った金属粉の重さを示したものである。

表3

	①	②	③	④	⑤	⑥	⑦
溶け残った金属粉B[g]	0.64	0.82	1.00	1.18	0.91	0.64	0.64

(1) 【実験1】の水溶液②，水溶液⑥にそれぞれBTB溶液を加えたときの色として最も適当なものを，次のア〜エからそれぞれ1つずつ選び，記号で答えなさい。

水溶液②（　　　）　水溶液⑥（　　　）

ア．青色　　イ．黄色　　ウ．赤色　　エ．緑色

(2) 金属が塩酸に溶けるときに発生する気体の名前を漢字で書きなさい。（　　　　）

(3) (2)の気体の性質として当てはまるものを，次のア〜ケからすべて選び，記号で答えなさい。

（　　　　）

ア．水に溶けてアルカリ性を示す。　　イ．水に溶けて酸性を示す。　　ウ．空気より軽い。

エ．空気より重い。　　オ．酸性雨の原因になる。　　カ．においがない。　　キ．色がない。

ク．色がある。　　ケ．鼻をさすにおいがある。

(4) 【実験2】の金属粉Aに含まれるマグネシウムと銅の重さの比率を最も簡単な整数比で答えなさい。マグネシウム：銅＝（　　：　　）

(5) 【実験3】の金属粉Bに含まれる銅とアルミニウムの重さの比率を比べると，どちらが何g多いですか。小数第1位まで答えなさい。必要があれば小数第2位を四捨五入しなさい。

（　　が　　g多い）

(6) 【実験2】【実験3】より，同じ量の塩酸と反応するマグネシウムとアルミニウムの重さの比率を最も簡単な整数比で答えなさい。

マグネシウム：アルミニウム＝（　　：　　）

(7) 水溶液①，水溶液⑦にそれぞれアルミニウムの粉末を1.80g加えた。十分に時間が経過した後の溶け残ったアルミニウムの重さの比率を最も簡単な整数比で答えなさい。

水溶液①：水溶液⑦＝（　　：　　）

1 ≪季節と生き物≫　神戸に住む私たちの身のまわりの自然や生き物について，下の問いに答えなさい。
　　（松蔭中）

(1)　次の(ア)〜(エ)の中から**まちがった文**を1つ選び，記号で答えなさい。（　　　　）

　(ア)　植物の花粉は，こん虫・風・鳥・水などによって運ばれている。

　(イ)　アレチウリやオオクチバスなどの外来種によって，日本にもともといた生物が食べられたり，住む場所がうばわれたりしている。

　(ウ)　クビアカツヤカミキリが発見され，サクラやモモなどの木が食べられる被害（ひ）が確認されている。

　(エ)　夏になると，1日中あちらこちらでクマゼミの鳴き声が聞こえる。

(2)　①6月20日と②12月20日に，庭のようすを観察しました。それぞれの日にどのような観察ができたか，次の(ア)〜(エ)から選び，それぞれ記号で答えなさい。①（　　　　）②（　　　　）

　(ア)　イチョウの葉は全て落ちてしまい，枝の先には芽のようなふくらみがあった。

　(イ)　草むらにアブラムシやマイマイガの幼虫がたくさんいて，葉や茎を食べていた。

　(ウ)　ホウセンカの花がかれて，実ができ始めた。

　(エ)　トノサマガエルの卵から，おたまじゃくしがでてきた。

(3)　多くのマイクロプラスチックがただよっている池があります。ここでの食物れんさの例として，「イカダモ→ミジンコ→メダカ→サワガニ」のつながりがあった場合，体内に最も大量のマイクロプラスチックを蓄積（ちくせき）していると考えられる生物はどれですか。生物名を1つ答えなさい。（　　　　）

2 ≪季節と生き物≫　植物の花について，次の問いに答えなさい。　　　　　　　（神戸海星女中）

(1)　日本には四季があり，植物の多くは決まった季節に花を咲かせます。ふつう一年に一度，夏の終わりから秋にかけて花を咲かせるものを，次のアからコの中から2つ選び，記号で答えなさい。
　　　　　　　　　　　　　　　　　　　　　　　　　　　　　　　　（　　　　）（　　　　）

　ア．ヒメジョオン　　イ．トマト　　　　ウ．アヤメ　　エ．コスモス　　オ．サクラ

　カ．イネ　　　　　　キ．アブラナ　　　ク．バラ　　　ケ．アジサイ　　コ．ナズナ

(2)　めばなとおばなの区別があるものを，次のアからオの中からすべて選び，記号で答えなさい。
　　　　　　　　　　　　　　　　　　　　　　　　　　　　　　　　　　　　　（　　　　）

　ア．アサガオ　　イ．カボチャ　　ウ．ユリ　　エ．ヘチマ　　オ．トウモロコシ

(3)　ヘチマの花粉を，けんび鏡を使って低倍率で見たところ，図1のように見えました。高倍率で大きく見えるようにするにはどうすれば良いかについて，次のように考えました。空らんにあてはまる言葉を答えなさい。ただし，空らん①については，最も適当な語句を（　　）の中から選んで答え，空らん③については，後のアからエの中から最も適当なものを選び，記号で答えなさい。

　　①（　　　）②（　　　）③（　　　）

図1
花粉

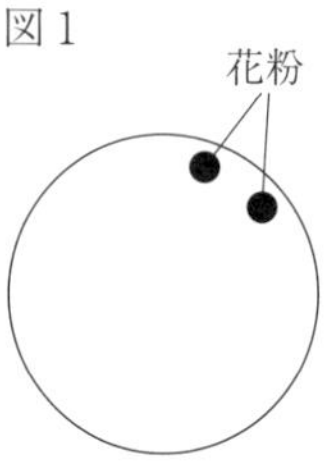

まず，低倍率のままで，見たいものが視野の真ん中にくるように調節する。図1のように見えている場合には，①（ま上・ななめ右上・まっすぐ右・ななめ右下・ま下・ななめ左下・まっすぐ左・ななめ左上）にプレパラートを動かす。次に，（ ② ）を回して（ ③ ）調節ねじを動かしてピントを合わせる。

③の選択肢

　　ア．対物レンズを高倍率のものに変え，プレパラートに近づけるように

　　イ．対物レンズを高倍率のものに変え，プレパラートから遠ざけるように

　　ウ．接眼レンズを高倍率のものに変え，プレパラートに近づけるように

　　エ．接眼レンズを高倍率のものに変え，プレパラートから遠ざけるように

(4) 植物の花が咲くためには，花芽が作られなければなりません。花芽を作る条件として，光の当たる時間（明期）の長さと光が当たらない時間（暗期）の長さが影響しているものがあり，キクの花はその例として知られています。キクの花芽が作られる条件を調べるため，図2の①から⑤のように，24時間のうち，はじめに光をあてて明期をつくり，途中から光を消して暗期をつくりました。ただし，実験⑤では暗期の途中で十分に強い光を一瞬あてて暗期を中断しました。①から⑤の各実験は，同じ時間配分で3週間続け，花芽が作られたかどうかを判断しました。図中の○は3週間後に花芽が形成されたことを，×は花芽が形成されなかったことを表しています。

図2

実験①から⑤の結果から考えられることをまとめた，次の文の空らんaからdに適切な語句を入れて文章を完成させなさい。ただし，空らんaとbについては，語句の組み合わせとして正しいものを後の表アからエの中から1つ選び，空らんcとdについては次の（　　）内にあげたオからサの中から正しいものを1つずつ選び，それぞれ記号で答えなさい。

　　a・b（　　　）　c（　　　）　d（　　　）

　　キクの花芽が作られるためには，一定の時間よりも（ a ）が必要である。この（ a ）は連続している（ b ）。日本で，夜の長さがじょじょに長くなっていくのは，(c　オ．春分　　カ．夏至　キ．秋分　　ク．冬至)の日以降なので，花芽が夏の間に作られ，キクの花は秋に咲くことになる。そこで正月にキクの花を咲かせるためには，（ c ）の日の後，4〜5ヵ月の間（d　ケ．昼の間，数時間暗幕でおおって，全体の暗期を長くする　　コ．夜の間，数時間人工の電灯で照らし，連続した暗期を短くする　　サ．昼の間，何回か十分に強い光をさらにあてる）とよいと考えられる。

	ア	イ	ウ	エ
a	短い暗期	短い暗期	長い暗期	長い暗期
b	必要がある	必要はない	必要がある	必要はない

3　≪種子のつくりと発芽≫　インゲンマメの種子を用いて，図1の実験①〜実験⑤の5つの実験を行い，5日後に発芽しているかどうかを調べました。また表1は，それぞれの実験の条件をまとめたものです。これについて，あとの(1)〜(4)の問いに答えなさい。

(京都教大附桃山中)

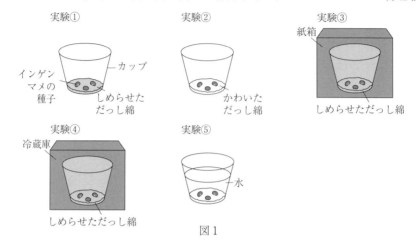

図1

表1

	実験①	実験②	実験③	実験④	実験⑤
だっし綿	しめらせる	かわいたまま	しめらせる	しめらせる	水につかっている
室温	25℃	25℃	25℃	4℃（冷蔵庫内）	25℃
その他の条件	なし	なし	紙箱をかぶせる（暗くなる）	冷蔵庫に入れる（暗くなる）	インゲンマメの種子が水につかるようにする

(1)　図1の①〜⑤の実験で，発芽するものはどれですか。①〜⑤の中からすべて選んで，番号で答えなさい。（　　　）

(2)　実験③と④の結果からわかることとして，もっとも正しいものを次の(ア)〜(ク)から1つ選んで，記号で答えなさい。（　　　）

(ア)　種子の発芽には，水が必要である。

(イ)　種子の発芽には，水は必要でない。

(ウ)　種子の発芽には，肥料が必要である。

(エ)　種子の発芽には，肥料は必要でない。

(オ)　種子の発芽には，空気が必要である。

(カ)　種子の発芽には，空気は必要でない。

(キ)　種子の発芽には，適当な温度が必要である。

(ク)　種子の発芽には，適当な温度は必要でない。

(3)　「種子の発芽には，光は必要でない」ことを示すには，どの実験を比べればよいですか。もっとも適当なものを次の(ア)〜(オ)から1つ選んで，記号で答えなさい。（　　　）

(ア)　実験①と実験②　　(イ)　実験①と実験③　　(ウ)　実験②と実験③　　(エ)　実験③と実験⑤

(オ)　実験④と実験⑤

(4) インゲンマメの種子に養分が含まれているかどうかを確かめるために，インゲンマメの種子を半分に切り，その切り口に液体Aをたらして色の変化を観察しました。液体Aの特徴を述べたものとして正しいものを，次の(ア)～(エ)から1つ選んで，記号で答えなさい。（　　　）

(ア) うすいアンモニア水にたらすと赤色になる。

(イ) うすい塩酸に反応して黄色になる。

(ウ) 反応前の色は無色で，つんとしたにおいがある。

(エ) 炊いたご飯にたらすと青紫色になる。

4　≪種子のつくりと発芽≫　同じ大きさに育てたインゲンマメのなえア～ウを用意し，植物の成長を調べるために条件を以下のように変えました。それ以外の条件（発芽に必要な条件）は同じにして育て，1～2週間後の成長のようすを比べました。これについて，あとの問いに答えなさい。

(浪速中)

【条件】

・ア，イ，ウともに日なたに置いて，イには箱をかぶせ日光をあてない。

・ア，イともに肥料は週2回ずつあたえ，ウには肥料はあたえない。

空気が入るようにすき間をつくっている

問1　下線部の発芽に必要な条件のうち，「適切な温度」以外の2つを答えなさい。

（　　　　　）（　　　　　）

問2　1～2週間後，より大きく成長し，葉の数が多く，こい緑色をしているものはどれですか。もっとも適するものを，ア～ウから1つ選び，記号で答えなさい。（　　　）

問3　1～2週間後，より細長く，葉の数が少なく，黄色っぽい色をしているものはどれですか。もっとも適するものを，ア～ウから1つ選び，記号で答えなさい。（　　　）

問4　日光と成長の関係を調べるためには，どの2つを比べるとよいですか。ア～ウから2つ選び，記号で答えなさい。（　　　と　　　）

問5　肥料と成長の関係を調べるためには，どの2つを比べるとよいですか。ア～ウから2つ選び，記号で答えなさい。（　　　と　　　）

問6　野菜のアスパラガスには，グリーンアスパラガスとホワイトアスパラガスがあります。ホワイトアスパラガスは成長のためのある条件を除いて育てられたものです。ある条件とは何ですか。

（　　　　　）

5　≪花のつくりとはたらき≫　図１と図２はヘチマのお花またはめ花を示しています。次の各問いに
答えなさい。　　　　　　　　　　　　　　　　　　　　　　　　　　　　　　　　　（大阪女学院中）

図１　　　　　　　　　　　図２

（問１）　お花は図１と図２のどちらですか。（図　　　　）

（問２）　図１の花のがくの付き方として正しいものを次の中から選び，記号で答えなさい。（　　　　）

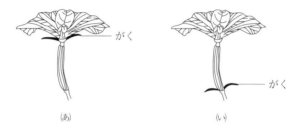

（あ）　　　　　　　　　　　　　（い）

（問３）　ヘチマと同じように，お花とめ花が分かれてさくものを次の中から選び，記号で答えな
さい。（　　　）

（あ）　アブラナ　　（い）　アサガオ　　（う）　イネ　　（え）　カボチャ　　（お）　ヒマワリ

（問４）　ヘチマの花粉はどれですか。次の中から選び，記号で答えなさい。（　　　　）

（あ）　　　　　（い）　　　　　（う）　　　　　（え）　　　　　（お）

（問５）　果樹園ではハチの巣箱を置くことで多くの実がつくようにしています。なぜ実が多くつく
のか説明しなさい。

（　　　）

6　≪花のつくりとはたらき≫　次の問いに答えなさい。　　　　　　　　　　（大阪教大附平野中）

（1）　リカさんは，小学校で育てたホウセンカの花のつくりについて調べることにしました。ホウセ
ンカの花はどの季節に咲きますか。次のア〜エから１つ選び，記号で答えなさい。（　　　　）

ア　春　　イ　夏　　ウ　秋　　エ　冬

（2）　ホウセンカには，花びら，おしべ，めしべ，がくなどのつくりがあることが
わかりました。そのつくりを示すために，１つの花をその軸に対し直角に切り，
切った面を水平にあらわす「花式図」というものがあることを知りました。右
の図は，ホウセンカの花を花式図で表したものです。図のアが示すつくりの名
称を答えなさい。（　　　　）

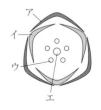

(3) 花のつくりを観察していると，先端の部分がベタベタしているつくりがありました。花式図でこの花のつくりにあたるものを，図のア～エから１つ選び，記号で答えなさい。また，なぜ先端がベタベタしているのか，理由を簡単に説明しなさい。

　　記号（　　　）　理由（　　　　　　　　　　　　　　　　　　　　　　　　　　　）

(4) マナブさんは，ヘチマやツルレイシなどのウリ科の植物の花について調べました。これらの植物の花は，２種類の花が咲くことがわかりました。そのうちの１種類の花をスケッチしたものが，右の図です。この花の名称を答えなさい。（　　　　）

(5) マナブさんのスケッチした花にないつくりを，リカさんの表した花式図のア～エから１つ選び，記号で答えなさい。（　　　　）

(6) リカさんは，ホウセンカの花粉を顕微鏡で観察しました。顕微鏡の扱い方として正しいものには○，正しくないものには×を答えなさい。

① 顕微鏡で観察するときは，光がよく当たるように，日光が直接あたる場所で観察する。

（　　　）

② 顕微鏡で観察するときは，真横から見ながら調節ねじをまわして，対物レンズとプレパラートをできるだけ遠ざける。（　　　）

③ 顕微鏡で観察するときは，プレパラートを置いた後，接眼レンズをのぞきながら明るくする。

（　　　）

(7) 顕微鏡をのぞいて，右上に見えている花粉を中央に移動させて観察をするためには，プレパラートをどのように動かせば良いですか。簡単に説明しなさい。

（　　　　　　　　　　　　　　　　　　　　　　　　　　　　　　　　　　　　　　）

---

7 ≪植物のつくり≫ アサガオの種子やからだのつくりについて，以下の問いに答えなさい。

(開明中)

(1) 植物の種子の中には，発芽のために必要な物質がふくまれています。その物質の名前を答えなさい。（　　　）

(2) (1)で答えた物質を確かめる方法として，次の文章の（　　）に当てはまることばをそれぞれ答えなさい。①（　　　）②（　　　）

　　（ ① ）液につけると，（ ② ）色になることで確かめられる。

(3) アサガオの種子が発芽するために必要な条件を，『適した温度』と『空気』以外で１つ答えなさい。（　　　）

(4) アサガオの花の特徴として最も当てはまるものを，次のア～エから１つ選び，記号で答えなさい。（　　　）

　ア たくさんの小さな花が集まっている

　イ おしべとめしべが別々の花にある

　ウ 根元のほうでつながった花びらを持つ

　エ ４枚の花びらと６本のおしべ，２本のめしべがある

(5)　アサガオの茎を切って，赤インクを溶かした水にさし，しばらく置きました。その後，茎を横に切り，観察しました。赤く染まっていた部分の様子として正しいものを，次のア〜エから1つ選び，記号で答えなさい。ただし，図の黒くぬったところが，赤く染まった部分を表しています。

（　　　）

ア　　　　　　　イ　　　　　　　ウ　　　　　　　エ

(6)　アサガオの葉の裏側のうすい皮をはがして，上下左右が逆にうつる顕微鏡でこれを観察すると，図のように左上に穴Xが見られました。この穴Xの名前を答えなさい。（　　　　　）

穴X

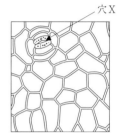

(7)　(6)の図で左上に見えていた穴Xを中央で見えるようにするためには，プレパラートをどの方向に動かしたらよいですか。次のア〜エから1つ選び，記号で答えなさい。（　　　　　）

ア　右下　　　イ　右上　　　ウ　左下　　　エ　左上

8　《光合成》　ふ（葉の白色の部分）入りの葉を用いて，次のような実験を行いました。ただし，Aは緑色の部分，Bはふの部分，Cはアルミニウムはくでおおわれた緑色の部分，Dはアルミニウムはくでおおわれたふの部分です。あとの問いに答えなさい。

（天理中）

【実験】　夕方，葉の一部をアルミニウムはくでおおい，<u>次の日の朝まで光を当てずにおいておいた</u>。朝，葉を日光によく当てた後つみとって，葉がやわらかくなるまで熱い湯につけた。その後，葉をヨウ素液につけた。

【結果の一部】　Bはヨウ素液につけても，色が変わらなかった。

(1)　実験で，下線部を行った理由として適当なものを次の㋐〜㋔から1つ選び，記号で答えなさい。

（　　　　　）

　㋐　葉にある栄養分をなくすため。　　　㋑　葉の水分をぬくため。　　　㋒　葉の緑色をぬくため。

　㋓　光合成が十分に行われるようにするため。

(2)　葉をヨウ素液につけたとき，色が変わった部分をA〜Dから1つ選び，記号で答えなさい。

（　　　　　）

(3)　(2)で色が変わった部分は何色になりましたか。（　　　　色）

(4)　(3)より，葉には何ができたことがわかりますか。（　　　　　）

(5)　AとCを比べることで，光合成には何が必要であることがわかりますか。次の㋐〜㋔からすべて選び，記号で答えなさい。（　　　　）

　㋐　日光　　㋑　水　　㋒　二酸化炭素　　㋓　土

(6)　光合成は，葉の緑色の部分で行われていることを示すには，A〜Dのどことどこを比べればよいですか。記号で答えなさい。（　　　　）

9 ≪光合成≫　植物の葉について，次のような手順で実験を行いました。あとの問いに答えなさい。

（四條畷学園中）

〔実験〕　図1のように，一部をアルミニウムはくでおおい，ひと晩置いたふ入りの葉（葉緑素がない白い部分がある葉のこと）に日光を当てた。

　　　　図2のように，温かくなったエタノールに図1の葉をつけ，水で洗ったのち，ヨウ素溶液につけた。

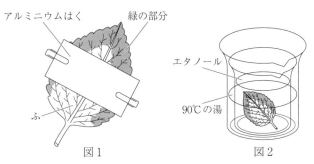

図1　　　　　　　　　　図2

(1)　葉の緑色の部分では，日光が当たると何という栄養分ができますか。（　　　　）

(2)　植物の葉が日光を受けて，栄養分をつくるはたらきを何といいますか。（　　　　）

(3)　図2でエタノールを直接加熱せずに，90℃の湯につけて温めるのはなぜですか。
　　（　　　　　　　　　　　　　　　　　　　　　　　　　　　　　　　　　　　　　）

(4)　図2で葉をエタノールにつけると，エタノールは何色になりますか。（　　　　）

(5)　下線部について，葉に(1)の栄養分がある部分は何色になりますか。（　　　　）

(6)　図3は，葉をヨウ素溶液につけたあとのようすを表したものです。(5)の色になる部分を A〜D から選び，記号で答えなさい。（　　　　）

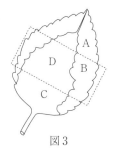

図3

10　≪光合成・呼吸≫　光合成に関する次の文章を読み，あとの問いに答えなさい。ただし，計算問題は小数第1位を四捨五入し，整数で答えよ。また，mg はおもさの単位を示しており，1mg は1000分の1g である。

（東山中）

　植物は光合成をしてさまざまな物質をつくり出している。つくり出す物質の1つにデンプンが知られており，デンプンにはブドウ糖が含まれている。そのブドウ糖は光合成のはたらきにより，二酸化炭素 264mg からブドウ糖が 180mg つくられることが知られている。そのことから，二酸化炭素の吸収量を知ることができれば，ブドウ糖がつくられる量を計算することができる。そこで，ある植物の葉 100cm² を使って，光の強さに対して1時

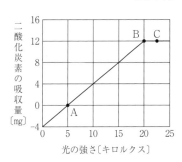

間当たりにおける二酸化炭素の吸収量〔mg〕の関係を調べたところ，グラフのようになった。なお，キロルクスとは光の強さを示す単位のことであり，吸収した二酸化炭素はすべて光合成にのみ使われたものとする。

1．植物が光合成をしたとき，発生する気体の名前を答えよ。（　　　　）

2．光の強さが 0 から 5 キロルクスまでの間では二酸化炭素の吸収量が減っている。すなわち，その間では光合成による二酸化炭素の吸収量を植物がした別のはたらきによる二酸化炭素の放出量が上回ったことになる。そのはたらきの名前を答えよ。（　　　　）

3．二酸化炭素 44mg から，つくられるブドウ糖は何 mg か。（　　　　mg）

4．グラフ中の点 C において，この植物の葉 $100cm^2$ で 1 時間当たりの二酸化炭素の吸収量は何 mg か。（　　　　mg）

5．グラフで，光の強さが 20 キロルクスのとき，この植物の葉 $100cm^2$ が 2 時間で光合成によってつくるブドウ糖は何 mg か。（　　　　mg）

11　《蒸散》　葉のはたらきを調べるために，葉の数や大きさがほぼ等しいホウセンカ 3 本を用意して，次の実験を行った。3 本のホウセンカを図のようにメスシリンダーに 1 本ずつさし，水面が同じ高さになるように水を入れた後，水面にサラダ油を少し入れ，A～C とした。次に，A～C に対して下の表に示す操作を行い，風通しのよいところで，メスシリンダーの液面の変化を調べた。次の各問いに答えなさい。

（育英西中）

油
水

	操作
A	すべての葉の表にワセリンをぬった。
B	すべての葉の裏にワセリンをぬった。
C	何も操作を行わなかった。

(1)　この実験において，サラダ油を使用するのはなぜか。簡単に説明しなさい。
（　　　　　　　　　　　　　　　　　　　　　　　　　　　　　　　　　　　　　　）

(2)　A～C を 24 時間放置するとメスシリンダーの水面の高さが変化していた。変化が一番大きかったものを A～C から選び，記号で答えなさい。（　　　　）

(3)　(2)で答えたメスシリンダーの水面の高さはどのように変化したか，答えなさい。
（　　　　　　　　　　　　　　　　　　　　　）

(4)　24 時間後のメスシリンダーの水面の高さの変化は，主に葉で行われている作用が原因である。この作用の名前を答えなさい。（　　　　）

(5)　(4)で答えた作用は，葉の何と呼ばれる部分で行われているか，その名前を答えなさい。
（　　　　　）

(6)　植物において，(4)で答えた作用は，水や水にとけている養分を根から吸収するはたらきを助けている。根から吸収した水や水にとけている養分の通り道を何というか，その名前を答えなさい。
（　　　　　）

(7) 前記に示す実験で比かくした作用を利用したもので，室内の気温を下げる効果を期待して建物などのかべに植物で作っているものをいっぱんに何というか，その名前を答えなさい。（　　　）

12 ≪蒸散≫　植物のはたらきを調べるために次の実験を行いました。これについて，あとの問いに答えなさい。

(報徳学園中)

【操作】

① 4本のメスシリンダーと，葉の枚数や大きさがほぼ同じ植物の枝 A～D を 4本用意した。

② A の葉には何もぬらず，B の葉の表と C の葉のうらにワセリンをぬった。D の枝の葉はすべてとり，切り口にワセリンをぬった。

③ メスシリンダーにそれぞれの枝をさし，水 $100cm^3$ を入れ，その後，少量の油を水面にうかべた。

④ 風通しの良い場所に置き，日光を数時間当てた。

⑤ ④の後，水の減少量を調べ，表にまとめた。

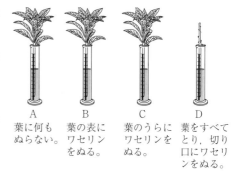

A 葉に何もぬらない。 　B 葉の表にワセリンをぬる。 　C 葉のうらにワセリンをぬる。 　D 葉をすべてとり，切り口にワセリンをぬる。

※ワセリンをぬると，水蒸気が出ていく穴などがふさがれ，水蒸気が出ないようになる。

【結果】

	A	B	C	D
水の減少量(cm^3)	16.7	12.6	4.9	0.8

(1) 植物のからだの中の水が，水蒸気となって出ていく植物のはたらきを何といいますか。（　　　）

(2) 水蒸気が出ていく穴を何といいますか。（　　　）

(3) 水面に油をうかべる理由を下のア～エから選び，記号で答えなさい。（　　　）

ア．水の温度を一定に保つため。

イ．植物に栄養分をあたえるため。

ウ．水面からの水の蒸発を防ぐため。

エ．水にほこりが入らないようにするため。

(4) 葉の表から出ていった水蒸気の量と，葉のうらから出ていった水蒸気の量はそれぞれ何 cm^3 ですか。表（　　 cm^3）　うら（　　 cm^3）

(5) 実験の結果から，出ていく水蒸気の量が多い場所を，下のア～エから選び，記号で答えなさい。

（　　　）

ア．葉の表　　イ．葉のうら　　ウ．枝　　エ．どこも同じ

13 ≪植物の分類≫　次の図は，いくつかの植物を観察してその特徴によって分類したものです。次の問 1～問 7 に答えなさい。

(近大附和歌山中)

```
          ┌─ 特徴A：胞子植物
          │      例）ゼニゴケ，イヌワラビ
植
物        │                    ┌─ 特徴C：（②）植物
          │                    │      例）マツ，イチョウ        ┌─ 子葉が1枚ある：単子葉類
          └─ 特徴B：（①）植物 ─┤                              │      例）トウモロコシ，イネ        ┌─ 特徴E：（④）類
                               └─ 特徴D：（③）植物 ──────────┤                                  │      例）サクラ，アブラナ
                                                              └─ 子葉が2枚ある：双子葉類 ─────────┤
                                                                                                 └─ 特徴F：合弁花類
                                                                                                        例）アサガオ，カボチャ
```

問1　上の図の（①）～（④）にあてはまる言葉をそれぞれ答えなさい。

　　①（　　　　）　②（　　　　）　③（　　　　）　④（　　　　）

問2　胞子植物と（①）植物に分類するときの，AとBの特徴としてあてはまるものを次のア～クから1つずつ選び，記号でそれぞれ答えなさい。A（　　　　）　B（　　　　）

　　ア．光合成をする

　　イ．光合成をしない

　　ウ．種子をつくる

　　エ．種子をつくらない

　　オ．呼吸をする

　　カ．呼吸をしない

　　キ．花の4要素（花弁，おしべ，めしべ，がく）がそろっている

　　ク．花の4要素（花弁，おしべ，めしべ，がく）がそろっていない

問3　（②）植物と（③）植物に分類するときの，CとDの特徴をそれぞれ答えなさい。

　　C（　　　　　　　　　　　　　　　　）　D（　　　　　　　　　　　　　　　　　　）

問4　（④）類と合弁花類に分類するときの，EとFの特徴としてあてはまるものを次のア～クから1つずつ選び，記号でそれぞれ答えなさい。E（　　　　）　F（　　　　）

　　ア．1つの花におしべとめしべの両方がそろっている

　　イ．1つの花におしべかめしべのどちらかしかない

　　ウ．花粉がこん虫によって運ばれる

　　エ．花粉が風で運ばれる

　　オ．花びらがくっついている

　　カ．花びらが1枚ずつはなれている

　　キ．種子にはい乳がある

　　ク．種子にはい乳がない

問5　単子葉類と双子葉類は，子葉の枚数以外に，根のつくりにも違いがあります。

　⑴　単子葉類と双子葉類の根のつくりをそれぞれ答えなさい。

　　　単子葉類（　　　）　双子葉類（　　　）

　⑵　根の部分を食用としているものを，ア～オから2つ選び，記号で答えなさい。（　　　）

　　　ア．ジャガイモ　　イ．ニンジン　　ウ．サツマイモ　　エ．タマネギ　　オ．エンドウ

問6　右の図は双子葉類の茎の断面図です。

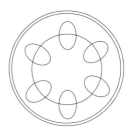

(1)　右の図の，水が通る部分を黒くぬりつぶしなさい。

(2)　水が通る部分の名前を答えなさい。（　　　　）

問7　根から吸収された水は，茎を通って葉に運ばれ，光合成の材料とし
て用いられます。そして余った水は葉の気こうから水蒸気となって放出
されます。気こうからは水蒸気以外に，他の気体も出入りしています。

(1)　日がよく当たる昼間に気こうから放出されている主な気体を，水蒸気以外に1つ答えなさい。

（　　　　）

(2)　夜間に気こうから放出されている主な気体を，水蒸気以外に1つ答えなさい。（　　　　）

14　≪植物総合≫　植物について3人の生徒が話をしています。この会話を読んで，下の各問いに答え
なさい。　　　　　　　　　　　　　　　　　　　　　　　　　　　　　　　　　　　　　　（雲雀丘学園中）

さくらさん　「京都に行ったらモミジが色づいてきれいだったわ。」

もみじさん　「確かに秋になると葉の色が緑じゃなくなるね。」

さくらさん　「植物は日光を浴びて（ ① ）をしているんでしょう。緑色じゃなくてもできるのかな。」

みどりさん　「紅葉したあとの葉は地面に落ちていたね。いらなくなるんじゃない。」

もみじさん　「いらなくなって捨てられるってなんかいやだな。」

みどりさん　「葉を落とす植物は，気温が低い場所や乾燥した場所に生えるみたいだよ。紅葉を見に
　　　　　　　行ったのも武田尾だったね。」

(1)　文中の（ ① ）に入る植物のはたらきは何ですか。（　　　　）

(2)　紅葉について正しく説明した文を，次のア～エから1つ選び，記号で答えなさい。（　　　　）

　ア　（ ① ）に必要な成分が，葉で分解されることで見られる現象である

　イ　葉以外の部分で（ ① ）をおこなうようになることで見られる現象である

　ウ　（ ① ）を一時的に停止することで見られる現象である

　エ　葉で（ ① ）を効率よくおこなうことで見られる現象である

(3)　（ ① ）のはたらきには，日光の他に2つのものが必要です。このうち，葉から吸収される気体
は何ですか。名前を答えなさい。（　　　　）

(4)　カエデは，冬をむかえる前にすべての葉を落とします。春まで葉をつけたままにせずに落葉す
るのはなぜですか。正しく説明した文を，次のア～エからすべて選び，記号で答えなさい。

（　　　　）

　ア　葉の重さで枝に負担がかかるのを防ぐため

　イ　葉で（ ① ）をすることなく生命活動をけい続するため

　ウ　葉から熱や水分がうばわれるのを防ぐため

　エ　食料の少ない冬に葉を動物に食べられるのを防ぐため

(5)　根から吸収した水を葉に運ぶためには，水を上部まで引きあげる力が必要になります。この力
の一つとして，葉から水分を空気中に放出するはたらきがあげられます。このはたらきを何とい

いますか。（　　　）

　植物の葉は平らではばの広いものが多いですが，マツ
やスギなどの細長いものもあります。平らではばの広
い葉を「広葉」，細い葉を「針葉」といいます。みどり
さんたちは，それぞれの葉の特ちょうを考えることにし
ました。右の表1は同じ重さのサクラの葉（広葉）とマツの葉（針葉）を用意し，光が当たる上側
の面の面積と全体の表面積を比かくしたものです。（単位はすべて cm² です。）

表1

	光が当たる面積	葉全体の表面積
サクラ	96	200
マツ	48	120

(6)　下線部について，「針葉」をもつ植物はどれですか。次のア～エから1つ選び，記号で答えな
　　さい。（　　　）

　　ア　イネ　　イ　メタセコイア　　ウ　オニユリ　　エ　ノイバラ

(7)　表1から考えられることとして正しいものはどれですか。次のア～カから2つ選び，記号で答
　　えなさい。（　　　）（　　　）

　　ア　葉全体に対して，光があたる面積の割合は広葉の方が大きい

　　イ　葉全体に対して，光があたる面積の割合は針葉の方が大きい

　　ウ　光があたる葉の枚数は，広葉の方が大きい

　　エ　光があたる葉の枚数は，針葉の方が大きい

　　オ　温度が低い場所では，広葉の方が熱をうばわれにくい

　　カ　乾燥する場所では，針葉の方が水分をうばわれにくい

(8)　サボテンのような多肉植物は茎に水分をためており，葉はするどい針のようになっています。
　　その理由として正しくないものはどれですか。次のア～エから1つ選び，記号で答えなさい。

　　（　　　）

　　ア　昼間に気温が高くなるので，葉から熱をにがすことができるから

　　イ　茎を食べる動物から身を守ることができるから

　　ウ　乾燥した場所で水分がうばわれるのを防ぐことができるから

　　エ　葉の上に砂やちりが積もることを防ぐことができるから

(9)　大気中のある気体は，（　①　）によって植物に吸収されます。このため，地球の平均気温の上
　　しょうはおさえられています。このことに関連して，2015年9月に国連サミットで採たくされた
　　「17の持続可能な開発目標」をアルファベット4文字で何といいますか。⬚⬚⬚⬚

15　≪こん虫≫　次の文章を読んであとの問いに答えなさい。　　　　　　　　　（京都文教中）

　生物を観察するうえで重要なことは，まず(A)観察しようとする動物や植物をしっかりと見ること
です。そして，できれば触ったり，においをかいでみるなどして，(B)生物の特ちょうを正確に記録
すると良いでしょう。形や色はていねいにスケッチし，スケッチで表せないことは数字や文章を書
き加えておくとよりわかりやすくなります。

(1)　下線部(A)について，観察で利用する虫メガネの使い方として正しいものを次の(ア)～(エ)から2つ
　　選び記号で答えなさい。（　　　）（　　　）

(ア) 見たいものを動かせない時は，虫メガネを目から遠ざけ，見たいものに近い位置で前後に動かして，はっきりと見えるところで止める。

(イ) 見たいものを動かせない時は，目を見たいものに近づけ，目と見たいものの間で虫メガネを前後に動かして，はっきりと見えるところで止める。

(ウ) 見たいものを動かせる時は，虫メガネを目に近づけておき，見たいものを前後に動かして，はっきりと見えるところで止める。

(エ) 見たいものを動かせる時は，虫メガネを目から少し遠ざけた位置で固定し，見たいものを前後に動かして，はっきりと見えるところで止める。

(2) 下線部(B)について，下の図はモンシロチョウの卵の観察記録として提出されたものです。この中で「観察記録」としてもっとも適するものを次の(ア)〜(エ)から選び記号で答えなさい。（　　　　）

 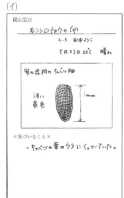  

(3) モンシロチョウの育ち方として正しいものを次の(ア)〜(カ)から選び記号で答えなさい。（　　　　）

(ア) 卵は黄色がこくなり幼虫がふ化した。幼虫は5回皮をぬいでさなぎになった。

(イ) 卵は緑色になり幼虫がふ化した。幼虫は5回皮をぬいでさなぎになった。

(ウ) 卵は黄色がうすくなり幼虫がふ化した。幼虫は5回皮をぬいでさなぎになった。

(エ) 卵は黄色がこくなり幼虫がふ化した。幼虫は4回皮をぬいでさなぎになった。

(オ) 卵は緑色になり幼虫がふ化した。幼虫は4回皮をぬいでさなぎになった。

(カ) 卵は黄色がうすくなり幼虫がふ化した。幼虫は4回皮をぬいでさなぎになった。

(4) モンシロチョウの成虫をうら（からだの下側）から見た場合のはねの付き方として正しいものを選び記号で答えなさい。ただし，足はかいていません。（　　　　）

16 ≪こん虫≫　こん虫について，次の問いに答えなさい。　　　　　　　　　　　（明星中）

問1　次の文の（ ① ）〜（ ③ ）にあてはまる適当なことばや数字を答えなさい。

①（　　　　）　②（　　　　）　③（　　　　）

こん虫の成虫のからだは，（ ① ），むね，はらの3つからできていて，（ ② ）に（ ③ ）本のあしがある。

問2　こん虫でないものを，次の(ア)～(オ)からすべて選び，記号で答えなさい。（　　　　）

(ア)　アキアカネ　　(イ)　ダンゴムシ　　(ウ)　バッタ　　(エ)　クモ　　(オ)　モンシロチョウ

問3　カレハガやコノハチョウ，ナナフシのように体の色や形をまわりの葉やえだとよくにせているものがいる。その理由を簡単に書きなさい。

（　　　　　　　　　　　　　　　　　　　　　　　　　　　　　　　　　　　　　　　）

問4　①モンシロチョウと②バッタが育つ順を，次の(ア)～(オ)から必要なものをそれぞれ選び，左から順に並べなさい。①（　　　　　　）②（　　　　　　）

(ア)　さなぎ　　(イ)　成虫　　(ウ)　卵　　(エ)　幼虫　　(オ)　まゆ

問5　①モンシロチョウや②アゲハチョウは特定の植物の葉に卵をうみつける。その植物を次の(ア)～(オ)からそれぞれ2つずつ選び，記号で答えなさい。

①（　　　）（　　　）②（　　　）（　　　）

(ア)　レモン　　(イ)　ダイコン　　(ウ)　キャベツ　　(エ)　ミカン　　(オ)　ブドウ

問6　モンシロチョウの幼虫のように特定の植物だけをえさにする動物を，次の(ア)～(オ)から2つ選び，記号で答えなさい。（　　　）（　　　）

(ア)　カイコ　　(イ)　コアラ　　(ウ)　ダンゴムシ　　(エ)　ヒト　　(オ)　クマ

問7　幼虫と成虫で同じものをえさにする昆虫を，次の(ア)～(エ)からすべて選び，記号で答えなさい。

（　　　　　　）

(ア)　モンシロチョウ　　(イ)　バッタ　　(ウ)　カブトムシ　　(エ)　ナナホシテントウ

問8　熊本県や長野県の草原にはオオルリシジミというチョウと，そのえさとなるクララという植物が生育する。草原は長い年月をかけて森林となっていくため，この草原が森林にならないように人の手で野焼きをし，クララの生育を保っている。もし野焼きをしなくなった場合，オオルリシジミはどうなると考えられますか，理由とともに簡単に答えなさい。

（　　　　　　　　　　　　　　　　　　　　　　　　　　　　　　　　　　　　　　　）

17　≪こん虫≫　こん虫について，次の問題に答えなさい。　　　　　　　　　　　　（関西学院中）

(1)　こん虫を次の中から選び，記号を書きなさい。（　　　　）

ア．オカダンゴムシ　　イ．ウマオイ　　ウ．ナガコガネグモ　　エ．カタツムリ　　オ．ムカデ

(2)　よう虫のときには，水の中でくらすこん虫を次の中から選び，記号を書きなさい。（　　　　）

ア．カナブン　　イ．アブラゼミ　　ウ．ギンヤンマ　　エ．ナナホシテントウ

(3)　よう虫のときに，動物を食べるこん虫の組み合わせとして正しいものを次の中から選び，記号を書きなさい。（　　　　）

ア．カイコガ・アシナガバチ　　　　　　イ．クマゼミ・アオムシコマユバチ

ウ．シオカラトンボ・モンシロチョウ　　エ．ナナホシテントウ・タイコウチ

(4)　よう虫のときに，くさった葉を食べるこん虫を次の中から選び，記号を書きなさい。（　　　　）

ア．コノハチョウ　　イ．コノハムシ　　ウ．ツクツクボウシ　　エ．カブトムシ

(5)　成虫の姿で冬をこすことができるこん虫を次の中から選び，記号を書きなさい。（　　　　）

ア．オオカマキリ　　イ．カブトムシ　　ウ．ベニシジミ　　エ．ニジュウヤホシテントウ

(6) チョウが冬をこす姿について述べたものとして，最も適当なものを次の中から選び，記号を書きなさい。（　　　）

ア．すべてのチョウは，さなぎで冬をこす。

イ．チョウの種類によって，卵またはさなぎのどちらかである。

ウ．チョウの種類によって，よう虫またはさなぎのどちらかである。

エ．チョウの種類によって，卵，よう虫，さなぎ，成虫の4つの場合がある。

(7) からだの形や色やもようなどをすんでいるところの環境（かんきょう）に似せて，うまくかくれることができるこん虫がいます。成虫の姿がこのようであるこん虫の組み合わせとして正しいものを次の中から選び，記号を書きなさい。（　　　）

ア．ミツバチ・コクワガタ　　　　　イ．コノハムシ・ナナフシ

ウ．クロヤマアリ・アオスジアゲハ　　エ．ナナホシテントウ・コノハチョウ

(8) はねをこすり合わせて鳴くこん虫の組み合わせとして正しいものを次の中から選び，記号を書きなさい。（　　　）

ア．エンマコオロギ・キリギリス　　　イ．スズムシ・ヒグラシ　　　ウ．ゲンジボタル・マツムシ

(9) こん虫の成虫のからだについて述べたものとして，あやまりではないものをすべて選び，記号を書きなさい。（　　　）

ア．はらには，いくつもふしがある。

イ．頭，むね，はらの3つの部分からできている。

ウ．むねには6本のあしがある。

エ．はらには4枚のはねと6本のあしがある。

(10) モンシロチョウのよう虫を育てるときにあたえるとよい葉を次の中からすべて選び，記号を書きなさい。（　　　）

ア．キャベツの葉　　イ．アブラナの葉　　ウ．サンショウの葉　　エ．ミカンの葉

オ．リンゴの葉

(11) クロアゲハは，卵→よう虫→さなぎ→成虫の順に育ちます。これと同じ育ち方をするこん虫を次の中からすべて選び，記号を書きなさい。（　　　）

ア．ショウリョウバッタ　　イ．エンマコオロギ　　ウ．コアオハナムグリ

エ．ナナホシテントウ　　オ．アキアカネ

(12) 成虫が動物を食べないこん虫を次の中からすべて選び，記号を書きなさい。（　　　）

ア．コアオハナムグリ　　イ．ナナホシテントウ　　ウ．アブラムシ　　エ．エンマコオロギ

オ．カブトムシ

18 ≪メダカ≫　メダカの生態を観察するために，水草，小石や砂，メダカのオスとメスを数匹（ひき）ずつ入れた水そうを用意しました。次の問いに答えなさい。　　　　　　　　　　　　　　（帝塚山学院中）

(1) メダカの飼（か）い方として正しいものを，次のア～エから1つ選び，記号で答えなさい。（　　　）

ア　水がよごれたら，メダカを別の水そうにうつしかえて，よごれた水をすべて水道水と入れかえる。

イ　えさは，食べ残さないぐらいの量を，毎日1～2回あたえる。

ウ　水そうは，日光が直接当たる明るいところに置く。

エ　水温は35℃くらいに保つ。

(2)　メダカのオスとメスを観察すると，からだのつくりにちがいがあることに気づきました。図1はメスのメダカを表しています。オスのメダカとの違いとして正しいものを，次のア～エから1つ選び，記号で答えなさい。（　　　）

図1
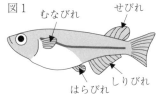
むなびれ　せびれ　しりびれ　はらびれ

ア　メスのむなびれには切れこみがなく，オスにはある。

イ　メスのはらびれは，オスに比べて小さい。

ウ　メスのしりびれは台形のような形であるが，オスのしりびれは平行四辺形のような形である。

エ　メスのせびれは，オスに比べて色がこい。

(3)　メダカの口を観察すると，つくりに特ちょうがあることに気づきました。この口のつくりは，どのような点で役に立ちますか。図1のメダカの口のつくりを参考に，正しいものを次のア～エから1つ選び，記号で答えなさい。（　　　）

ア　口を大きく開いて，いかくすることができる。

イ　水面の近くにいるとき，すぐに空気をすいこめる。

ウ　底にあるコケを食べるのに適している。

エ　上の方にあるえさを食べるのに適している。

(4)　メスのからだについている卵の直径を測ると1mmでした。この大きさにもっとも近いものを次のア～エから1つ選び，記号で答えなさい。（　　　）

ア　ヒトの卵の直径　　イ　モンシロチョウの卵の縦の長さ　　ウ　ホウセンカの種の直径

エ　ゾウリムシの長さ

(5)　図2は，メダカの卵を数日おきに観察したときのようすを表しています。メダカの卵が育つ順番として正しいものを，あとのア～エから1つ選び，記号で答えなさい。（　　　）

図2
A 　B 　C 　D 　E

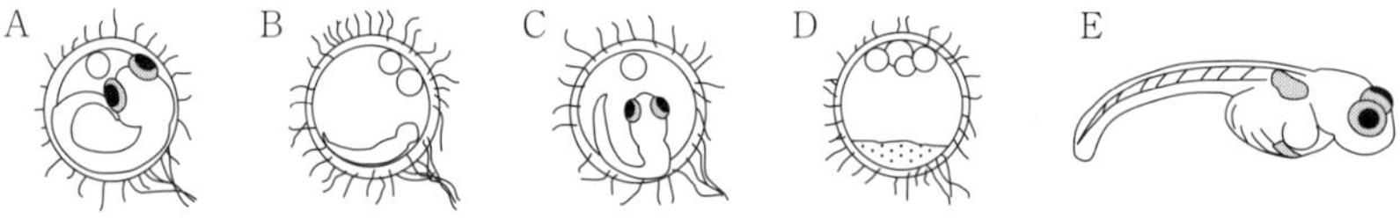

ア　B→D→C→A→E　　イ　B→D→A→C→E　　ウ　D→B→C→A→E

エ　D→C→B→A→E

(6)　卵からかえって2日目までのメダカの養分の取り方について正しいものを，次のア～エから1つ選び，記号で答えなさい。（　　　）

ア　はらの養分をつかって育つので，エサはいらない。

イ　メダカが入っていた卵のからを食べて育つので，エサはいらない。

ウ　水そうの中のプランクトンや水草を食べるので，エサはいらない。

エ　エサを指ですりつぶして，食べ残さないぐらいの量をあたえる。

19 ≪メダカ≫　メダカについて，次の問いに答えなさい。　　　　　　　　　　（四天王寺東中）

(1)　野生の親メダカのからだの大きさ（頭からしっぽまでの長さ）はどれくらいですか。正しいも
のを次のア～エから１つ選び，記号で答えなさい。（　　　　）

ア　1cm ていど　　イ　2～4cm　　ウ　6～8cm　　エ　12～15cm

(2)　メダカのおすに見られる特徴を，次のア～エから２つ選び，記号で答えなさい。
　　　　　　　　　　　　　　　　　　　　　　　　　　　　　　（　　　　）（　　　　）

ア　せびれの部分に切れこみがある。

イ　せびれの部分に切れこみがない。

ウ　しりびれが平行四辺形のような形になっている。

エ　しりびれが三角形のような形になっている。

(3)　メダカのかい方として**正しくないもの**を，次のア～エから**すべて**選び，記号で答えなさい。
　　　　　　　　　　　　　　　　　　　　　　　　　　　　　　　　　　　　（　　　　）

ア　直しゃ日光がよくあたる，明るいところに置く。

イ　子メダカは，親からはなすとかわいそうなので，親と同じ水そうで育てる。

ウ　水がにごってきたら，１日以上くみおきした水で，約半分の量をとりかえる。

エ　エサは１日に１～２回，時刻を決めて，食べ残さない量をあたえる。

(4)　次の文中の空らん①～④に，当てはまる言葉を答えなさい。
　　　①（　　　　）②（　　　　）③（　　　　）④（　　　　）

　　メダカをかう水そうに水草を入れる理由は，卵を産みつける場所と，かくれる場所が必要だか
らです。水草に光があたると（　①　）というはたらきを行い，メダカが生きていくために必要な
（　②　）を作り出します。（　②　）が不足するときは，エアポンプを使います。

　　水温が25℃くらいになると，メダカはえさをたくさん食べて卵を産むようになります。めすが
卵を産むと，おすが（　③　）を出し，卵と（　③　）が結びつく（　④　）がおこなわれます。（　④　）
後，約10日たつと小さいメダカが卵のまくをやぶって外へ出てきます。

(5)　ヒトの卵の中には養分はあまりふくまれていません。子は，子宮内で育つための栄養を，何を
通してもらいますか。（　　　　）

(6)　おすとめすのメダカを１匹ずつ同じ水そうに入れて，メダカの数をふやそうと考えました。次
のようにメダカがふえるとするとき，あとの ⅰ～ⅲ の問いに答えなさい。ただし，最初のおすと
めすのメダカを１代目とします。

【メダカのふえかた】

・めすは一生のあいだに１度だけ卵を産む。

・一度に40個産む。

・卵からかえる割合は75 ％。

・卵からかえった子は，おすとめすが同数。

・めすは必ず卵を産む。

ⅰ）２代目として卵からかえるメダカは何匹ですか。（　　　　匹）

ⅱ）２代目のめすが産む卵は，全部で何個ですか。（　　　　個）

　ⅲ）卵からかえるメダカの数が1000匹をこえるのは，何代目ですか。（　　　　代目）

20　≪メダカ≫　小学生のKちゃんは，野生のメダカが減っているというニュースを見てメダカに興味をもち，夏休みにメダカの飼育に挑戦しました。しかし，なかなか思うようにメダカが増えませんでした。それどころか，どんどんメダカの数が減っていきました。そこでKちゃんは，姉のSさんに相談をしました。次の会話文を読み，あとの各問いに答えなさい。　　　　　　　（龍谷大付平安中）

Kちゃん　「S姉ちゃん。この『メダカの育て方のプリント』を見ながらやったんだけど，なんでメ
　　　　　　ダカが増えないのかなあ。」

Sさん　　「そのプリントを見せて。」

　Sさんは，プリントを見ながらしばらく考えました。

Sさん　　「Kちゃん。この飼育プリント，何カ所かまちがっているよ。」

Kちゃん　「えっ，知らなかった。どこを直せばいいのかなあ……。」

「メダカの育て方のプリント」

１　メダカの飼い方（メダカを増やす方法）

　1　水そうは，直射日光が当たる明るいところに置く。

　2　よく洗った小石や砂を水そうの底にしいて，水草を入れる。

　3　水そうには，きれいな水道水を直接入れる。

　4　メダカのオスとメスを入れる。

　5　えさは，すぐに食べきれないほど多めにあたえる。

　6　水がよごれたら，くみ置きした水と入れかえる。

２　メダカのオスとメスのちがい

　1　メダカのオスとメスは，　ア　の形と　イ　の形で見分ける。

　2　メダカのオスは精子を出し，メスは卵をうむ。

　3　精子と卵が合体することを　ウ　という。

３　メダカの育ち方

　1　卵は直径1mm程度の球形で，卵の周りに付着毛という毛がある。

　2　ふ化直後のメダカは，腹のふくろ（卵黄のう）に　エ　をもっているため，2〜3日は
　　　えさをあたえなくてもよい。

---

(1)　１　メダカの飼い方（メダカを増やす方法）についての説明文1〜6のうち，まちがっている文
　　はいくつありますか。数字で答えなさい。（　　　　つ）

(2)　２　メダカのオスとメスのちがいについての説明文にある空欄　ア ・ イ に当てはまる
　　ものを，次の①〜⑤のうちから一つずつ選び，それぞれ記号で答えなさい。ただし，　ア ・
　　　イ　の解答の順序は問いません。ア（　　　　）　イ（　　　　）

　　①　せびれ　　②　むなびれ　　③　はらびれ　　④　しりびれ　　⑤　おびれ

(3) メダカのオスと判断できるように，解答欄の模式図へ**必要なひれのみを**，ひれの切れこみやひれの形がはっきりと分かるように描^かきこみなさい。

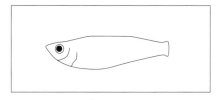

(4) ②　メダカのオスとメスのちがいについての説明文3にある空欄　ウ　に入る適当なことばを答えなさい。

（　　　　）

(5) ③　メダカの育ち方についての説明文2にある空欄　エ　に入る適当なことばを答えなさい。

（　　　　）

(6) 現在，様々な問題により野生のメダカが減り，絶滅^{ぜつめつ}のおそれがあると心配されています。このようなメダカの絶滅を防ぐためには，どのような問題を解決すればよいですか。問題点を一つあげ，その解決方法を答えなさい。

問題点（　　　　　　　　　　　　　　　　　　　　　　　　　　　）

解決方法（　　　　　　　　　　　　　　　　　　　　　　　　　　　）

21　≪プランクトン≫　次の文章を読み，下の各問いに答えなさい。　　　　　　（開智中）

水中の小さい生物を観察するために，顕微鏡^{けんび}を用意しました。〈図1〉は顕微鏡，〈図2〉のA〜Fは顕微鏡に付属していた接眼レンズと対物レンズです。接眼レンズの倍率は，8倍，10倍，20倍の3種類あり，対物レンズの倍率は，4倍，10倍，40倍の3種類ありますが，どのレンズがどの倍率かは書いていません。

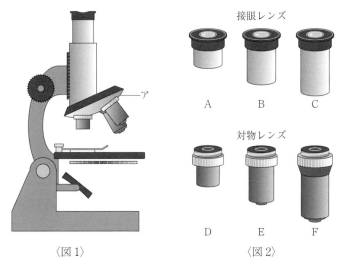

〈図1〉　　　　　　　　　　　　〈図2〉

問1　〈図1〉のアの名前を答えなさい。（　　　　）

問2　〈図2〉の接眼レンズと対物レンズを組み合わせると，何種類の倍率で生物を観察することができますか。（　　　種類）

問3　この顕微鏡を使って，2番目に低い倍率で生物を観察するためには，どの接眼レンズと対物レンズを組み合わせればよいですか。A〜C，D〜Fの中からそれぞれ1つずつ選び，記号で答えなさい。（　　　と　　　）

問4　池の水をスライドガラスにのせ，プレパラートをつくりました。10倍の接眼レンズと，10倍の対物レンズを使って，このプレパラートを観察すると，緑色の小さい生物が見えました。しかし，小さくて見えにくかったので，〈図1〉のアを回して，40倍の対物レンズにかえて観察すると，〈図3〉のように見えました。

(1)　〈図3〉の生物の名前を答えなさい。（　　　　）

(2)　〈図3〉のイは緑色のつぶです。このつぶの名前を答えなさい。（　　　　）

(3)　対物レンズの倍率を10倍から40倍にかえると，見える範囲の明るさと，対物レンズとプレパラートの距離はどのように変化しましたか。最も適当な説明を，次の①〜④の中から1つ選び，番号で答えなさい。（　　　　）

〈図3〉

①　見える範囲は明るくなり，対物レンズとプレパラートの距離は短くなった。

②　見える範囲は明るくなり，対物レンズとプレパラートの距離は長くなった。

③　見える範囲は暗くなり，対物レンズとプレパラートの距離は短くなった。

④　見える範囲は暗くなり，対物レンズとプレパラートの距離は長くなった。

(4)　対物レンズの倍率を10倍から40倍にかえると，見える範囲の面積は何倍になりますか。最も適当なものを，下の①〜⑥の中から1つ選び，番号で答えなさい。（　　　　）

①　$\dfrac{1}{64}$ 倍　　②　$\dfrac{1}{16}$ 倍　　③　$\dfrac{1}{4}$ 倍　　④　4倍　　⑤　16倍　　⑥　64倍

22 《動物の分類》　次の図は，動物をいろいろな特ちょうをもとにわけたものです。図をもとにしてあとの問1と問2に答えなさい。
（大阪薫英女中）

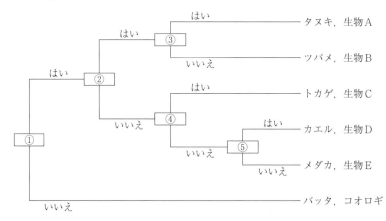

問1．図中の①〜⑤にあてはまる特ちょうとして正しいものを，下のア〜オの中からそれぞれ1つずつ選び，記号で答えなさい。ただし，同じ記号は1度だけしか使用しないこと。

①（　　　）②（　　　）③（　　　）④（　　　）⑤（　　　）

ア．体温が一定である。　　イ．肺で呼吸する時期がある。　　ウ．背骨がある。

エ．からのある卵を陸上に産む。　　オ．子は母体内で育てられて生まれる。

問2．図中の生物A〜Eに当てはまる生物として正しいものを，次のア〜オの中からそれぞれ1つ

ずつ選び，記号で答えなさい。A（　　　）　B（　　　）　C（　　　）　D（　　　）　E（　　　）

　ア．アユ　　イ．イモリ　　ウ．クジラ　　エ．ペンギン　　オ．ヤモリ

23　≪生物のつながり≫　ある池とそのまわりには，A〜D の生き物がすんでいます。下の表は A〜D の生き物の「食べる・食べられる」の関係を表しています。(1)〜(7)の問いに答えなさい。

（武庫川女子大附中）

生き物	「食べる・食べられる」の関係
A	生きるための養分を自分でつくることができる緑色をした生き物
B	A を食べて生きている生き物
C	B を食べて生きている生き物
D	C を食べて生きている生き物

(1)　A がもつ緑色の部分は，植物がもつ緑色の部分と同じはたらきをします。この緑色の部分でつくる養分とは何ですか。また，養分をつくるとき，水のほかに必要なものを 2 つ答えなさい。

　　養分（　　　）　必要なもの（　　　）（　　　）

(2)　A として適する生き物を，(ア)〜(エ)のうちからすべて選び，記号で答えなさい。（　　　）

　　(ア)　ミジンコ　　(イ)　ボルボックス　　(ウ)　ゾウリムシ　　(エ)　ミドリムシ

(3)　B，C として適する生き物を，(ア)〜(オ)のうちから選び，それぞれ記号で答えなさい。

　　B（　　　）　C（　　　）

　　(ア)　メダカ　　(イ)　ザリガニ　　(ウ)　アメンボ　　(エ)　サギ　　(オ)　ミミズ

(4)　D として適する生き物を 1 つ考えて，名前を答えなさい。（　　　）

(5)　表のような，生き物の「食べる・食べられる」の関係を何といいますか。（　　　）

(6)　A〜D のうち，最も数が多いと考えられる生き物はどれですか。A〜D の記号で答えなさい。

（　　　）

(7)　A は太陽のエネルギーを利用して，生きていく養分をつくるので「生産者」とよばれます。B，C，D は自分では養分をつくらないので「消費者」とよばれます。すべての生き物の死がいは最終的に，ある生き物たちによって A のからだをつくる成分に変えられます。このようなはたらきをする生き物たちに名前をつけるとすると，「生産者」「消費者」に対して，どのような名前がよいと考えますか。名前を考えて答えなさい。（　　　）

24　≪生物のつながり≫　右の図は，ある場所での生物のつながりや物質の移動についてあらわしたものである。「　→　」は食べられる方向を，「┄┄▶」は生物に取りこまれる気体の方向を，「⇒」は生物から出る気体の方向をあらわしている。　（同志社国際中）

問 1　気体ア，イの名前を答えなさい。

　　ア（　　　）　イ（　　　）

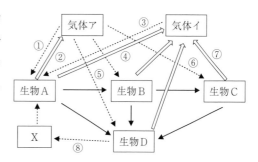

- 85

問2　矢印①〜⑦を，呼吸と光合成の気体の動きに分けなさい。呼吸（　　　）　光合成（　　　）

問3　次の㋐〜㋓は，生物B，生物Cのどちらの特ちょうか。BのものとCのものに分けなさい。

　生物B（　　　）　生物C（　　　）

　㋐　目は横についており，広いはん囲を見ることができる

　㋑　するどいかぎづめをもっている

　㋒　平らな歯をもち，すりつぶすような食べ方をする

　㋓　物音を立てないように歩くことができる

問4　「生物Aと生物B」，「生物Bと生物C」のように，「━━▶」であらわされるような生物どうしの関係を何というか。（　　　　　　　）

問5　矢印⑧があらわしている動きは，生物Dのどのようなはたらきによるものか。次の㋐〜㋔から選んで，記号で答えなさい。（　　　）

　㋐　消化　　㋑　吸収　　㋒　運ぱん　　㋓　分解　　㋔　成長

問6　図中のXは何か。もっとも適切なものを，次の㋐〜㋓から選んで，記号で答えなさい。

（　　　）

　㋐　光　　㋑　温度　　㋒　養分　　㋓　土

問7　生物A〜Cについて，数が少ないものから順に並べなさい。（　　＜　　＜　　）

問8　これまでの生物どうしの関係が，人の手で新しく入ってきた生物によって大きく乱れることがある。このような生物を何というか。（　　　）

問9　問8のような生き物によって引き起こされ，問題となっている現象として，正しいものを次の㋐〜㋔から2つ選んで，記号で答えなさい。（　　　）

　㋐　多くのツバメが，フィリピンや台湾など南の方から日本にきて，子育てをしている

　㋑　マグロの群れが黒潮に乗って日本沿岸にやってきて，日本周辺の魚を食べている

　㋒　アメリカザリガニがイネを切りたおしている

　㋓　グループのボスであるオスのライオンが，たたかいに敗れ，ボスがかわる

　㋔　ハブを退治するためにマングースを放したが，ほかの希少な動物をおそっている

問10　何かの原因で生物Bが大きく減少したのち，生物Aおよび生物Cの数は，最初どのように変化するか。次の㋐〜㋓から選んで，記号で答えなさい。（　　　）

　㋐　生物Aも生物Cも増える　　　㋑　生物Aは増え，生物Cは減る

　㋒　生物Aは減り，生物Cは増える　　　㋓　生物Aも生物Cも減る

25　≪生物のつながり≫　次の文章を読んで，あとの各問いに答えなさい。　　　　（関西大学中）

　　自然界は力の強いものが弱いものを食べる弱肉強食の世界である。食べるか・食べられるか，残酷なようにも見えるけれど，これが自然界の「おきて」といえる。人間も野菜や穀物，肉や魚を食べて生きている。植物は，昼の間に（　①　）を利用して栄養分（デンプン）をつくることができるが，動物は自力で栄養分をつくれない。そのため植物や他の動物を食べることで生きていける。こうした食のつながり，つまり「いのちのつながり」は自然界そのものである。

例えば，図のように，田んぼのイネをイナゴが食べ，イナゴをカエルが食べ，そのカエルはヘビに食べられる。このような「いのちのつながり」の関係を（ ② ）という。実際の自然界では，この関係は一本のロープのように単純ではなく，網（あみ）のように複雑にからみあっている。カエルやヘビなどの排（はい）せつ物や死がい（び）は土の中の微生物によって分解され，植物の栄養として取りこまれる。多様な種がいればそれだけ「いのちのつながり」は複雑になり，その生態系は安定しているといえる。

図 　イネ　　　　　　　イナゴ　　　　　　カエル　　　　　　ヘビ

参考：環境省自然環境局「いのちはつながっている」

(1) 文章中の（ ① ）と（ ② ）に当てはまる言葉を答えなさい。①（ 　　 ） ②（ 　　 ）

(2) ある田んぼで，イナゴの数が大きく減少したとき，直接の原因として考えられることを図をもとに2つ答えなさい。

（ 　　　　　　　　　　　　　　　　　　　　　　　　　　　　　　　　　 ）

（ 　　　　　　　　　　　　　　　　　　　　　　　　　　　　　　　　　 ）

(3) ある田んぼで，カエルをすべて取り除いたとき，そのあと起こるイナゴとヘビの数の変化として正しいものをア〜エから1つ選び，記号で答えなさい。ただし，グラフのXはカエルをすべて取り除いたときを表しているものとする。（ 　　 ）

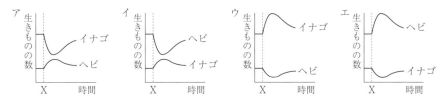

(4) 「いのちのつながり」の関係において，図のイナゴと同じ立場の動物を次のア〜オからすべて選び，記号で答えなさい。（ 　　 ）

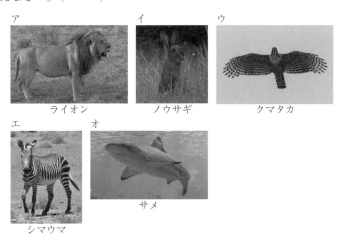

ア　ライオン　　イ　ノウサギ　　ウ　クマタカ
エ　シマウマ　　オ　サメ

26 《動物総合》　下の図は身近にいる動物についてまとめたものである。次の問いに答えなさい。

(平安女学院中)

> A　最も身近な動物「昆虫」
> 　昆虫に含まれるものはどれかな？
> 　　①カブトムシ　②ダンゴムシ　③トンボ　④モンシロチョウ　⑤クモ
>
> B　動物のなかま分け
> 　次の動物をいろいろな基準で分けてみよう！
> 　　①ウニ　　　　②カエル　　③カモ　　　④クラゲ
> 　　⑤シマウマ　　⑥メダカ　　⑦トカゲ　　⑧ライオン

問1　昆虫の特ちょうについて書いた次の文章の（　　）に当てはまる語句や数を答えなさい。

a（　　　　）　b（　　　　）　c（　　　　）　d（　　　　）

昆虫は体が（　a　），（　b　），（　c　）の3つに分かれ，（　b　）に（　d　）本のあしがある動物をいう。

問2　Aに書かれている動物の中から，昆虫をすべて選び，数字で答えなさい。（　　　　）

問3　昆虫の中にはさなぎになるものとならないものがいる。問2で選んだ昆虫の中からさなぎになるものをすべて選び，数字で答えなさい。（　　　　）

問4　Bに書かれている①〜⑧の動物の中から，骨をもたない動物をすべて選び，数字で答えなさい。（　　　　）

問5　Bに書かれている動物のうち，シマウマとライオンは陸上で生活し，親と同じ姿で生まれてくるため，同じ仲間に分けることができるが，違うところもある。次にあるシマウマとライオンの頭の骨を見て，違いを1つあげ，理由も合わせて答えなさい。

（　　　　　　　　　　　　　　　）　理由（　　　　　　　　　　　　　　　　　　　　　　　　）

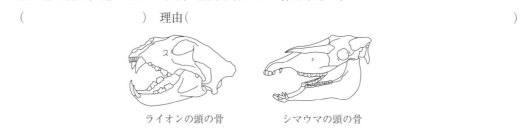

ライオンの頭の骨　　　シマウマの頭の骨

8　人のからだ

1　≪誕生≫　次の文章を読み，下の各問いに答えなさい。　　　　　　　　　　　　（開智中）

　　動物は，子どもをうみ生命をつないでいきます。子どものうまれか
たにはいろいろありますが，その中のひとつに，オスとメスがそれぞれ
精子と卵をだしあい，これらがむすびついてできた　ア　が成長して
子どもがうまれるものがあります。また，成長のしかたについても，母
親の体内で成長するものもあれば，卵のかたちでうまれて，その中で成
長するものもあります。ヒトでは，母親の体内の　イ　で　ア　が
時間をかけて成長し，やがて子どもがうまれます。〈図1〉は，　イ
とその中にいる子どものようすを表しています。

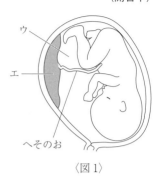

〈図1〉

問1　　ア　，　イ　にあてはまる語を答えなさい。ア（　　　　）　イ（　　　　）

問2　ヒトの子どもは，　ア　ができてからおよそ何日くらいでうまれ出てきますか。最も適当な
　　ものを，下の①～④の中から1つ選び，番号で答えなさい。（　　　　）

　　①　165日　　　②　265日　　　③　365日　　　④　465日

問3　下の①～④は，　イ　内でのさまざまな時期の子どものようすです。成長の順にならべかえ
　　たとき，2番目になるものはどれですか。番号で答えなさい。（　　　　）

　　①　男性か女性かが区別できるようになる。

　　②　体を回転させてよく動くようになる。

　　③　心臓が動き始める。

　　④　目や耳ができる。

問4　〈図1〉のウ，エの名前をそれぞれ答えなさい。ただし，ウは　イ　の内部を満たす液体で
　　す。ウ（　　　　）　エ（　　　　）

問5　次のa～cのうち，〈図1〉のウについて正しく説明しているものはどれですか。適当な組み
　　合わせを，下の①～④の中から1つ選び，番号で答えなさい。（　　　　）

　a　子どもの成長に必要な栄養分が含まれている。

　b　外部から伝わる力をやわらげ，子どもを守る。

　c　温度変化をやわらげ，子どもの体温を一定に保つ。

　　　①　aとb　　　②　bとc　　　③　aとc　　　④　aとbとc

問6　〈図1〉のエでは，母親の血液と子どもの血液のあいだで，酸素のうけわたしが行われますが，
　　これは血液と酸素の結びつきやすさのちがいによって起こります。これについての説明として適
　　当なものを，下の①～④の中から1つ選び，番号で答えなさい。（　　　　）

　　①　母親の血液の方が酸素と結びつきやすいため，酸素は母親から子どもにうけわたされる。

　　②　母親の血液の方が酸素と結びつきやすいため，酸素は子どもから母親にうけわたされる。

　　③　子どもの血液の方が酸素と結びつきやすいため，酸素は母親から子どもにうけわたされる。

　　④　子どもの血液の方が酸素と結びつきやすいため，酸素は子どもから母親にうけわたされる。

問7　ヒトの「へそ」は，「へそのお」がつながっていたところにできています。ヒト以外の動物で，ヒトと同様の「へそ」をもっているものを，下の①〜⑤の中から2つ選び，番号で答えなさい。

（　　　）（　　　）

① イモリ　　② ヤモリ　　③ ペンギン　　④ コウモリ　　⑤ イルカ

---

2 ≪消化と吸収≫　デンプンとだ液のはたらきを調べる実験をしました。　　　　　　（樟蔭中）

手順

1．AとBのふくろに，それぞれごはんを1つぶずつ入れて，ふくろの上から指でつぶす。

2．Aのふくろにだ液を，Bの方には同量の水を入れて，さらにふくろの上から指でよくもむ。

3．湯を入れたビーカーに，A・Bのふくろを入れて，約3分間待つ。

4．ふくろを湯から取り出し，ふくろの上から指でよくもみ，ふたたび湯に入れて約3分待つ。

5．ふくろを湯から取り出し，それぞれに<u>デンプンがあることをたしかめる液</u>を1，2てきずつ加えて色の変化を比べる。

(1) 手順5の下線部の液は，何ですか。（　　　　）

(2) 湯の温度は何度くらいがよいですか。だ液がよくはたらく温度を，次のア〜エから選びなさい。

（　　　　）

ア．100℃　　イ．80℃　　ウ．40℃　　エ．0℃

(3) 手順5のBの色は何色に変化しましたか。次のア〜オから選びなさい。（　　　　）

ア．赤色　　イ．うすい黄色　　ウ．青むらさき色　　エ．白色　　オ．緑色

(4) 次の文中の①〜⑤に入る語を答えなさい。②と④と⑤には，ヒトの体の臓器の名前が入ります。

①（　　　）②（　　　）③（　　　）④（　　　）⑤（　　　）

口から取り入れた食べものは（ ① ）管の中を運ばれながら，（ ① ）されて体に吸収されやすい養分となり，主に（ ② ）で吸収される。吸収された養分は，（ ③ ）によって運ばれ，（ ④ ）にたくわえられる。（ ② ）で吸収されなかったものは，（ ⑤ ）に送られ，水分が吸収され，残りは便となって，こう門から外へ出される。

---

3 ≪消化と吸収≫　デンプンを用いてだ液のはたらきを調べる実験を行いました。あとの問いに答えなさい。

（初芝富田林中）

デンプンはだ液のはたらきによって糖という物質に変えられることが知られています。デンプンの存在を調べるためのヨウ素液と，糖の存在を調べるためのベネジクト液を用いて，次の〔実験1〕と〔実験2〕を行いました。ベネジクト液は糖とともに加熱すると，その色が赤かっ色に変わることで，糖の存在を確認することができます。

あとの表は実験の結果を示したもので，○はデンプンまたは糖が存在したことを，×は存在しなかったことを示しています。

〔実験1〕

試験管①〜⑥にうすいデンプン溶液を入れ，図1のように，①と②は0℃，③と④は35℃，⑤と⑥は80℃に保った。①，③，⑤にはだ液を，②，④，⑥には水を，それぞれデンプン溶液と同

じ温度にして少量ずつ加え，一定時間放置した。次に①～⑥の溶液を一部とり出し，それぞれに
ヨウ素液とベネジクト液を加え，デンプンと糖の存在を確かめた。

図1

〔実験2〕

図2のように，35℃の水を入れたシャーレにセロハン膜をかぶせ，〔実験1〕で残った①～⑥
の溶液をそれぞれセロハン膜の上にそそいだ。十分に放置した後，セロハン膜の下の水を試験管
にとり，それぞれ⑦～⑫とし，その一部を取り出し，それぞれにヨウ素液とベネジクト液を加え，
デンプンと糖の存在を確かめた。

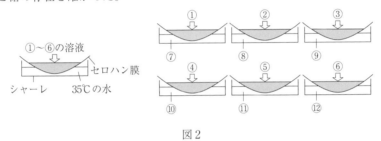

図2

表　実験の結果

	〔実験1〕						〔実験2〕					
	①	②	③	④	⑤	⑥	⑦	⑧	⑨	⑩	⑪	⑫
ヨウ素液を加える	○	○	×	○	○	○	×	×	×	×	×	×
ベネジクト液を加え加熱する	×	×	○	×	×	×	○	×	○	×	×	×

(1) デンプンにヨウ素液を加えたとき，ヨウ素液は何色に変わりますか。（　　　）

(2) だ液や胃液などの消化液は，口からこう門までの食べ物の通り道に出されて，食べ物の消化を
助けます。この食べ物の通り道のことを何と呼びますか。（　　　）

(3) 食べ物の通り道ではないものを次の(ア)～(オ)からすべて選び，記号で答えなさい。（　　　）

　　(ア) 食道　　(イ) 肝臓　　(ウ) 小腸　　(エ) じん臓　　(オ) 大腸

(4) デンプンなどが消化されてできた養分はおもにからだのどの部分から吸収されますか。(3)の(ア)
～(オ)から1つ選び，記号で答えなさい。（　　　）

(5) デンプンは水ではなく，だ液によって糖に変化するということは，①～⑥のうちどの2つの実
験結果を比べることによって言えますか。「①と②」のように記号で答えなさい。

　　　　　　　　　　　　　　　　　　　　　　　　　　　　　　　　（　　と　　）

(6) 〔実験2〕の結果から，セロハン膜には小さな穴があいていることが分かります。次の(ア)～(ウ)の
大きさを比べ，大きいものから順に並べ記号で答えなさい。（　　　）

　　(ア) セロハン膜の穴　　(イ) 糖の粒　　(ウ) デンプンの粒

(7) 〔実験 2〕の結果からどのようなことが言えますか。次の(ア)～(エ)から 1 つ選び，記号で答えなさい。(　　　)

　(ア)　だ液のはたらきは，一度 0℃になると失われる。

　(イ)　だ液のはたらきは，一度 80℃になると失われる。

　(ウ)　だ液のはたらきは，一度 80℃や 0℃になると失われる。

　(エ)　だ液のはたらきは，一度 80℃や 0℃になっても失われない。

4　≪消化と吸収≫　図 1 は，ヒトの消化器について表したものです。次の問いに答えなさい。

（神戸龍谷中）

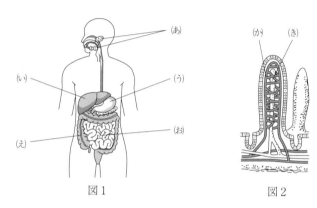

図1　　　　　　　　　図2

(1)　消化を行うとき，口からこう門にかけてひとつにつながった管を消化管といいます。図 1 の(あ)～(お)のうち，消化管でないものはどれですか。(あ)～(お)からふたつ選び，記号で答えなさい。

(　　　)

(2)　消化液をだすところを消化せんといいます。図 1 の(あ)～(お)から消化せんでないものをひとつ選び，記号で答えなさい。(　　　)

(3)　消化器のひとつにすい臓があります。このすい臓のすい液のはたらきとして適切なものをア～エからふたつ選び，記号で答えなさい。(　　　)

　ア　でんぷんを糖に変える。

　イ　アミノ酸をタンパク質に変える。

　ウ　脂肪を脂肪酸とモノグリセリドに変える。

　エ　脂肪を消化しやすい細かい粒にする。

(4)　図 1 の(お)のかべには，多くのひだがあります。図 2 は，このひだの表面にある細かい突起のひとつを表しています。この図 2 の突起を何といいますか。ひらがな 5 文字で答えなさい。

(　　　)

(5)　(4)の中にある(か)，(き)は，消化された栄養分を吸収しています。(か)，(き)にあてはまる適切なものを，ア～エからふたつ選び，記号で答えなさい。(　　　)

　ア　毛細血管　　イ　静脈　　ウ　動脈　　エ　リンパ管

⑤ ＜血液循環＞　右の図は，ヒトの血液 循 環のようすを表したも

のです。図のa～cはヒトの体内にある臓器を，図中の矢印は血液

の流れる向きを表しています。これについて，次の各問いに答え

なさい。　　　　　　　　　　　　　　　　（履正社学園豊中中）

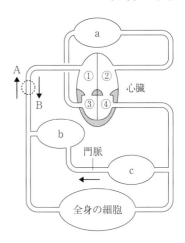

(1)　図のa～cに相当する臓器の組み合わせを，下の表のア～エか

ら1つ選び，記号で答えなさい。（　　　）

	a	b	c
ア	じん臓	小腸	かん臓
イ	じん臓	かん臓	小腸
ウ	肺	かん臓	小腸
エ	肺	小腸	かん臓

(2)　ヒトの心臓は図のように①～④の4つの部屋に分かれています。これについて，次の各問いに

答えなさい。

ⅰ．心室と呼ばれる部屋は図の①～④のどれですか。適切なものをすべて選び，番号で答えな

さい。（　　　）

ⅱ．前の図の①～④の部屋のうち，酸素を多くふくむ血液が通る部屋はどれですか。適切なもの

を2つ選び，番号で答えなさい。（　　　）

(3)　前の図の門脈はbとcをつなぐ血管です。この血管は他の血管と比べると何が多くふくまれて

いますか。（　　　）

(4)　前の図の点線で囲まれた部分の血管を流れる血液の向きは，矢印Aと矢印Bのどちらですか。

AまたはBの記号で答えなさい。（　　　）

(5)　右の図は，血液中にある1つの成分のスケッチです。この成分の名前を漢字で

答えなさい。（　　　）

(6)　(5)の成分のはたらきとして適切なものを，次のア～エから1つ選び，記号で答え

なさい。（　　　）

ア．血液をかためる。

イ．ウィルスなどを除去する。

ウ．酸素を運ぶ。

エ．栄養分を運ぶ。

(7)　全身の細胞に流れこむ血液100mLあたりには酸素が20mLふくまれています。また，全身の

細胞では，入ってきた酸素の68％を受けとることができます。体重1kgあたり約80mLの血液

をふくむとすると，体重60kgの人の全身の細胞で受けとることのできる酸素は何mLですか。小

数第1位を四捨五入して整数で答えなさい。（　　　mL）

6 ≪血液循環≫　ヒトの血液の流れと心臓について，次の各問いに答えなさい。　　　　　(奈良育英中)

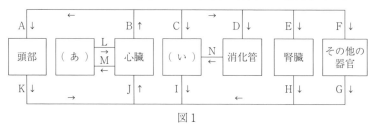

図1

(1) 図1の（あ），（い）にあてはまる臓器の名前を答えなさい。(あ)(　　　　) (い)(　　　　)

(2) 図1の（い）の重さはヒトのおとなではどれくらいの重さになりますか。次のア～エから1
つ選び，記号で答えなさい。(　　　　)

ア　10～20g　　イ　100～200g　　ウ　1～2kg　　エ　10～20kg

(3) 次の①～④の血液が流れている場所を，図1のA～Nから1つずつ選び，記号で答えなさい。

① 酸素を最も多くふくむ血液 (　　　　)

② 養分を最も多くふくむ血液 (　　　　)

③ 体にとって不要なものが最も少ない血液 (　　　　)

④ 二酸化炭素を最も多くふくむ血液 (　　　　)

(4) 心臓には図2のように2つの心室（B，D）と2つの心房（A，
C）があります。全身に血液を送る部分はどれですか。図2のA～
Dから1つ選び，記号で答えなさい。(　　　　)

(5) (4)の部分から全身へつながる血管の名称はどれですか。次のア
～エから1つ選び，記号で答えなさい。(　　　　)

ア　肺動脈　　イ　肺静脈　　ウ　大動脈　　エ　大静脈

(6) 心臓が1分間に50回血液を送り出すとすると，1時間で何Lの
血液を送り出していることになりますか。ただし，心臓は1回に
100mLの血液を送り出しているものとします。(　　　　L)

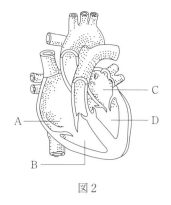

図2

7 ≪呼吸≫　人の呼吸について，あとの問いに答えなさい。　　　　　(関大第一中)

(1) 人の吐く息（呼気）と吸う息（吸気）にふくまれる成分を
調べると右の表のようになりました。表中の空欄（A）～
（C）に適する気体の名前を答えなさい。

A(　　　) B(　　　) C(　　　)

	（A）	（B）	（C）
呼気	16 %	4 %	78 %
吸気	21 %	0.04 %	78 %

(2) 下の肺に関する文章を読み，空欄（D）と（E）に適する語句を答えなさい。

D(　　　) E(　　　)

鼻や口から吸いこまれた空気は，まずのどから続く気管を通る。その後，気管の先が2つに分
かれた（D）を通り，さらに細かく分かれた（E）という袋に取りこまれる。肺は多数の
（E）からできていて，空気と接する面積を広げることによって効率よく気体の交換を行って
いる。

(3) 肺はろっ骨と横隔膜で囲まれています。下の文章を読み，空欄（ F ）〜（ H ）に適する語句として最も適当なものを，つぎのア〜クの中から1つ選び，記号で答えなさい。（　　　）

空気を吸いこむとき，ろっ骨が（ F ）がり，胸と腹の間にある横隔膜が（ G ）がって，胸の容積が（ H ）なる。

	ア	イ	ウ	エ	オ	カ	キ	ク
（ F ）	上	上	上	上	下	下	下	下
（ G ）	上	上	下	下	上	上	下	下
（ H ）	大きく	小さく	大きく	小さく	大きく	小さく	大きく	小さく

(4) 肺に向かう血液が流れる血管の名前と，その血管がつながっている心臓の部位の組み合わせとして，最も適当なものをつぎのア〜カの中から1つ選び，記号で答えなさい。（　　　）

	ア	イ	ウ	エ	オ	カ
血管	肺動脈	肺動脈	肺動脈	肺静脈	肺静脈	肺静脈
心臓の部位	右心室	右心房	左心室	右心室	左心房	左心室

8 ≪呼吸≫　ヒトの呼吸について，次の各問いに答えなさい。

（東海大付大阪仰星高中等部）

問1．図1のA〜Cを何といいますか，それぞれ答えなさい。ただし，CはAの一部を拡大したもので，小さな袋状のつくりをしています。A（　　　）B（　　　）C（　　　）

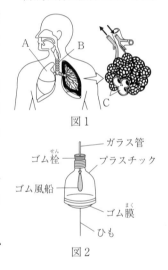

図1

問2．ヒトの呼吸のしくみを説明するために，図2の装置を作りました。ゴム風船は図1のAを，ガラス管は図1のBを表しています。ゴム膜が表しているヒトの体の部位を何といいますか，答えなさい。（　　　）

問3．ヒトの呼吸のしくみを，図2の装置を利用して正しく説明しているものはどれですか，次の(ア)〜(エ)から1つ選び，記号で答えなさい。（　　　）

(ア)　ゴム膜を下に引っぱることで，ゴム風船がしぼみ，ガラス管から空気が出ていく。

(イ)　ゴム膜を下に引っぱることで，ゴム風船がふくらみ，ガラス管から空気が入ってくる。

(ウ)　ガラス管から空気を入れることで，ゴム風船がふくらみ，ゴム膜は上にあがる。

(エ)　ガラス管から空気を入れることで，ゴム風船がふくらみ，ゴム膜から空気がぬけていく。

問4．ヒトは呼吸をするときに，空気を吸ったりはいたりしています。はいた空気中にふくまれる酸素と二酸化炭素の体積の割合はどれですか，次の(ア)〜(エ)から最も適切なものを1つ選び，記号で答えなさい。（　　　）

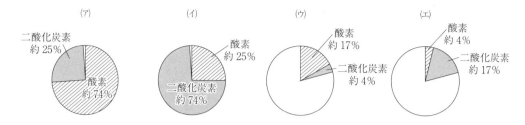

(ア)	(イ)	(ウ)	(エ)
二酸化炭素約25%／酸素約74%	酸素約25%／二酸化炭素約74%	酸素約17%／二酸化炭素約4%	酸素約4%／二酸化炭素約17%

9 ≪目のつくり≫　図1は目のつくりを，図2はシマウマとライオンの頭部を簡単に表したものです。これについて，あとの問いに答えなさい。

(報徳学園中)

(1) 目や耳，皮ふや鼻など外からの刺激を受け取る器官を何といいますか。(　　　　)

(2) 図1のA，Bの名前をそれぞれ答えなさい。

　　A (　　　) 　B (　　　)

(3) 図1のAの役割を下のア～エから選び，記号で答えなさい。(　　　　)

　　ア．なみだをつくる。

　　イ．目に入る光の量を調節する。

　　ウ．からだのかたむきを感じる。

　　エ．ものの色を感じとる。

角まく　A　レンズ　B　毛様体　図1

(4) 図2のようにシマウマの目は顔の両わきに，ライオンの目は顔の正面についています。①シマウマと②ライオンの目の見え方や特ちょうを下のア～エからそれぞれ2つずつ選び，記号で答えなさい。

　　①(　　　) 　②(　　　)

　　ア．ものが立体的にみえる。

　　イ．広いはんいが見える。

　　ウ．他の動物を発見しやすい。

　　エ．遠い，近いがはっきりわかる。

図2

(5) 図1の目のレンズは，カメラのレンズと同じように光を折り曲げ，ピントを合わせる役割をしています。カメラのレンズは，レンズ自体を前後させることによってピントを合わせます。それに対して目のレンズは，レンズの厚みを変えることによってピントを合わせます。動物の目のピントの合わせ方を述べたものを下のア～エから2つ選び，記号で答えなさい。(　　　　)

　　ア．近いものを見るときは，レンズの厚みを厚くし，焦点をレンズに近づけてピントを合わせる。

　　イ．近いものを見るときは，レンズの厚みを厚くし，焦点をレンズから遠ざけてピントを合わせる。

　　ウ．遠いものを見るときは，レンズの厚みをうすくし，焦点をレンズに近づけてピントを合わせる。

　　エ．遠いものを見るときは，レンズの厚みをうすくし，焦点をレンズから遠ざけてピントを合わせる。

10 ＜骨と筋肉＞　骨と筋肉について，次の各問いに答えなさい。

（大阪女学院中）

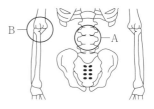

（問1）　図1はヒトの骨のつくりを表しています。Aの部分はどこの骨を示していますか。最も適当なものを次の中から選び，記号で答えなさい。（　　　　）

　(あ)　胸の骨　　(い)　腹の骨　　(う)　背中の骨

　(え)　腰の骨（骨ばん）

図1

（問2）　図1のBのように，骨と骨のつなぎ目の曲げられるところを何といいますか。漢字で答えなさい。（　　　　）

（問3）　ヒトの手が，はさみなどの道具をうまく使うことができる理由として適当なものを次の中から選び，記号で答えなさい。（　　　　）

　(あ)　ヒトの手は，同じ長さの骨が数本集まってできているから

　(い)　ヒトの手は，同じ長さの骨が数十本集まってできているから

　(う)　ヒトの手は，異なる長さの骨が数本集まってできているから

　(え)　ヒトの手は，異なる長さの骨が数十本集まってできているから

（問4）　フナ，カエル，ヘビ，ハト，ヒトの体のつくりで，共通してあるものを次の中からすべて選び，記号で答えなさい。（　　　　）

　(あ)　頭の骨　　(い)　うでの骨　　(う)　腹の骨　　(え)　背中の骨　　(お)　ももの骨

（問5）　図2はヒトのあしのつくりを示しています。C，Dはつま先を上げたり下げたりするときに使う筋肉です。ただし，Cの筋肉の下の部分は省略しています。

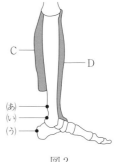

①　Cの筋肉の下の部分はどこにつながっていますか。(あ)～(う)から選び，記号で答えなさい。（　　　　）

②　つま先をあげるときに縮む筋肉はCとDのどちらですか。（　　　　）

図2

9 流水のはたらきと大地のでき方 きんきの中入 標準編

1 ≪流水のはたらき≫　下の図1は，山の上の方から海までの川の流れを，図2は，海底に積もった土砂のようすを表したものです。これについて，以下の各問いに答えなさい。　　　（大谷中－大阪－）

図1

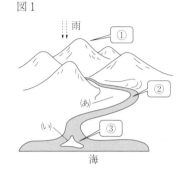

図2

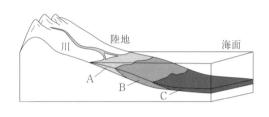

(1) 図1の川の上流①，中流②，下流③でみられる流水のはたらきをそれぞれ何といいますか。

　①　岩石をけずりとるはたらき（　　　）

　②　けずりとった岩石を運ぶはたらき（　　　）

　③　土砂を積もらせるはたらき（　　　）

(2) 図1の(あ)は，川が山地から平地に出るところにみられるおうぎ形の地形です。何といいますか。

（　　　）

(3) 図1の(い)は，川が海に流れこむところに土砂が積もってできる地形です。何といいますか。

（　　　）

(4) 図2の海底に積もった土砂の粒の大きい順に，A～Cの記号を並べて答えなさい。

（　　　→　　　→　　　）

(5) 図2の海底に積もった土砂で，れきにあてはまるものを，A～Cから1つ選び記号で答えなさい。（　　　）

2 ≪流水のはたらき≫　右の図1は，川のある地点でのようすを表したものです。次の各問いに答えなさい。　　　（東海大付大阪仰星高中等部）

問1．図1のA-----B付近の川の流れの説明として適切なものはどれですか，次の(ア)～(ウ)から1つ選び，記号で答えなさい。（　　　）

　(ア)　A側がB側より速い　　　(イ)　B側がA側より速い

　(ウ)　速さはどちらも変わらない

問2．川のA-----Bの断面図を表していると考えられるものはどれですか，次の(ア)～(ウ)から1つ選び，記号で答えなさい。（　　　）

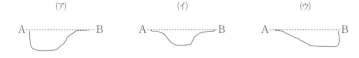

問3. 図2は，河口付近のようすを上から見たものを表しています。A〜C の部分には砂，泥，れきのうち，いずれかがたい積しています。A〜C に たい積していると考えられるものはどれですか，次の(ア)〜(ウ)からそれぞ れ1つずつ選び，記号で答えなさい。

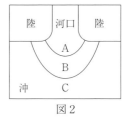

図2

A（　　　）　B（　　　）　C（　　　）

(ア) 砂　　(イ) 泥　　(ウ) れき

問4. 雨が降ると川の水量は多くなります。このとき，れきのたい積のしかたとして考えられるも のはどれですか，次の(ア)〜(ウ)から1つ選び，記号で答えなさい。（　　　）

(ア) 図2よりも河口に近いところにたい積する　　(イ) 図2と同じところにたい積する

(ウ) 図2よりもさらに沖の方にたい積する

問5. 河口付近にたい積した石を観察すると，丸みを帯びていました。この理由として考えられる ものはどれですか，次の(ア)〜(ウ)から1つ選び，記号で答えなさい。（　　　）

(ア) 流されているときに，岩石がぶつかり合ったから。

(イ) マグマが急に冷えて固まったから。

(ウ) たい積した土砂によっておし固められたから。

---

3 《流水のはたらき》　川のはたらきについての次の文章を読み，あとの各問いに答えなさい。

(金蘭千里中)

　山にふった雨は，地面にしみこんだり，低いところに集まって小さな流れをつくったりする。そ の小さな流れがしだいに集まって大きな川となり，やがて海まで流れていく。

　川のかたむきは，山の上ほど急で，海に近づくほどゆるやかになる。(あ) 川の上流ではかたむきが 急なため流れが速く，（ A ）作用が大きくなる。そのため山の斜面が深くけずられる。

　川が(い) 山から平野に出るところでは，かたむきがゆるやかになるため，流れが急に遅くなり，今 まで運ばれていた大きめの石や砂が（ B ）する。(う) 海の近くになると，かたむきはさらにゆるや かになって（ B ）作用が大きくなり，運ばれてきた砂や泥がどんどんと積もっていく。

　このように見ていくと，川は雨水を海まで流すと同時に，山をけずって石や砂を海に運ぶことで 地表の凸凹をだんだんと平らにしているといえる。それが川のはたらきの1つである。

(1) 文中の（ A ）（ B ）に入れる語の組み合わせとして最も適当なものを，次のア〜カから選び， 記号で答えなさい。（　　　）

ア．A：しん食　　B：運ぱん　　イ．A：しん食　　B：たい積

ウ．A：運ぱん　　B：しん食　　エ．A：運ぱん　　B：たい積

オ．A：たい積　　B：しん食　　カ．A：たい積　　B：運ぱん

(2) 次のような地形がつくられるのは，川のどのあたりか。最も適当なものを，文中の下線部(あ)〜 (う)から選び，記号で答えなさい。ただし，同じ記号を2度用いてはいけません。

① 三角州（　　　）　　② V字谷（　　　）

(3) 次の写真は，大阪府と兵庫県の境を流れる猪名川を，異なる場所で撮影したものである。より 上流の方で撮影した写真はア，イのどちらか。記号で答えなさい。（　　　）

ア　　　　　　　　　　　イ

(4) (3)に関連して，川の上流か下流かを判断するときに注目すべき点として**適当でないもの**を，次のア〜オから1つ選び，記号で答えなさい。（　　　）

ア．流れる水の速さ　　　イ．流れる水の量　　　ウ．川のはば　　　エ．川岸に生える木の多さ

オ．河原の石の形や大きさ

(5) ある河川について，ふった雨や雪がその川に流れ込む範囲を流域といい，その面積を流域面積という。猪名川の流域面積は $383km^2$ である。

　　いま，猪名川の流域に1時間につき20mmの雨がまんべんなく5時間ふり続いたとする。その雨が地面にしみこむことなく，すべて猪名川に流れこんだとすると，すべての雨水を海まで流すのにどれくらいかかるか。次のア〜カから最も適当なものを選び，記号で答えなさい。ただし，猪名川は1日に $0.01km^3$ の水を海まで流すことができるものとする。（　　　）

ア．0.4日　　　イ．0.8日　　　ウ．4日　　　エ．8日　　　オ．40日　　　カ．80日

4　《地層のつながり》　右の図は，あるがけで見られる地層のようすを，調べたものです。これについて，次の各問いに答えなさい。ただし，地層は下から順に積もってできたものとします。　（上宮学園中）

図

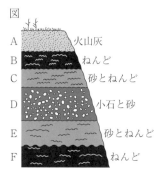

問1　A層に見られる火山灰の層の岩石の特ちょうとして正しいものを，次のア〜ウから1つ選んで，記号で答えなさい。（　　　）

ア　岩石をつくる粒は丸みを帯びている。

イ　表面に小さな穴がところどころにある。

ウ　塩酸をかけると気体が発生する。

問2　C層を調べると，アンモナイトの化石が見られました。アンモナイトが生きていた時代と同じ時代に生きていた生物として正しいものを，次のア〜ウから1つ選んで，記号で答えなさい。

（　　　）

ア　マンモス　　　イ　サンヨウチュウ　　　ウ　キョウリュウ

問3　このがけに雨が降ったとき，地下水がたまりやすいのはどの層とどの層の間だと考えられますか。正しいものを，次のア〜ウから1つ選んで，記号で答えなさい。（　　　）

ア　A層とB層の間　　　イ　B層とC層の間　　　ウ　C層とD層の間

問4　B〜F層について，①，②の問いに答えなさい。

①　B〜F層の共通の特ちょうとして，各層の岩石をつくっている粒子がすべて丸みを帯びていることがわかりました。この理由を説明した次の文中の（　　　）にあてはまる適切な言葉を答えなさい。（　　　）

これらの層をつくっている粒子はすべて（　　　）のはたらきを受けているためである。

② 　E層とF層の境界を見ると，境界がでこぼこしていることがわかりました。このことから考えられることとして正しいものを，次のア〜ウから1つ選んで，記号で答えなさい。（　　　）

ア 　海底でF層ができて，そのままE層がその上に積もった。

イ 　海底でF層ができて，一度陸上に出て陸上でE層がその上に積もった。

ウ 　海底でF層ができて，一度陸上に出て再び海底に沈んだ後，E層がその上に積もった。

問5　B〜Eの層ができるまでに，水深はどのように変化したと考えられますか。正しいものを，次のア〜エから1つ選んで，記号で答えなさい。（　　　）

ア 　水深は深くなっていた。

イ 　水深は浅くなっていった。

ウ 　水深が深くなり，その後浅くなった。

エ 　水深が浅くなり，その後深くなった。

⑤ 　≪地層のつながり≫ 　右の図は，あるがけで見られた地層のようすを示したものです。次の問いに答えなさい。

（天理中）

(1) 　A〜Dの地層を新しい順に左から並べなさい。

（　　　）

(2) 　X—Yのような地層のずれを何といいますか。

（　　　）

(3) 　B〜Dの層ができたとき，海の深さはどのように変化していったと考えられますか。次の(ア)，(イ)から1つ選び，記号で答えなさい。（　　　）

(ア) 　しだいに浅くなった。

(イ) 　しだいに深くなった。

(4) 　(3)のように考えた理由を簡潔に答えなさい。

（　　　　　　　　　　　　　　　　　　　　　　　　　　　　　　）

(5) 　次の(ア)〜(ウ)を，この地層ができるまでに起きた順に左から並べなさい。（　　　）

(ア) 　火山のふん火が起こった。

(イ) 　大きな地しんが起こった。

(ウ) 　B〜Dの層ができた。

⑥ 　≪地層のつながり≫ 　次の文章を読んで，後の問いに答えなさい。　　　（追手門学院大手前中）

図1に示された地域の地層のようすを調べるために，A，B，Cの3地点でそれぞれ深さ40mまでボーリング調査を行ったところ，図2のような柱状図が得られました。図1の線は5mごとに同じ標高の地点を結んだ等高線です。また，この地域の地層は，しゅう曲や断層はないことが確認されています。

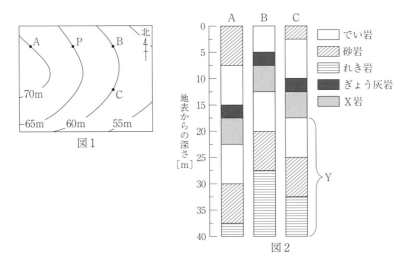

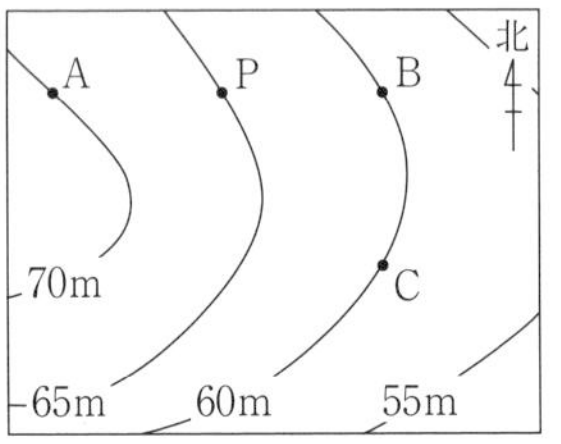

図1

図2

問1　でい岩や砂岩などのように，上に重なった地層の重みでおし固められてできた岩石を何といいますか。（　　　　）

問2　図2のAにおける柱状図から，Aの地表付近は砂岩の層だとわかります。この砂岩の層は深さ何mまで続いていますか。（　　　　m）

問3　ぎょう灰岩の層のように，それぞれの地点における地層のつながりを知る目印になる層を何といいますか。（　　　　）

問4　この地域の東西方向の地層のかたむきを調べる場合について，A，B，Cの3地点のうち，どの2地点の柱状図を用いればよいですか。（　　　と　　　）

問5　この地域の東西方向の地層のかたむきについて最も適切なものを，次のア～ウから1つ選び，記号で答えなさい。（　　　　）

　ア　東の方に低くなるようにかたむいている。

　イ　東西方向に地層のかたむきはみられない。

　ウ　西の方に低くなるようにかたむいている。

問6　この地域の南北方向の地層のかたむきについて最も適切なものを，次のア～ウから1つ選び，記号で答えなさい。（　　　　）

　ア　南の方に5m低くなるようにかたむいている。

　イ　南の方に10m低くなるようにかたむいている。

　ウ　南の方に15m低くなるようにかたむいている。

問7　れき岩の層を調べると化石が見つかり，この化石からこの地層ができた時代がわかりました。このような化石を何といいますか。（　　　　）

問8　図1の地点Pでボーリング調査を行うと，地表から20mの深さのところは何岩の層だと考えられますか。（　　　　）

問9　　　　の層からX岩を採取し，うすい塩酸をかけると，溶けて気体が発生しました。X岩のなまえと，発生した気体のなまえをそれぞれ答えなさい。

　　X岩（　　　　）　気体（　　　　）

問10　図2のCにおける柱状図のYの部分ができる間，Cではどのような変化があったと考えられますか。最も適切なものを，次のア～エから1つ選び，記号で答えなさい。（　　　）

ア　海面が下降し，その場所の海の深さが浅くなっていった。

イ　海面が下降し，その場所の海の深さが深くなっていった。

ウ　海面が上昇し，その場所の海の深さが浅くなっていった。

エ　海面が上昇し，その場所の海の深さが深くなっていった。

7　≪地層のつながり≫　下の図は，あるがけに見られた地層を観察してスケッチしたものです。

(羽衣学園中)

A～Eの層はたい積岩の地層です。C～Eの層は図中のXを境に右上にずれています。また，B層とC層と間の面（F面）は，不規則なおうとつが見られました。次の問いに答えなさい。

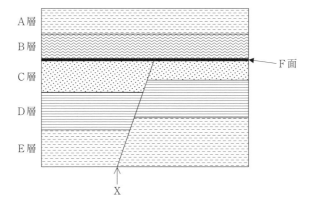

(1)　E層を観察すると，サンゴの化石が見つかりました。このことから，Eの層がたい積した当時の環境はどのようであったことがわかりますか。最も適切なものを㋐～㋒の中から1つ選び，記号で答えなさい。（　　　）

㋐　あたたかくて浅い海　　㋑　冷たくて深い海　　㋒　湖や河口

(2)　図中に見られる地層のずれがおきているXを何といいますか。（　　　）

(3)　図中のXのような地層のずれができたとき，力のはたらく方向と，地層が切れてずれる方向の組み合わせとして最も適当なものを㋐～㋓の中から1つ選び，記号で答えなさい。

ただし，⇨は力のはたらいた方向を，→は地層がずれた方向を示しています。（　　　）

(4)　図中のF面を何といいますか。（　　　）

(5)　図の地層がつくられる間には少なくとも何回海底の時期があったと考えられますか。

（　　　回）

(6)　水平な地層は，下にある層ほど古いことがわかっています。

A，B，C，D，E，F，Xについて，できた年代の古いものから順に並べたとき，3番目と5番目にくるものをそれぞれ記号で答えなさい。3番目（　　　）　5番目（　　　）

8　≪地層のつながり≫　図1は，ある道路ぞいのがけのようすをスケッチしたものです。問1〜10に答えなさい。

(賢明女子学院中)

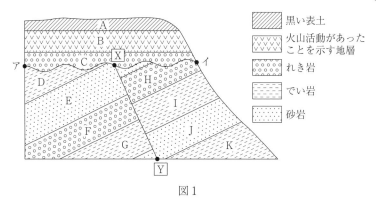

図1

▨	黒い表土
⋁	火山活動があったことを示す地層
∘∘∘	れき岩
‥‥	でい岩
∴∴	砂岩

問1　地層を構成しているれき岩，でい岩，砂岩のつぶを，大きいものから順に並べなさい。

（　　　　→　　　　→　　　　）

問2　地層Eからサンゴが死がいとなって残ったものが多く発見されました。このことから，地層Eができたころ，ここはどんな環境であったと考えられますか。次の空らんに当てはまるように答えなさい。（　　　　　）

（　　　　）海の中

問3　図2は地層Kから見つかったものです。このような，地層にうもれた大昔の生物の体や生活のあとなどを何といいますか。また，図2の生物の名前を答えなさい。生物の体や生活のあと（　　　）　生物の名前（　　　）

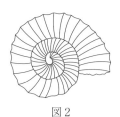

図2

問4　火山活動があったことを示す地層Bは，火山が噴火したときに火口からふき出たものが，広いはんいに降り積もって構成されています。この火口からふき出て降り積もったものを何といいますか。（　　　　）

問5　地層Bから集めた土を洗って顕微鏡で観察しました。顕微鏡で見られるものの特徴として正しいものを，次のア〜エのうちからすべて選び，記号で答えなさい。（　　　　）

ア　海岸の砂のつぶと比べると，丸みがあるものが多い。

イ　海岸の砂のつぶと比べると，角ばっているものが多い。

ウ　ガラスのようにとうめいなものもある。

エ　紙を燃やした灰のように，白くてやわらかい。

問6　地層A〜Kの中から同じ時代にできた地層を2組選び，記号で答えなさい。

（　と　）（　と　）

問7　地層A〜Kの中から地層Hより古い地層をすべて選び，記号で答えなさい。（　　　　）

問8　面アーイは，風や水によってけずられています。川や海の近くでみられる，水によってたい積物がけずられることを何といいますか。（　　　　）

問9　ずれⅩ—Ⓨを何といいますか。（　　　　）

問10　ずれⅩ—Ⓨが起こったのは，どの地層ができた後と考えられますか。最も適当なものを，地層A〜Gのうちから1つ選び，記号で答えなさい。（　　　　）

9 ≪火山≫ ロン君は夏休みに家族で旅行に出かけました。そのときの会話の一部です。次の会話文を読み，あとの各問いに答えなさい。 (龍谷大付平安中)

母 「温泉がとても気持ちよかったわね。」

父 「疲(つか)れがとれた気がするよ。」

ロン君 「温泉の水はどうやって温められているの？」

母 「説明によると源泉そのままって書いてあったわね。」

父 「近くに火山があるね。」

ロン君 「じゃあ， A のだね。」

母 「そうだね。」

父 「家に帰ったら温泉について色々調べてみよう。」

ロン君 「そうしよう！おなかがすいたね。」

母 「もうすぐ晩ご飯の時間ね。」

父 「ご飯を食べ終わったらもう一度おふろにいこう。」

(1) 火山にはいくつかの種類があります。下の図は火山の形を表したものです。最も激しく噴火(ふんか)する火山の形はどれですか。最も適当なものを，次の①～③のうちから一つ選び，記号で答えなさい。（　　　）

①　　　　　　②　　　　　　③

(2) 火山が噴火したときに火口から出るものを『火山～』という形で一つ答えなさい。

（火山　　　　）

(3) 会話文にある空欄(らん) A に入ることばを15字以内で答えなさい。

(4) 日本には多くの火山があり，火山によってできた温泉などが私たちの生活に役立っています。火山は他にどのようにして利用されていますか。例を一つ答えなさい。（　　　　）

後日，ロン君は温泉について調べてみました。『温泉法』というものがあり，様々な決まりがあることがわかりました。難しいこともあったのでお父さんに教えてもらいました。

(5) 温泉の条件の一つに「いくつかの成分が水に溶(と)けている」というものがあります。温泉の成分として当てはまらないものはどれですか。最も適当なものを，次の①～⑤のうちから一つ選び，記号で答えなさい。（　　　）

①　水素　　②　炭酸　　③　硫黄(いおう)　　④　砂糖　　⑤　鉄

(6) 温泉の条件の一つに「温度」があります。地球の内部は高温になっており，地面を掘(ほ)っていくと地中の温度が上昇(じょうしょう)していきます。温度の変化は土地ごとに多少のばらつきがあります。ある場所では地面から100m深くなるにつれて地中の温度が2℃ずつ上昇します。地面の温度が21℃のとき，何m掘れば地中の温度が45℃になりますか。数字で答えなさい。（　　　　m）

10　≪地震≫　地震について，次の問いに答えなさい。　　　　　　　　　　（神戸海星女中）

(1) 地震は，地下で大きな力がはたらき，大地にずれができることで起こります。このような大地のずれを何といいますか。（　　　　）

(2) 大きな地震が海底で起こったときに生じる波のことを何といいますか。（　　　　）

(3) 大きな地震が起きたときに，うめ立て地などの砂地では土地が液体のようになることがあります。このような現象を何といいますか。（　　　　）

(4) 大きな地震が起きたときに，各地のゆれの大きさを予想し，できる限り早く知らせる情報があります。この情報を何といいますか。（　　　　）

(5) 次の文章中の空らん①から③にあてはまる数値を答えなさい。ただし，割り切れない場合は小数第2位を四捨五入して小数第1位まで答えなさい。①（　　　　）②（　　　　）③（　　　　）

　　地震が起こると，速さのちがう2つの波が同時に発生します。はじめにくる小さなゆれは，速い波（P波）によって起こります。あとからくる大きなゆれは，おそい波（S波）によって起こります。この2つの波の速さの差を利用して，(4)が発表されます。そのしくみについて，次のように考えました。

　　地震のゆれが各観測地点まで伝わるときのP波の速さを秒速7km，S波の速さを秒速4kmとします。地震が発生した場所（震源）から40km離れた観測地点XにP波が伝わるのにかかる時間は（　①　）秒，S波が伝わるのにかかる時間は（　②　）秒です。また，震源から140km離れた観測地点Yでは，P波とS波の伝わる時間の差は（　③　）秒となります。このように，先に伝わるP波をとらえることで，S波が伝わる前に，これからゆれることを予想できます。

(6) (5)の文章からわかることについて述べた次の文AからDのうち，正しいものの組み合わせを，下のアからエの中から1つ選び，記号で答えなさい。（　　　　）

A. 震源からの距離が遠いほど，P波とS波の伝わる時間の差が大きくなる。

B. 震源からの距離が遠いほど，P波とS波の伝わる時間の差が小さくなる。

C. 震源から遠い場所では，(4)が間に合わない場合がある。

D. 震源に近い場所では，(4)が間に合わない場合がある。

　　　ア．AとC　　　イ．AとD　　　ウ．BとC　　　エ．BとD

11　≪地震≫　下の文章は，地震の用語についてまとめたものであり，表は，ある地震をa～cの3地点で観測した記録をまとめたものです。これについて，あとの各問いに答えなさい。　（常翔学園中）

【地震の用語】
○地震のゆれが発生した地点を（　A　）という。
○（　A　）の真上の地表の地点を（　B　）という。
○観測地点でのゆれの大きさを表したものを（　C　），地震そのものの規模を表したものを（　D　）という。
○初めにやってくる（　E　）による小さなゆれを（　F　）といい，あとからくる（　G　）による大きなゆれを（　H　）という。

地点	F の到着時刻	H の到着時刻	震源からの距離
a	8 時 21 分 53 秒	8 時 21 分 57 秒	60km
b	8 時 22 分 07 秒	8 時 22 分 17 秒	130km
c	8 時 22 分 21 秒	8 時 22 分 37 秒	X km

(1) A，B にあてはまることばの組合せを右の㋐，㋑から 1 つ選び，記号で答えなさい。（　　　）

	A	B
㋐	震央	震源
㋑	震源	震央

(2) C，D にあてはまることばの組合せを右の㋐，㋑から 1 つ選び，記号で答えなさい。（　　　）

	C	D
㋐	震度	マグニチュード
㋑	マグニチュード	震度

(3) E〜H にあてはまることばの組合せを次の㋐〜㋓から 1 つ選び，記号で答えなさい。（　　　）

	E	F	G	H
㋐	P 波	主要動	S 波	初期微動
㋑	P 波	初期微動	S 波	主要動
㋒	S 波	主要動	P 波	初期微動
㋓	S 波	初期微動	P 波	主要動

(4) 表中の空欄 X にあてはまる数値を答えなさい。ただし，地震のゆれが伝わる速さは一定であるとします。（　　　km）

(5) C は，全部で何段階ありますか。数字で答えなさい。（　　　段階）

10 天気の変化

1 ≪天気の観測≫ 天気について，次の問いに答えなさい。

(1) 気温のはかり方として正しければ○を，まちがっていれば×と答えなさい。

　ア．風通しのよいところで測る。（　　　）

　イ．地面から 0.5m～0.8m くらいの高さで測る。（　　　）

　ウ．温度計に，直接日光が当たるようにして測る。（　　　）

(2) 気温を測る条件にあわせてつくられている図1のような装置のことを何というか。漢字で答えなさい。（　　　）

図1

(3) 晴れた日の1日の気温の変化をしめした折れ線グラフは図2のA，B，Cのどれですか。（　　　）

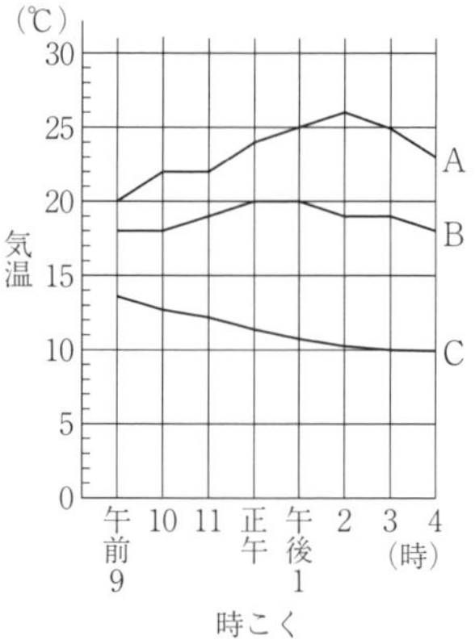

(4) 晴れた日の気温の変化の特徴を簡単に説明したものとして正しいものを次のア～エから1つ選び，記号で答えなさい。（　　　）

　ア．朝の温度が高く，昼から夜にかけて温度が下がってゆく。

　イ．朝の温度が低く，昼から夜にかけて温度が上がってゆく。

　ウ．朝，昼，夜の温度差が激しく，昼の温度が一番高い。

　エ．朝，昼，夜の温度差が激しく，夜の温度が一番高い。

図2

（℃）気温　時こく

(5) 図3は空のようすをしめしたものである。晴れにあてはまるものを A～F からすべて答えなさい。（　　　）

図3

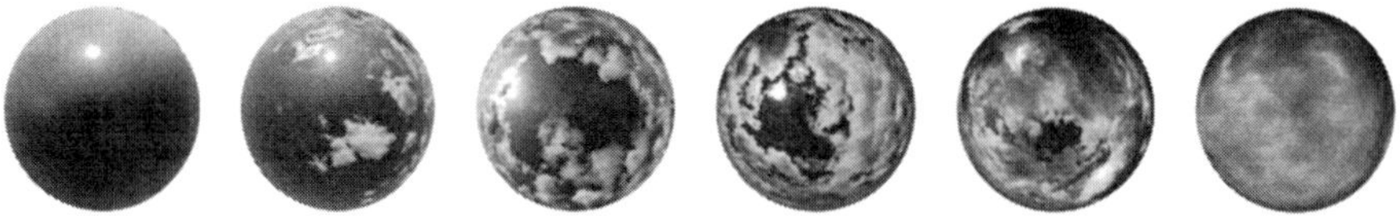

雲の量が0の時	雲の量が2の時	雲の量が6の時	雲の量が7の時	雲の量が8の時	雲の量が10の時
A	B	C	D	E	F

(6) 図4のような雲が山の上にかぶさると，雨になりやすいといわれる。このような雲を何雲といいますか。（　　　）

(7) 気象衛星からの画像だけでなく，降水量・気温・風速などが自動的に調べられる地域気象観測システムが全国に約1300ヶ所設置されている。このシステムをカタカナ4文字で何といいますか。（　　　）

図4

(8) 「夕焼けになる」と，次の日の天気は何であると言い伝えられているか，次のア～エから１つ選び，記号で答えなさい。（　　　）

ア．くもり　　イ．雨　　ウ．晴れ　　エ．霧（きり）

2 ≪天気の観測≫　次の文章を読み，下の各問いに答えなさい。　　　　　　　　　（清風中）

天気は一定ではなく，時間とともに移り変わっていきます。

問1　昔から「夕焼けの次の日は晴れ」と言われています。このことについて，次の文章中の空欄（くうらん）（ ① ），（ ② ）にあてはまる方角として適するものを，下のア～エのうちからそれぞれ１つずつ選び，記号で答えなさい。①（　　　）②（　　　）

夕焼けが見えるとき，太陽の沈む（しず）（ ① ）の空は，晴れていることが多く，天気は（ ① ）から（ ② ）に移り変わるので，夕焼けの次の日は晴れになることが予測できます。

ア　東　　イ　西　　ウ　南　　エ　北

問2　大阪での太陽の動きと影（かげ）の動きとの関係について，次の文章中の空欄（ ③ ），（ ④ ）にあてはまる語句の組み合わせとして適するものを，右のア～エのうちから１つ選び，記号で答えなさい。（　　　）

	③	④
ア	北	長く
イ	北	短く
ウ	南	長く
エ	南	短く

地面に垂直にたてた棒の影は，太陽の動きにあわせて，できる方向や長さが変わります。一日の中で太陽がもっとも高くなる頃（ころ），影のできる方向は棒の（ ③ ）側で，その長さはもっとも（ ④ ）なります。

問3　図は，ある晴れた日のある地点Aでの，気温，地面の温度と観察開始からの時間との関係を表したものです。次の(1)～(4)に答えなさい。ただし，太い線（━━）が気温，細い線（──）が地面の温度を表しています。

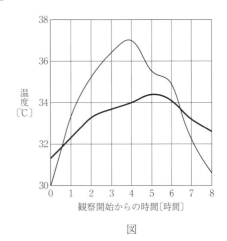

図

(1) 温度計を使った気温と地面の温度のはかり方として適さないものを，次のア～エのうちから１つ選び，記号で答えなさい。（　　　）

ア　温度計で温度をはかるときは，目線を温度計と直角にしてはかる。

イ　気温は，温度計に直射日光が当たらないようにしてはかる。

ウ　気温は，地上から1.2m～1.5mの高さではかる。

エ　地面の温度は，温度計を地面の上に置いてはかる。

(2) 観察を開始した時刻は，午前何時ですか。適するものを，次のア～エのうちから１つ選び，記号で答えなさい。（　　　）

ア　5時　　イ　7時　　ウ　9時　　エ　11時

(3) 気温と地面の温度がこの日の最高点に達するまでの観察開始からの時間は，それぞれ異なっています。その理由としてもっとも適するものを，次のア～エのうちから選び，記号で答えなさい。（　　　）

ア　空気が太陽の光で温められ，温められた空気が地面を温めるから。

イ　地面が太陽の光で温められ，温められた地面が空気を温めるから。

ウ　太陽の光で温められた空気は上昇し，冷たい空気と入れ替わるから。

エ　太陽の光で温められた空気は下降し，冷たい空気と入れ替わるから。

(4)　地点Aでは観察した次の日は，1日中くもりでした。この日の地点Aの同じ時間帯での気温と観察開始からの時間との関係を，図に破線（----）で描き入れました。描き入れた図として適するものを，次のア〜エのうちから1つ選び，記号で答えなさい。（　　　）

ア　　　　　　　　イ　　　　　　　　ウ　　　　　　　　エ

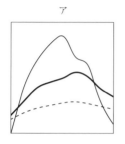 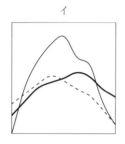 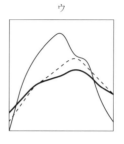 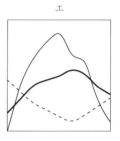

3　《海陸風》　空気の移動には，気圧（大気圧）が大きく関わっています。1 m³ あたりの空気の重さが重いと気圧が高い（高気圧）といい，軽いと気圧が低い（低気圧）といいます。これについて，あとの問いに答えなさい。

（報徳学園中）

(1)　温められた空気は上空へ上がっていきます。この空気の流れを上昇気流といいます。空気が上空へ行くと空気が冷やされ，空気にふくまれる水蒸気が水滴に変わり，雲ができます。このことから，高気圧と低気圧と天気との関係を正しく表したものを，下のア〜エから選び，記号で答えなさい。（　　　）

ア．高気圧付近では，上昇気流が起きるので天気が良い。

イ．高気圧付近では，上昇気流が起きるので天気が悪い。

ウ．低気圧付近では，上昇気流が起きるので天気が良い。

エ．低気圧付近では，上昇気流が起きるので天気が悪い。

(2)　夏の夕立のように，短時間に激しい雨を降らせる雲を下のア〜エから選び，記号で答えなさい。

（　　　）

ア．けん雲　　イ．乱層雲　　ウ．層雲　　エ．積乱雲

(3)　右図は，海岸地方の昼の様子を簡単に表したものです。このときの風がふく向きと，その風の名前を下のア〜エから選び，記号で答えなさい。ただし，昼は陸地の地温の方が海の水温より高いものとします。（　　　）

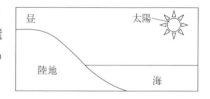

ア．風がふく向き：陸地から海の方へ　　風の名前：海風

イ．風がふく向き：陸地から海の方へ　　風の名前：陸風

ウ．風がふく向き：海から陸地の方へ　　風の名前：海風

エ．風がふく向き：海から陸地の方へ　　風の名前：陸風

(4) 海岸地方では，陸地の地温と海の水温との差がなくなったときどうなりますか。簡単に答えなさい。（　　　　　　　　　　　　　　　　　　　　　　　　　　　　　　　　　　）

(5) 海岸地方にふく風のしくみは，日本の季節風がふく仕組みとよく似ています。日本の冬の季節風にもっとも関係が深い高気圧を，下のア〜エから選び，記号で答えなさい。（　　　）

　ア．シベリア高気圧　　　イ．太平洋高気圧　　　ウ．オホーツク海高気圧　　　エ．移動性高気圧

4　≪水蒸気と湿度≫　夏の暑い日に，三田君は水分補給をしようとコップに氷と冷たいお茶を入れました。すると，コップの表面に水てきがつきました。不思議に思った三田君は，この水てきのなぞを夏休みの宿題の自由研究のテーマにしようと考えをまとめました。　　　　　　　（三田学園中）

「コップの水てきのなぞ」

1．実験日時　　　2022 年 7 月 31 日（日）

2．部屋の気温　　28 ℃

3．準備物　　　　金属コップ，コップ，温度計，水，氷，ドライヤー

4．実験方法
　・金属コップに部屋の気温と同じ温度の水と温度計を入れました。(図 1)
　・図 1 の金属コップに，氷水を少しずつ加えました。(図 2)
　・最後に，冷えた金属コップの表面にドライヤーの熱風を当てました。

5．結果
　・温度計で水温が 12 ℃になったとき，金属コップの表面に水てきがつき始めた。
　・金属コップの表面にドライヤーで熱風を当てると，（　Ａ　）。

6．考察
　　金属コップの表面についた水てきの正体は，空気中の水蒸気ではないかと考え，インターネットでくわしく調べると，空気にふくむことのできる水蒸気の量は，その空気の体積と温度によって決まっていることがわかりました。コップの表面に水てきがつくのは，このことが関係するのではないかと思いました。

7．参考文けん　　https://○△□/

---

(1) 次の文章は，金属コップを使用した理由を述べたものです。文中の①，②の（　　）内からそれぞれ適切な語句を選び，記号で答えなさい。①（　　　）　②（　　　）

　　金属コップは，金属が熱を①（ア：伝えやすく／イ：伝えにくく），コップの中の水の温度と，コップの表面付近の空気の温度が②（ア：同じになる／イ：大きく異なる）ようにできるためである。

(2) 結果の（　A　）に当てはまる文章として，正しいものを次のア～ウから選び，記号で答えなさい。

（　　　）

ア：コップの表面の水てきが増えた。　　　イ：コップの表面の水てきがなくなった。

ウ：コップの表面の水てきに変化はなかった。

(3) 三田君の考察について，$1\,\mathrm{m}^3$ の空気にふくむこ
とのできる水蒸気の量（g）を「ほう和水蒸気量
（$\mathrm{g/m}^3$）」という。ほう和水蒸気量は温度によって
決まっており，右のグラフは温度とほう和水蒸気
量の関係を表したものである。温度が下がるとほ
う和水蒸気量が小さくなるため，ある温度以下に
なると水蒸気が水てきに変わる。

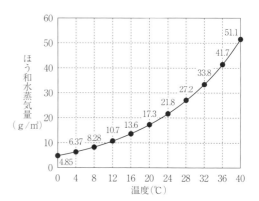

① 実験でコップの表面に水てきができ始めた時，
この部屋の空気 $1\,\mathrm{m}^3$ 中に含まれる水蒸気の量
は何gか答えなさい。（　　　g）

② 実験を行ったときの部屋のしつ度は何％ですか。小数第 2 位を四捨五入して，小数第 1 位ま
での値で答えなさい。ただし，

『しつ度（％）$= \dfrac{1\,\mathrm{m}^3 \text{の空気にふくまれる水蒸気の量（g）}}{\text{その空気の温度のほう和水蒸気量（g）}} \times 100$』

で求めることができるとする。（　　　％）

---

5 《天気の変化》 テレビや新聞などで発表される天気予報は気象衛星からの画像や地域の気象観測
システムなどの情報を総合して決められます。

(追手門学院中)

(1) 次の図は，気象衛星からの映像です。あとの各問いに答えなさい。

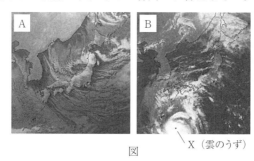

図

X（雲のうず）

① この気象衛星は赤道の上空にあり，雲の広がりや，海面の温度などを調べ，そのデータを地
上に送っています。この気象衛星を何と言いますか。（　　　）

② 写真の A と B はそれぞれ何月ごろの写真ですか。最も適当な組み合わせを次の中から選び，
記号で答えなさい。（　　　）

ア　A：1月　　B：6月　　イ　A：1月　　B：9月　　ウ　A：4月　　B：6月

エ　A：4月　　B：9月　　オ　A：6月　　B：9月　　カ　A：11月　　B：4月

③ 写真 B の X の名しょうを答えなさい。（　　　）

④ 写真Bの X はこのあと西から東へ移動します。この動きの原因の一つとして日本付近上空に吹いている気流が知られています。この気流の名しょうを答えなさい。（　　　　）

⑤ 写真Bの X が日本列島を通過する際，多くの被害を残すことがあります。次のア～カのうち，X の被害と直接関係のないものをすべて選び記号で答えなさい。（　　　　）

　　ア　塩害　　イ　土砂くずれ　　ウ　津波　　エ　高潮　　オ　洪水　　カ　液状化現象

(2) 現在，全国各地に自動的に気象を観測する装置を設置し，降雨量や風向・風速・日照などのデータをとる地域気象観測システムが整備されています。この名しょうを答えなさい。（　　　　）

---

6 《天気の変化》　下の会話文を読み，あとの問1～問7に答えなさい。　　　　　　（大阪薫英女中）

薫さん：「あぁ，今から帰ろうと思ったのに雨が降ってきた…」

先　生：「おや，薫さん，残ってたんだね。やっぱり降り出したか。」

薫さん：「あ，先生。図書館で本を探してたんです。うわ，雷まで。」

先　生：「典型的な夕立だね。これから雨が強くなるだろうし，帰るのはちょっと待った方がいいかもね。」

薫さん：「うーん，降るってわかってたら早く出たんですけど…」

先　生：「今日は昼過ぎから急に風が吹きだしたし，雲が空の高いところまで伸びていた。こういう時は夕立が降る可能性が高いんだ。」

薫さん：「そうか，①風が吹くということは気圧の差があるってことですもんね。確かにもくもくした大きな雲も見えてました。あぁ，土砂降りになってきた…」

先　生：「（　A　）の横の直径は大きくても 10km 程度だし，普通なら1時間もたたずに止むはずだよ。」

薫さん：「そういえば先生，最近ニュースで見たんですが，こんな土砂降りの状態が何時間も続くこともあるんですよね。あれは何が違うんですか？」

先　生：「線状降水帯のことだね。雨を降らせているのは夕立のときと同じ（　A　）なんだけれど，地形や風のえいきょうで，（　B　）が流れ込むことで，同じ場所に次々と雲が発生するのが原因とされているよ。」

薫さん：「②川の水があふれたところもあるって聞きました。」

先　生：「たかが雨と気を抜かず，予報や警報をチェックして，ためらわず避難することも大切だね。お，③西の空が明るくなってきた。そろそろ止みそうかな。薫さん，気を付けて帰ってね。」

薫さん：「はい，さようなら。」

問1．会話文の（　A　）には，夕立を降らせる原因となる雲の名前が入ります。下のア～エの中から1つ選び，記号で答えなさい。（　　　　）

　　ア．高層雲　　イ．巻積雲　　ウ．積乱雲　　エ．乱層雲

問2．会話文の下線部①に関して説明した次の文中の（　a　）～（　c　）に当てはまる語句をそれぞれ答えなさい。ただし，（　a　）と（　b　）は「高い」または「低い」，（　c　）は「東」「西」「南」「北」のいずれかで答えなさい。

　　　a（　　　　）b（　　　　）c（　　　　）

　　風は気圧の（　a　）ところから（　b　）ところに向かって吹く。東に高気圧，西に低気圧があった場合，（　c　）風が吹くと考えられる。

問3．会話文の（　B　）にあてはまる言葉として適切なものを，下のア～エの中から1つ選び，記号で答えなさい。（　　　）

　　ア．暖かく湿った空気　　　イ．暖かく乾いた空気　　　ウ．冷たくて湿った空気

　　エ．冷たくて乾いた空気

問4．会話文の下線部②は集中豪雨の被害のひとつです。同じように，短い時間に多量の雨が降ることが原因で起こる被害として，あやまっているものを下のア～エの中から1つ選び，記号で答えなさい。（　　　）

　　ア．道路の冠水（かんすい）　　イ．地下街の浸水（しんすい）　　ウ．高潮（たかしお）　　エ．土砂くずれ

問5．会話文の下線部③について，日本では西から東に移り変わることが多いですが，これは日本上空に西から東に風が吹いているためです。この風の名前を答えなさい。（　　　）

問6．「夕焼けは晴れ」，「日がさ月がさは雨」など，昔からある大まかな天気予報を何というか，答えなさい。（　　　）

問7．雲のでき方を説明した次の文の中の，（　d　）と（　e　）にあてはまる語句または数値をそれぞれ答えなさい。d（　　　）　e（　　　）

　　暖められた空気はぼう張し，軽くなるため上しょうする。上空の気温は低いため，空気に含まれる（　d　）が水てきや氷のつぶとなる。このとき，空気の湿度は（　e　）％である。

7　《台風》　日本の上空を台風が通過することがあります。〈図1〉は台風の進路予報を模式的に表したものです。次の各問いに答えなさい。　　　　　　（開智中）

問1　下の文は，台風について説明した文です。文中の（　ア　），（　イ　）に適する語，（　ウ　）に適する数値の組み合わせとして最も適当なものを，次の①～⑧の中から1つ選び，番号で答えなさい。（　　　）

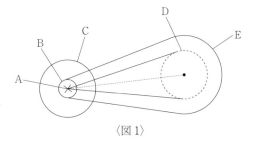

〈図1〉

　　熱帯地方で発生した（　ア　）が，北西太平洋海上で発達し，中心付近の（　イ　）風速（秒速）が約（　ウ　）m以上になったものを台風と呼ぶ。

	ア	イ	ウ
①	熱帯低気圧	最大	15
②	熱帯低気圧	最大	17
③	熱帯低気圧	瞬間（しゅん）	15
④	熱帯低気圧	瞬間	17
⑤	熱帯高気圧	最大	15
⑥	熱帯高気圧	最大	17
⑦	熱帯高気圧	瞬間	15
⑧	熱帯高気圧	瞬間	17

問2　〈図1〉のA～Eは，それぞれ何を表していますか。最も適当なものを，下の①～⑧の中から1つずつ選び，番号で答えなさい。

A（　　　）　B（　　　）　C（　　　）　D（　　　）　E（　　　）

①　風速15m（秒速）以上の風がふいているところ

②　風速15m（秒速）以上の風がふくおそれがあるところ

③　風速25m（秒速）以上の風がふいているところ

④　風速25m（秒速）以上の風がふくおそれがあるところ

⑤　現在の台風の中心の位置

⑥　今後，台風の中心が通る可能性が高い範囲

⑦　予想される台風の大きさ

⑧　予想される台風の発達状況

問3　台風の中心を何といいますか。（　　　　　）

問4　台風の中心を⊙台，地表での風のふき方を矢印で表したとき，日本上空を通る台風の風のふき方として最も適当なものを，下の①～④の中から1つ選び，番号で答えなさい。（　　　　　）

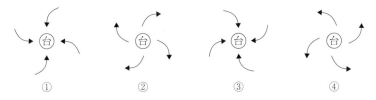

問5　台風が日本に近づくのはいつごろが多いですか。最も適当なものを，下の①～④の中から1つ選び，番号で答えなさい。（　　　　　）

①　2月ごろ　　②　5月ごろ　　③　8月ごろ　　④　11月ごろ

問6　台風は気圧や上空の風によって進む方向が決まります。台風の進路を決める，日本上空にふく強い風の名前を答えなさい。（　　　　　）

問7　台風が過ぎた後，一般に天気はどのように変わりますか。最も適当なものを，下の①～④の中から1つ選び，番号で答えなさい。（　　　　　）

①　海からのしめった風が流れ込み，蒸し暑いくもりの日になる。

②　台風のうずまきの雲が残り，長時間雨が降る日になる。

③　風雨がおさまり，晴天の日になる。

④　大陸からの温度の低い空気が流れ込み，寒いくもりの日になる。

8　《台風》　台風について，次の文章を読み，あとの(1)～(7)の問いに答えなさい。　　（和歌山信愛中）

次のグラフは，過去30年間（1992～2021年）の台風について，発生数と近畿地方への接近数を調べ，それぞれ月ごとの平均数を求めて，グラフに表したものです。このグラフについて，(1)～(3)の問いに答えなさい。

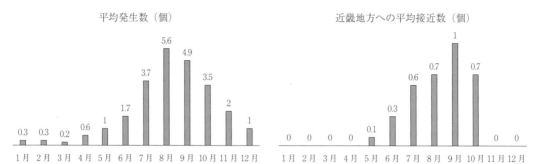

平均発生数（個）　　　　　　　　　　　　　近畿地方への平均接近数（個）

(1) 発生した台風の数が最も多いのは何月ですか。（　　　）

(2) 近畿地方へ接近した台風の数が最も多いのは何月ですか。（　　　）

(3) 上のグラフからわかることとして正しいものはどれですか。次の(ア)～(エ)から1つ選び，記号で答えなさい。（　　　）

　(ア) 台風は冬に発生する可能性がある。

　(イ) 台風の発生数が最も多い月に，近畿地方へ接近する台風の数が最も多くなる。

　(ウ) 夏に発生する台風は，冬に発生する台風よりも勢力が強い。

　(エ) 毎年9月には，必ず台風が近畿地方に接近する。

　次の図1は，ある年の9月18日午前2時での台風の位置と，その台風の中心が進んできた経路を表しています。

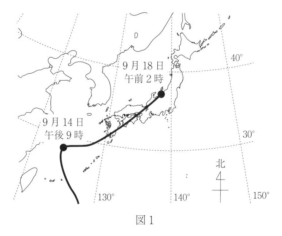

図1

(4) 次の(a)～(c)はいずれも，上の図1の台風が発生している間の雲画像です。日時が早いものから順に並べたものとして正しいものはどれですか。あとの(ア)～(カ)から1つ選び，記号で答えなさい。

（　　　）

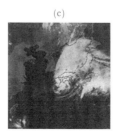

(ア) (a)→(b)→(c)　　(イ) (a)→(c)→(b)　　(ウ) (b)→(a)→(c)　　(エ) (b)→(c)→(a)　　(オ) (c)→(a)→(b)

(カ) (c)→(b)→(a)

(5) 次の文章中の（ ① ）・（ ② ）にあてはまるものを，次の(ア)～(エ)からそれぞれ1つずつ選び，記号で答えなさい。①（　　　　） ②（　　　　）

　図1をみると，はじめほぼ（ ① ）に向かって進んだ台風は，9月14日午後9時頃から9月18日午前2時にかけておよそ（ ② ）に進路を変えたことがわかります。これは，台風が空気の流れ（偏西風）の影響を受けているからと考えられます。

(ア) 北東　　(イ) 北西　　(ウ) 南東　　(エ) 南西

(6) 次の文章中の①・②に入る語の組み合わせとして正しいものを，あとの(ア)～(エ)から1つ選び，記号で答えなさい。（　　　　）

　台風は巨大な空気のうず巻きになっており，地上付近では上から見て（ ① ）回りに強い風がふき込んでいます。このことから，図1の9月18日午前2時の和歌山市では，（ ② ）から風がふいていると考えられます。

(ア) ① 時計　　② 東　　(イ) ① 時計　　② 西　　(ウ) ① 反時計　　② 東

(エ) ① 反時計　　② 西

(7) 右の図2は，台風の進路予想を表したものです。下の(ア)～(ウ)は，それぞれ図2のA・B・Cの3つの円のどれかについて説明した文です。Bの円の説明として正しいものを1つ選び，記号で答えなさい。

（　　　　）

(ア) 台風の中心が進むと予想されるところ

(イ) 風速15m（秒速）以上の風がふいているところ

(ウ) 風速25m（秒速）以上の風がふいているところ

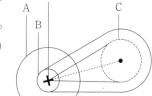

現在の台風の
中心の位置

図2

⑨ 《天気総合》　2022年の夏も大阪では，猛暑日（最高気温が35℃以上の日）が多くあり，群馬や山梨などでは最高気温が40℃を超えるような日もありました。あとの問いに答えなさい。

(関大第一中)

(1) 日々の天気情報として最高気温が発表されますが，この最高気温の説明として，最も適当なものをつぎのア～エから1つ選び，記号で答えなさい。（　　　　）

ア　直射日光が当たる場所でその日の最も高い空気の温度。

イ　日陰で風通しがいい場所でその日の最も高い空気の温度。

ウ　日陰で風が吹かない場所でその日の14時の空気の温度。

エ　直射日光が当たる土の上1.5mの場所でその日の14時の空気の温度。

(2) 実は2022年の沖縄では猛暑日がありませんでした。沖縄のような南国ではない群馬や山梨で40℃を超えるような気温になる理由とは関係がないものはどれですか。つぎのア～エから1つ選び，記号で答えなさい。（　　　　）

ア　ヒートアイランド現象　　イ　フェーン現象　　ウ　ラニーニャ現象　　エ　放射冷却現象

(3)　特に猛暑日の強い日差しでは，地表付近の空気が温められ上昇気流が発生し，大きな雲ができゲリラ豪雨をもたらすことがあります。この大きな雲の名前として，最も適当なものをつぎのア〜エから1つ選び，記号で答えなさい。（　　　）

　　ア　乱層雲　　イ　積乱雲　　ウ　巻積雲　　エ　巻層雲

　　(3)のような雲は，激しい雨を降らせた後は上昇気流が弱まり，1時間ほどで消えます。しかし，前線などがあり上空と地上の温度差が大きく，そこへ暖かく湿った空気が流れてくる場合などでは数時間にもわたって雨を降らせることもあります。そのような雲をスーパーセルといいます。また，風向きや地形などの要因も重なり，その雲が次々に連なりながら同じ場所を通過する場合があります。2022年の7月に北九州では1日で500mmを超える雨が降り，大きな災害をもたらしました。

(4)　このような雲ができ数100kmにもわたり豪雨が降り続ける地域を何と言いますか。最も適当なものをつぎのア〜エから1つ選び，記号で答えなさい。（　　　）

　　ア　線状降水帯　　イ　アメダス　　ウ　ダウンバースト　　エ　爆弾低気圧

(5)　近年自然災害が猛威を振るう回数が増えてきています。豪雨による洪水や土砂災害だけでなく，様々な災害に対する対策を各市町村レベルだけではなく，各家庭・各個人でしっかりと勉強し，備えておく必要があります。現在，国や地域でハザードマップがつくられており災害に対する様々な情報が得られるようになっています。ハザードマップで得られる情報とは関係がないものはどれですか。つぎのア〜オから1つ選び，記号で答えなさい。（　　　）

　　ア　津波浸水想定区域　　イ　土石流警戒区域　　ウ　暴風域　　エ　洪水浸水想定区域
　　オ　避難場所

1 ≪太陽の動き≫　樟蔭中学校の校庭で，友だちとかげふみをしていたスモモさんとサクラさんの会話です。①〜⑫に入る言葉を，下のア〜ツからそれぞれ選びなさい。　　　　　　　　　　（樟蔭中）

①（　　　）②（　　　）③（　　　）④（　　　）⑤（　　　）⑥（　　　）⑦（　　　）
⑧（　　　）⑨（　　　）⑩（　　　）⑪（　　　）⑫（　　　）

スモモ　「私とサクラのかげは，いつも（　①　）向きにできているね。」

サクラ　「かげは，（　②　）と関係がありそうだね。くもって（　②　）がかくれると，かげが見えなくなるよ。」

スモモ　「かげは，（　②　）の（　③　）側にできているよ。」

サクラ　「午前と午後でかげの向きが変わったのは，どうしてかな。」

スモモ　「かげの向きが変わったのは，（　②　）の位置が変わったからだよ。（　②　）の位置は，方位と（　④　）で表すよ。（　②　）は（　⑤　）の方からのぼり，（　⑥　）の空を通り，（　⑦　）の方にしずむ。」

サクラ　「（　⑧　）の動きも同じだね。」

スモモ　「ところで，かげは向きだけでなく，長さも変化するよ。1日の中で，もっともかげが短くなるのは，（　⑨　）ごろ。そのとき，かげは（　⑩　）にのびているよ。」

サクラ　「夏休みのときと比べると，冬休みの方が，かげが（　⑪　）ね。どうしてかな。」

スモモ　「冬の方が，（　②　）の位置が（　⑫　）からだよ。」

ア．同じ　　イ．反対　　ウ．月　　エ．太陽　　オ．地球　　カ．東　　キ．西　　ク．南
ケ．北　　コ．午前8時　　サ．正午　　シ．午後4時　　ス．きょり　　セ．高度（高さ）
ソ．長い　　タ．短い　　チ．低い　　ツ．高い

2 ≪太陽の動き≫　図1のように画用紙に垂直な棒を立て，春分の日，夏至の日，冬至の日の3日間，棒にできる影の先たんの位置を，1時間ごと同じ時刻に●印で記録しました。その結果が図2（A〜C）です。ただし，くもりや小雨で観測できなかったこともあり，その時刻は記録がありません。これについて，以下の問いに答えなさい。　　　　　　　　　　（甲南中）

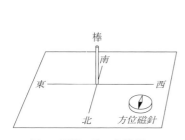

図1　記録に使った装置

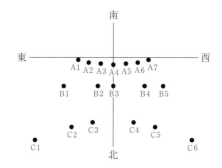

図2　棒の影の位置の変化

(1) 春分の日，夏至の日，冬至の日の影の位置を表しているのはそれぞれ A〜C のどれですか。

春分の日（　　　）　夏至の日（　　　）　冬至の日（　　　）

(2) この観測は，午前何時から午後何時までの間におこなわれましたか。

開始時刻（午前　　　時）　終了時刻（午後　　　時）

(3) A を調べた日，午後 2 時にできた影の位置は A1〜A7 のどれですか。（　　　）

(4) この日，太陽が雲にかくれて 2 回記録できませんでした。「この日」とは A〜C のどの記録をした日ですか。A〜C の記号で答えなさい。また，記録できなかった時刻を午前・午後をつけて 2 つ答えなさい。

2 回記録できなかった日（　　　）　時刻（　　　時）（　　　時）

(5) C の日の正午頃に小雨が降り，その後すぐ太陽が現れ虹がでました。虹はどの方角に現れましたか。次より選び記号で答えなさい。（　　　）

ア．北　　イ．東　　ウ．南　　エ．西

(6) A7 の 1 時間前の棒の影はどのようになっていますか。次より選び記号で答えなさい。（　　　）

ア．太陽が出ていないため影はできない

イ．東西の線上に影ができる

ウ．東西の線より南側に影ができる

3 ≪太陽の動き≫　次の文章を読み，以下の問いに答えなさい。　　　　　　　　（清教学園中）

日本には四季があり，季節の変化には太陽が深く関わっている。図は，地球が太陽のまわりを回っている様子を示したもので，「北」は地球の北極側を，A〜D は，春分，秋分，夏至，冬至のいずれかの日の地球を示している。ただし，地軸は地球の公転軌道面に垂直な直線に対して 23 度傾いているとする。

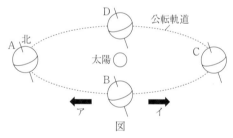

(1) 地球が太陽のまわりを回る向きは，図のア，イのどちらですか。記号で答えなさい。（　　　）

(2) 日本の冬至の日の地球の位置はどれですか。図の A〜D から正しいものを 1 つ選び，記号で答えなさい。（　　　）

(3) 地球が D の位置に来たときの東京（北緯 36 度）での太陽の南中高度は何度ですか。整数で答えなさい。（　　　度）

(4) 地球が A の位置に来たときの東京（北緯 36 度）での太陽の南中高度は何度ですか。整数で答えなさい。（　　　度）

次の先生と清君の会話文を読み，以下の問いに答えなさい。

先生：同じ時期であれば，緯度が高いところと，緯度が低いところではどちらの方が寒いことが多いですか？

清君：それは緯度が高いところです。

先生：では，その理由は分かりますか？

清君：緯度が低いところでは太陽からの距離が近いのに対して，緯度が高いところでは太陽からの距離が遠いからですか？

先生：実は距離はあまり関係ありません。

清君：それではなぜ緯度が高いところでは寒いのですか？

先生：それではヒントをあげますね。この懐中電灯を持って，様々な角度で壁に光を当ててみて下さい。

清君：懐中電灯の光を壁に垂直に当てると壁は明るくなり，光を壁に斜めに当てると壁はそれより暗くなりますね。なるほど，一定面積の地面が一定時間に受ける光のエネルギーは ① ということですね。

先生：はい，その通りです。

清君：ところで，冬になると冬眠する動物がいますが，カエルやヘビなどの変温動物は，気温が低くなると体温を保つことができなくなるので冬眠すると思うのですが，恒温動物であるクマはなぜ冬眠するのですか？

先生：それは冬になると ② です。

清君：そういうことだったのですね。分かりました。

(5) 会話文中の ① に当てはまる文を次のア～ウから1つ選び，記号で答えなさい。（　　　）

　　ア．緯度の高いところの方が緯度の低いところよりも大きい

　　イ．緯度の高いところの方が緯度の低いところよりも小さい

　　ウ．緯度の高いところも緯度の低いところも同じ

(6) 会話文中の ② に当てはまる文を15字以内で答えなさい。

|　|　|　|　|　|　|　|　|　|　|　|　|　|　|　|

---

4 《星座》　右の図は，8月のある日の夜空にみられる「夏の大三角（夏の大三角形）」を，天文台にある施設や望遠鏡を借りてスケッチしたものです。次の問いに答えなさい。　　（京都女中）

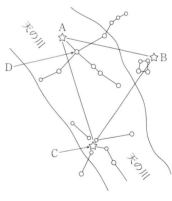

問1　七夕で知られる「ひこぼし」と「おりひめ」は，どの星ですか。図のA～Cの中からそれぞれ選び，記号で答えなさい。

　　ひこぼし（　　　）　おりひめ（　　　）

問2　図のBの星が含まれている星座は何座ですか。（　　　座）

問3　図のA～Cの星の名前をそれぞれ，カタカナで答えなさい。A（　　　）　B（　　　）　C（　　　）

問4　天の川について正しく述べている文は，次のア～エのどれですか。1つ選び，記号で答えなさい。（　　　）

　　ア　多くの星が集まっていて，光の帯のように見える。

　　イ　銀河系の中心の方向で，うす暗い帯のように見える。

　　ウ　常に雲がかかる場所であり，うす暗い帯のように見える。

　　エ　図の3つの星座を作っている星に照らされて，光の帯のように見える。

問5　Aの星は1等星で，Dの星は2等星です。このことからわかることは何ですか。次のア～ク
　　の中から正しいものを1つ選び，記号で答えなさい。（　　　　）

　　ア　Aの星はDの星よりも，2.5倍半径が大きい。

　　イ　Aの星はDの星よりも，5倍半径が大きい。

　　ウ　Aの星はDの星よりも，2.5倍表面から強い光を発している。

　　エ　Aの星はDの星よりも，5倍表面から強い光を発している。

　　オ　Aの星はDの星よりも，2.5倍表面温度が高い。

　　カ　Aの星はDの星よりも，5倍表面温度が高い。

　　キ　Aの星はDの星よりも，2.5倍明るいように見える。

　　ク　Aの星はDの星よりも，5倍明るいように見える。

問6　Aの星は，白く見えました。このことからわかることは何ですか。次のア～カの中から正し
　　いものを1つ選び，記号で答えなさい。（　　　　）

　　ア　表面温度が約6000℃になって，光を放っている。

　　イ　表面温度が約1万℃になって，光を放っている。

　　ウ　表面温度が約6000℃の岩石からできていて，他の星の光を反射している。

　　エ　表面温度が約1万℃の岩石からできていて，他の星の光を反射している。

　　オ　表面の岩石が白っぽい色をしている。

　　カ　表面の岩石が黒っぽい色をしている。

5　《星座》　7月7日に星空が見たくて，長野県の山おくへ出か
　けました。満天の星空をながめていると，昔の人が星の並びを見
　て星座や物語をつくった気持ちがよくわかりました。右図は20
　時30分ごろに東の空をスケッチしたものです。実際はもっと多
　くの星が見えましたが，ある程度の明るさの星だけをスケッチし
　ました。A～Cは，その中でも特に明るく見えた1等星です。ま
　た，CとBのあたりを通るように，うすい雲のような光の帯が見えました。

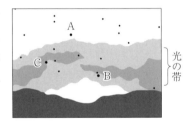

（同志社香里中）

(ア)　Aは七夕の物語で「おりひめ」とされる星です。

　①　この星の名前を答えなさい。（　　　　）

　②　この星は何色に見えますか。最も近い色を次から選びなさい。（　　　　）

　　1．赤　　2．白　　3．黄　　4．もも

(イ)　Bは七夕の物語で「ひこぼし」とされる星です。この星の名前を答えなさい。（　　　　）

(ウ)　文中下線部の「光の帯」を何といいますか。（　　　　）

(エ)　Cは，近くの4つの星とともに十字を形づくっているように見えます。この星座の名前を答え
　　なさい。（　　　座）

(オ)　90分後の同じ方角の空をスケッチしたものとして，正しいものを選びなさい。（　　　　）

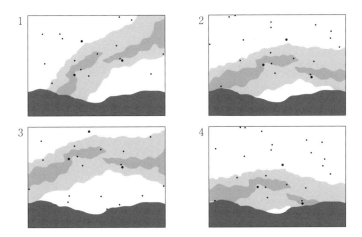

(カ) 日本の探査機がリュウグウから持ち帰った試料の分せきが進められています。

① リュウグウはどのような種類の天体ですか。（　　　　）

1．すい星　　2．衛星　　3．こう星　　4．小わく星　　5．流れ星

② 持ち帰った試料はおもにどのようなものでしたか。（　　　　）

1．化石　　2．砂　　3．生物　　4．空気　　5．けむり

③ この試料を調べることで，どのような謎（なぞ）の解明につながると期待されていますか。

（　　　　）

1．地球の生命の起源　　2．地球外文明の存在　　3．移住可能な星の存在

4．老化のしくみ

6 ≪星の動き≫ ある日，周りに高い山がない日本のある地点で，辺りが暗くなったころ，星の観測を行った。右の図は，暗くなったころ東の空にかがやく星座の1つをスケッチしたものである。観測を続けたところ，星座の星Aはこの日の23時ごろ，一番高い位置になった。次の各問いに答えなさい。
（育英西中）

星A

(1) スケッチした星座の名前を答えなさい。（　　　　）

(2) この日は何月何日ごろですか。次のア～エから選び，記号で答えなさい。（　　　　）

ア 3月21日　　イ 6月21日　　ウ 9月23日　　エ 12月22日

(3) スケッチをしてから1時間後，この星座はアとイのどちらの方向に移動していますか。記号で答えなさい。（　　　　）

(4) 星Aが1時間に移動する角度は何度か，答えなさい。（　　　　）

(5) 星Aが西の空にしずむのは翌日の何時ごろですか。次のア～カから選び，記号で答えなさい。

（　　　　）

ア 1時　　イ 2時　　ウ 3時　　エ 4時　　オ 5時　　カ 6時

(6) 星座が東から西に動くように見えるのはなぜか，簡単に説明しなさい。

（　　　　　　　　　　　　　　　　　　　　　　　　　　　　　　　　）

(7)　この日から1か月後に同じ場所で星の観測を行った。星Aが一番高い位置で観測されるのは何時ごろですか。次のア～オから選び，記号で答えなさい。（　　　　）

　　ア　21時　　イ　22時　　ウ　23時　　エ　0時　　オ　1時

(8)　南半球のオーストラリアで同じ日に星Aの観測を行ったとすると，星Aの動きはどのように見えますか。次のア～エから選び，記号で答えなさい。（　　　　）

　　ア　東からのぼり，南の空にかがやき，西にしずんでいく。

　　イ　東からのぼり，北の空にかがやき，西にしずんでいく。

　　ウ　西からのぼり，南の空にかがやき，東にしずんでいく。

　　エ　西からのぼり，北の空にかがやき，東にしずんでいく。

7　《星の動き》　日本のある地点Xにおいて，図の星座Yと太陽の動きについて，次の①～④がわかっています。以下の問いに答えなさい。

（開明中）

① 　夏至の日（6月下旬）には，太陽とベテルギウスがほぼ同時に南中する。

② 　夏至の日には，地点Xでの太陽の南中高度が81.4度である。

③ 　春分の日には，太陽が1日に動く道すじと星座Yの三つ星が1日に動く道すじは，ほぼ同じである。

④ 　星座Yの三つ星の南中高度とリゲルの南中高度の高度差は8度である。

(1)　星座Yの名前を答えなさい。（　　　　座）

(2)　地点Xで，日没後しばらくして東の空を見たところ，星座Yが右図のように見えました。その後，リゲルは(ア)～(ク)のどの向きに動いていきますか。（　　　　）

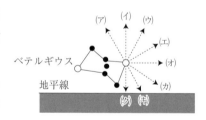

(3)　地点Xで，ベテルギウスが真夜中（午前0時）に南中する時期はいつごろですか。次のア～エから1つ選び，記号で答えなさい。（　　　　）

　　ア　2月下旬　　イ　6月下旬　　ウ　10月下旬　　エ　12月下旬

(4)　地点Xの緯度を求めなさい。（　　　　度）

(5)　地点Xでのリゲルの南中高度を求めなさい。（　　　　度）

8　《月》　図1は地球と月，太陽の位置を示しています。また，月は地球のまわりをまわっていて，地球は自らまわっています（これを自転という）。地球から見る月の形・見え方は，地球，月，太陽の位置によって変わります。あとの問いに答えなさい。ただし，図1における地球，月，太陽の大きさ，地球からの月と太陽の距離は正確でありません。

（京都文教中）

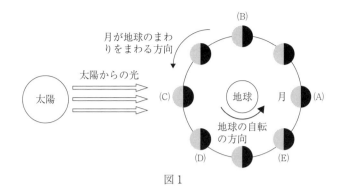

図1

(1)　月が図1の(A)〜(E)の位置にあるとき日本では，月がどのような形に見えますか。次の(ア)〜(ク)からそれぞれ選び記号で答えなさい。

　　(A)(　　　)　(B)(　　　)　(C)(　　　)　(D)(　　　)　(E)(　　　)

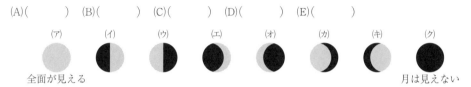

(2)　地球から見える月の形・見え方によって，月を特別な名前で呼ぶことがあります。例えば，地球から月の半面が見える（月の形が半分）とき，その月のことを半月と呼んでいます。図1の(A)と(C)の位置にあるときその月は形・見え方からそれぞれ何と呼ばれていますか。

　　(A)(　　　)　(C)(　　　)

(3)　2022年8月2日20時00分の月は図2のように見えました。2日後の8月4日20時00分の月の見え方について正しいものを(ア)〜(カ)から選び記号で答えなさい。(　　　)

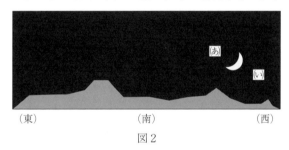

図2

　(ア)　月は図2の(あ)の方向に移動し，明るく見える部分が増える。

　(イ)　月は図2の(あ)の方向に移動し，明るく見える部分が減る。

　(ウ)　月は図2の(い)の方向に移動し，明るく見える部分が増える。

　(エ)　月は図2の(い)の方向に移動し，明るく見える部分が減る。

　(オ)　月の位置は8月2日と同じ位置にあり，明るく見える部分が増える。

　(カ)　月の位置は8月2日と同じ位置にあり，明るく見える部分が減る。

(4)　月の表面には，いん石のしょうとつでできたと考えられている丸いくぼみがたくさんあります。このくぼみを何といいますか。(　　　)

(5)　次の(ア)〜(オ)の文章で正しく述べているものを選び記号で答えなさい。(　　　)

　(ア)　月の直径は太陽とほぼ同じである。

㈦　地球から月までの距離は，地球から太陽までの距離の約半分である。

㈬　月はおよそ30日（およそ1か月）かけて地球のまわりを半周する。

㈭　これまで人類は月に行き，月の表面に降り立ったことがある。

㈯　日本の宇宙航空研究開発機構（JAXA）の月周回衛星の名前は，「月読」である。

9　≪月≫　図1は，あるときに大阪で真夜中（午前0時）に見えた月のようすを表したもので，図2は月が地球の周りを回っているようすを北極側から見たものを表しています。以下の各問いに答えなさい。

（プール学院中）

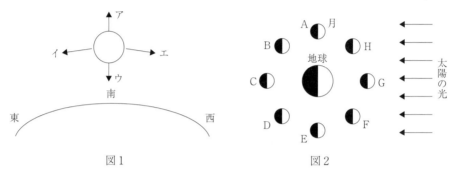

図1　　　　　　　　　　　図2

問1　図1の月はこのあと，ア～エのどの方向に動きますか。1つ選び，記号で答えなさい。

（　　　）

問2　観察された月が，同じ日でも時刻によって位置が違うのはなぜですか。その理由として最もよく当てはまるものを次のア～ウから1つ選び，記号で答えなさい。（　　　）

ア　地球が太陽の周りを回っているから。

イ　月自体が回転しているから。

ウ　地球自体が回転しているから。

問3　月が図1のような見え方になるとき，月は図2のA～Hのどこにありますか。1つ選び，記号で答えなさい。（　　　）

問4　図1の月が㈠地平線から出る時刻と㈡地平線に沈む時刻として，最もよく当てはまるものを次のア～カからそれぞれ1つずつ選び，記号で答えなさい。

㈠（　　　）　㈡（　　　）

ア　午前3時　　イ　午後3時　　ウ　午前6時　　エ　午後6時　　オ　午前0時（真夜中）

カ　午後0時（正午）

問5　図1の月が観察されてから7日後に月を観察しました。このとき，真南に見えた月の形として最も近いものを次のア～エから1つ選び，記号で答えなさい。（　　　）

ア　　　　　　イ　　　　　　ウ　　　　　　エ

問6　問5の月が_(あ)地平線から出る時刻と_(い)真南の空に見える時刻として，最もよく当てはまるものを次のア～カからそれぞれ1つずつ選び，記号で答えなさい。(あ)(　　　) (い)(　　　)

ア　午前3時　　イ　午後3時　　ウ　午前6時　　エ　午後6時　　オ　午前0時（真夜中）

カ　午後0時（正午）

問7　2022年11月8日に全国で月食が見られました。月食が見られるときの月の位置は図2のA～Hのどこですか。最もよく当てはまるものを1つ選び，記号で答えなさい。(　　　)

問8　月の表面を望遠鏡で観察すると，図3のようにへこんでいるところ(X)がたくさん見られました。

図3

(1)　(X)を何といますか。(　　　)

(2)　(X)は，いん石がぶつかったあとですが，古いものでは40億年以上前にできたものもあります。地球でも月と同じように(X)がいくつかできましたが，風化やしん食によって，現在ではほとんどのものが残っていません。月で風化やしん食がなく，(X)が現在でも残っているのはなぜだと考えられますか。説明しなさい。

(　　)

10　≪月≫　月の位置と月の形の変化を調べるために，次のような【実験】と【観察】を行いました。これについて，あとの(1)～(4)の問いに答えなさい。　　　　　　　　　　（京都教大附桃山中）

【実験】　暗くした部屋で，月に見立てたボールに，太陽に見立てた光を当てました。その後，図1のA～Hのように，ボールの位置を動かして，図1のPの地点からボールを観察し，明るく照らされた部分の形の変化を調べました。

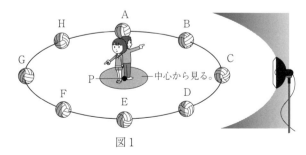

図1

【観察】　ある日の午後3時から1時間ごとに，午後5時まで，空に見える月の形と位置（方位と高さ）を記録しました。

(1)【実験】について，図1のBとHの位置にある月は，それぞれどのような形に見えると考えられますか。もっとも適当なものを次の(ア)～(カ)から1つずつ選んで，記号で答えなさい。

B（　　　）H（　　　）

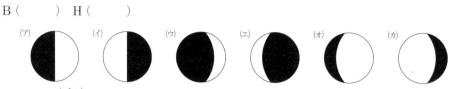

(2)【実験】の途中で，P地点に地球に見立てたボールを置きました。図1のDの位置に立って，このボールを見たとき，どのような形に見えると考えられますか。もっとも適当なものを次の(ア)～(カ)から1つ選んで，記号で答えなさい。（　　　）

(3)【観察】について，図2は午後3時に見えた月の形と位置を記録したものです。午後5時になると，この月はどのように見えると考えられますか。もっとも適当なものを次の(ア)～(エ)から1つ選んで，記号で答えなさい。（　　　）

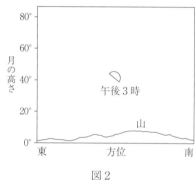

図2

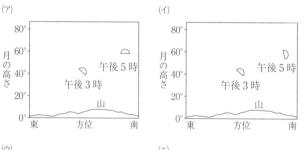

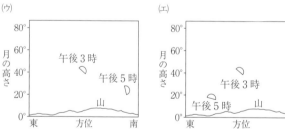

(4)(3)を観察した一週間後の月の形はどのような形に見えると考えられますか。また，この月が南の空高くのぼるのはいつごろだと考えられますか。形は(ア)～(エ)，時刻は(オ)～(ク)からもっとも適当なものを1つずつ選んで，記号で答えなさい。形（　　　）　時刻（　　　）

(オ)　明け方ごろ　　(カ)　正午（午後0時）ごろ　　(キ)　夕方ごろ　　(ク)　真夜中（午前0時）ごろ

11 《惑星》 ある年の12月3日から1週間，日本では火星，木星，金星の3つの星が並ぶ時期がありました。図1はこの時の星空を表したものです。図1中のA〜Cは12月3日のある時刻の火星，木星，金星のいずれかの位置を表しています。また，図2は太陽のまわりを公転する火星，木星，金星，地球の公転軌道と，図1と同じ日のそれぞれの位置を表したものです。ただし，図2は北極星のほうから見たものです。以下の各問いに答えなさい。 （大谷中－大阪－）

図1

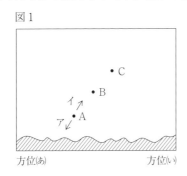

方位(あ)　　　　　　　　　方位(い)

図2

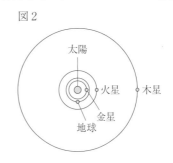

(1) 太陽のまわりを公転する火星，木星，金星，地球のような星を何といいますか。（　　　）

(2) 下線部のある時刻とは，およそいつごろになりますか。最も適当なものを，次のア〜エから1つ選び記号で答えなさい。（　　　）

　ア．午前2時半　　　イ．午前5時半　　　ウ．午後5時半　　　エ．午後11時半

(3) 図1の方位(あ)と方位(い)にあてはまる方角の組み合わせとして正しいものを，次のア〜カから1つ選び記号で答えなさい。（　　　）

　ア．(あ) 北　　(い) 西　　イ．(あ) 西　　(い) 北　　ウ．(あ) 南　　(い) 西
　エ．(あ) 西　　(い) 南　　オ．(あ) 東　　(い) 南　　カ．(あ) 東　　(い) 北

(4) 図1中のA〜Cの位置に見える天体の組み合わせとして正しいものを，次のア〜カから1つ選び記号で答えなさい。（　　　）

　ア．A：火星　　B：金星　　C：木星　　イ．A：金星　　B：木星　　C：火星
　ウ．A：木星　　B：火星　　C：金星　　エ．A：金星　　B：火星　　C：木星
　オ．A：火星　　B：木星　　C：金星　　カ．A：木星　　B：金星　　C：火星

(5) 1週間後の同時刻に観測すると，Aの位置に見えていた星は，図中のア，イのどちらの向きに移動して見えますか。記号で答えなさい。（　　　）

(6) 火星，木星，金星，地球の中から最も大きな星を選びなさい。（　　　）

12 《天体総合》 星について，次の問いに答えなさい。 （明星中）

問1 星座は，星をいくつかのまとまりに分け，いろいろな動物や道具などに見立てたものである。星座について，下の問いに答えなさい。

(1) ①アンタレス，②シリウスをふくむ星座を次の(ア)〜(キ)からそれぞれ1つずつ選び，記号で答えなさい。①（　　　）②（　　　）

　(ア) おおいぬ座　　　(イ) おおぐま座　　　(ウ) こぐま座　　　(エ) こと座　　　(オ) さそり座
　(カ) はくちょう座　　(キ) わし座

(2)　夏の大三角の星をふくむ星座を(1)の㋐〜㋖から３つ選び，記号で答えなさい。

（　　　　）（　　　　）（　　　　）

(3)　北斗七星をふくむ星座を(1)の㋐〜㋖から１つ選び，記号で答えなさい。（　　　　）

問２　次の文の（　①　）〜（　⑥　）に入る適当な数字を答えなさい。ただし，割り切れない場合は，小数第１位を四捨五入して整数で答えなさい。

①（　　　　）②（　　　　）③（　　　　）④（　　　　）⑤（　　　　）⑥（　　　　）

光は１秒間で地球７周半の距離を進む。地球を１周４万 km の球とし，光の速さを求めると，光の速さは秒速（　①　）万 km である。

地球と太陽の距離は１億５千万 km なので，太陽からでた光は（　②　）秒後に地球に届く。

また，太陽と木星の距離は７億８千万 km で，木星が地球から見えるのは，木星が太陽の光をはね返し，そのはね返した光を地球から見ることができるからである。ある日の真夜中に木星が南の空に見えた。この光は太陽を（　③　）秒前にでたものである。

地球は，自ら回り，さらに太陽のまわりを回っている。地球は１日に自ら１周回っているので，自ら回る速さは，赤道上で時速（　④　）km である。また，地球は１年間で太陽のまわりを１周回っているので，１年間の移動距離は，円周率を3.14とすると，（　⑤　）× 100 万 km である。

１年間を 31 × 100 万秒とすると，地球が太陽のまわりを回る速さは秒速（　⑥　）km である。

1 ≪グリーンカーテン≫ 夏の暑さを和(やわ)らげるために，植物で緑のカーテンをつくることがあります。これについて，次の各問いに答えなさい。 (開智中)

問1 緑のカーテンをつくるのに，ゴーヤ（ツルレイシ）が育てられることがあります。

(1) ゴーヤの花の色として最も適当なものを，下の①～⑤の中から１つ選び，番号で答えなさい。

（　　　）

① 赤色　　② 青色　　③ 黄色　　④ 白色　　⑤ 桃(もも)色

(2) ゴーヤの葉はどのような形をしていますか。葉のスケッチとして最も適当なものを，下の①～④の中から１つ選び，番号で答えなさい。（　　　）

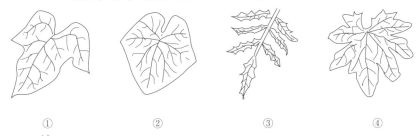

①　　　　　　②　　　　　　③　　　　　　④

(3) ゴーヤの茎(くき)や葉のようすはどのようになっていますか。茎や葉のスケッチとして最も適当なものを，下の①～④の中から１つ選び，番号で答えなさい。ただし，葉の形は変えています。また，○は花を表しています。（　　　）

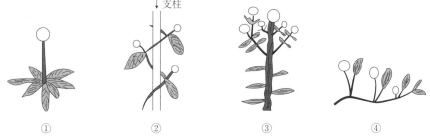

①　　　　　　②　　　　　　③　　　　　　④

(4) ゴーヤの代わりに緑のカーテンをつくるのに適した植物を，下の①～⑧の中からすべて選び，番号で答えなさい。（　　　）

① アサガオ　　　② ヒマワリ　　　③ マリーゴールド　　④ ヘチマ

⑤ ジャガイモ　　⑥ ホウセンカ　　⑦ キュウリ　　　　　⑧ オクラ

問2 緑のカーテンは，日かげをつくるはたらきの他に，葉の表面の気孔(こう)でおこる（ ア ）によって熱をうばうので，より効果的に暑さを和らげることができます。また，植物はでんぷんをつくるときに，（ イ ）を吸収するので，地球の温暖化を防ぐ効果もあると考えられます。

(1) 上の文章中の（ ア ），（ イ ）に適する語をそれぞれ答えなさい。ア（　　　）イ（　　　）

(2) カーテンやブラインドは，緑のカーテンに比べて部屋の温度を下げる効果が低いと言われています。（ ア ）以外の理由として最も適当なものを，次の①～④の中から１つ選び，番号で答えなさい。（　　　）

① 　カーテンやブラインドは，部屋の中で太陽の光をさえぎっているから。

② 　カーテンやブラインドは，光を受けると発熱するから。

③ 　カーテンやブラインドは，少ししか光をさえぎることができないから。

④ 　カーテンやブラインドは，自然の素材で作られたものとは限らないから。

(3)　ある緑のカーテンの面積を測定すると，$25m^2$ でした。緑のカーテンがかれるまでに，$1m^2$ につき，（　イ　）を3.5kg 吸収するはたらきがあるとすると，この緑のカーテンでは何 kg の（　イ　）を吸収することができますか。（　　　　　kg）

2　≪プラスチック≫　リカさん，アカネさんと先生が，プラスチックについて話しています。これについてあとの問いに答えなさい。

(帝塚山学院中)

先　生：自治体によって，(a)プラスチックごみの扱いが異なります。例えば，(b)プラスチックを可燃ごみとして処分する自治体もあれば，プラスチックを分別して収集する自治体もあります。

リ　カ：私が住む自治体では，ペットボトルのキャップやラベルは，プラスチックとしてごみに出していますが，ボトルは，資源ごみとして出しています。ボトルはプラスチックではないのですか？

先　生：ペットボトルのボトルもプラスチックです。ボトルはポリエチレンテレフタレート（PET），キャップはポリプロピレン（PP），ラベルはポリスチレン（PS）というプラスチックです。他には，レジ袋はポリエチレン（PE）というプラスチックです。プラスチックには，いろいろな種類があります。

アカネ：どうやって見分ければ良いですか。

先　生：図1のようなマークがついていたらPETです。それ以外のプラスチックには，図2のようなマークがあります。図3のマークでは，右にプラスチックの種類が書かれています。

図1

アカネ：先生，図2のようなプラスチックの種類が書かれていない場合は，どうやって見分ければ良いですか。

図2

先　生：いろいろな方法があります。水に浮くか沈むかで調べることができます。同じ体積で比べたときに水より軽いと浮き，重いと沈みます。体積を $1cm^3$ にそろえて，$1cm^3$ あたりの重さを密度といいます。

図3

　　　　　例えば，水は $1cm^3$ あたり1.0gなので，密度は，$1.0g/cm^3$ です。

ボトル：PET
キャップ：PP
ラベル：PS

一円玉は，(c)アルミニウムでできています。アルミニウムの密度は $2.7g/cm^3$ です。つまり，アルミニウムは，$1cm^3$ あたり2.7gです。タンスに使われるキリという木材は，密度が $0.23g/cm^3$ です。つまり，キリは，$1cm^3$ あたり0.23gです。同じ $1cm^3$ で比べると，アルミニウムは水より重いので沈み，キリは水より軽いので浮きます。

　　　　プラスチックは種類によって密度が異なります。同じ $1cm^3$ で比べて，水より軽いと浮き，重いと沈みます。また，液体も種類によって密度が異なります。さまざまな液体でプラスチックが浮くか沈むか調べると，プラスチックの種類がわかります。

リ　カ：なるほど。(d)実験してみます。

(1) 文中の下線部(a)について，プラスチックは何からできていますか。正しいものを次のア〜ウから1つ選び，記号で答えなさい。（　　　）

　ア　石炭　　イ　石油　　ウ　天然ガス

(2) 文中の下線部(b)について，プラスチックを燃やすと，地球温暖化の原因とされる気体が発生します。この気体として正しいものを次のア〜エから1つ選び，記号で答えなさい。（　　　）

　ア　ちっ素　　イ　酸素　　ウ　水素　　エ　二酸化炭素

(3) 文中の下線部(c)について，アルミニウムを塩酸にいれたときの様子として，正しいものを次のア〜エから1つ選び，記号で答えなさい。ただし，塩酸の密度は，$1.0g/cm^3$ とします。（　　　）

　ア　塩酸に浮き，何も起こらない。　　　イ　塩酸に浮き，気体を発生して溶ける。

　ウ　塩酸に沈み，何も起こらない。　　　エ　塩酸に沈み，気体を発生して溶ける。

(4) 文中の下線部(d)について，次の操作1〜操作4の実験を行い，プラスチック X・Y・Z が何か調べました。プラスチック X・Y・Z は，ポリエチレンテレフタレート（PET），ポリプロピレン（PP），ポリスチレン（PS）のいずれかで，それぞれの密度は下表の通りです。あとの①・②の問いに答えなさい。

	PET	PP	PS
密度[g/cm³]	1.36〜1.40	0.90〜0.91	1.03〜1.06

操作1　試験管にガムシロップ，水，アセトンを順にゆっくりと入れる。

操作2　操作1の試験管に小さく切ったプラスチック X を入れ，ガラス棒で試験管の底に沈め，ガラス棒をそっと引き上げる。

操作3　プラスチック X が，ガムシロップ，水，アセトンのどこにくるか観察する。

操作4　操作1〜操作3をプラスチック Y・Z に対して同様に行う。

① 操作1でガムシロップ，水，アセトンは図4のように混ざり合わずに3つの層A〜Cに分かれました。ガムシロップの密度は$1.2g/cm^3$，水の密度は$1.0g/cm^3$，アセトンの密度は，$0.78g/cm^3$ です。図4のA〜Cの正しい組み合わせを次のア〜エから1つ選び，記号で答えなさい。（　　　）

図4

	A	B	C
ア	ガムシロップ	水	アセトン
イ	水	アセトン	ガムシロップ
ウ	アセトン	ガムシロップ	水
エ	アセトン	水	ガムシロップ

② プラスチック X・Y・Z は，それぞれ図5で示す位置にきました。プラスチック X・Y・Z は何ですか。次のア〜ウから正しいものを1つずつ選び，それぞれ記号で答えなさい。X（　　　）Y（　　　）Z（　　　）

　ア　PET　　イ　PP　　ウ　PS

図5

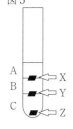

3 ≪環境問題≫　生物は環境からいろいろなものを受け取り，環境にいろいろなものを排出しています。次のA～Fはその一例です。これについてあとの各問いに答えなさい。　　　　（大谷中－京都－）

A　植物が二酸化炭素を放出する　　　B　植物が酸素を吸収する

C　植物が二酸化炭素を吸収する　　　D　植物が酸素を放出する

E　動物が二酸化炭素を放出する　　　F　動物が酸素を吸収する

問1　日光が当たると盛んになるのは上のA～Fのどれですか。2つ選び，記号で答えなさい。

（　　　）（　　　）

問2　Cのはたらきでできるものは何ですか。次のア～オからすべて選び，記号で答えなさい。

（　　　）

ア．窒素　　イ．栄養分（デンプンなど）　　ウ．水素　　エ．酸素　　オ．葉緑素

問3　Bのようなはたらきを何といいますか。（　　　　）

問4　Eのようなはたらきを何といいますか。（　　　　）

問5　何年も前から森林破壊の増加が伝えられています。森林が破壊されると空気中に増加する気体は何ですか。次から1つ選び，記号で答えなさい。（　　　　）

ア．酸素　　　イ．水蒸気　　ウ．二酸化炭素　　エ．窒素　　オ．オゾン　　カ．水素

キ．メタン　　ク．アンモニア

問6　地球の気温が上がる地球温暖化も伝えられています。その原因となる気体を問5のア～クの中から3つ選び，記号で答えなさい。（　　　）（　　　）（　　　）

問7　雨が降らない日が続くと，たとえばキツネのような森に住む動物も困ります。キツネにとって，飲み水が減る以外で困るのはどんな点ですか。次のア～エから1つ選び記号で答えなさい。

（　　　）

ア．吸収する酸素が減る　　　イ．食べる植物が減る　　　ウ．えさとなる動物が減る

エ．水浴びする場所がなくなる

問8　環境を守るために，我々ができることは何ですか。次のア～カから誤っているものをすべて選び，記号で答えなさい。（　　　　）

ア．化石燃料（石油や石炭）の使用を減らす。

イ．植物を食べる動物を減らす。

ウ．森林を伐採しないようにする。

エ．湖や川に日光が当たらないようにする。

オ．ゴミや油などで海や川が汚れないようにする。

カ．砂漠をふやさないために水を使いすぎないようにする。

1　《小問集合》　次の問いに記号で答えなさい。ただし，両方まちがっている場合は正しい答えを書きなさい。
(四條畷学園中)

(1)　トノサマガエルの卵は，どこに産み付けられますか。（　　　）

　　ア　池の中　　イ　木の枝

(2)　オタマジャクシは前足，後ろ足のどちらが先に出てきますか。（　　　）

　　ア　前足　　イ　後ろ足

(3)　ツルレイシ（ゴーヤ）の花の色は何色ですか。（　　　）

　　ア　青色　　イ　黄色

(4)　日本で昼間の長さが最も長い日があるのは何月ですか。（　　　）

　　ア　6月　　イ　8月

(5)　夏の大三角をつくる星は，ベガとデネブとあと1つは何ですか。（　　　）

　　ア　アンタレス　　イ　シリウス

(6)　電流0.9Aは何mAですか。（　　　）

　　ア　90mA　　イ　900mA

(7)　てこで力を入れるところを何といいますか。（　　　）

　　ア　支点　　イ　作用点

(8)　水が氷になると，体積はどうなりますか。（　　　）

　　ア　小さくなる　　イ　大きくなる

(9)　水が氷になると，重さはどうなりますか。（　　　）

　　ア　小さくなる　　イ　大きくなる

2　《小問集合》　問1〜10に答えなさい。
(賢明女子学院中)

問1　秋に花をさかせる植物を，次のア〜エのうちから1つ選び，記号で答えなさい。（　　　）

　　ア　ツユクサ　　イ　アサガオ　　ウ　コスモス　　エ　シロツメクサ

問2　こん虫を使わずに受粉する植物を，次のア〜エのうちから1つ選び，記号で答えなさい。

（　　　）

　　ア　カボチャ　　イ　トウモロコシ　　ウ　ヒマワリ　　エ　レンゲ

問3　ヒトの子どもが子宮の中から外へ生まれ出るまではたらくことがない器官を，次のア〜エのうちから1つ選び，記号で答えなさい。（　　　）

　　ア　肺　　イ　かん臓　　ウ　心臓　　エ　じん臓

問4　燃料電池自動車はガソリンを燃料としないため，空気中に出さない気体があります。この気体の名前を，次のア〜エのうちから1つ選び，記号で答えなさい。（　　　）

　　ア　酸素　　イ　ちっ素　　ウ　水素　　エ　二酸化炭素

問5　水よう液を蒸発皿に少量取り，水をすべて蒸発させました。あとに固体が残るものを，次の
　　　ア〜エのうちから1つ選び，記号で答えなさい。（　　　）

　　　ア　アンモニア水　　イ　うすい塩酸　　ウ　砂糖水　　エ　炭酸水

問6　冬の大三角にふくまれない星を，次のア〜エのうちから1つ選び，記号で答えなさい。

（　　　）

　　　ア　デネブ　　イ　シリウス　　ウ　プロキオン　　エ　ベテルギウス

問7　降水量を表す単位を，次のア〜エのうちから1つ選び，記号で答えなさい。（　　　）

　　　ア　cm　　イ　g　　ウ　mL　　エ　mm

問8　理科の実験でもののにおいをかぐときには，手であおいでにおいをかぎます。その理由とし
　　　て最も適当なものを，次のア〜エのうちから1つ選び，記号で答えなさい。（　　　）

　　　ア　上品に見せるため。

　　　イ　においのもととなるものを先に手にふれさせて，危険かどうかを判断するため。

　　　ウ　においのもととなるものを，一度に大量に吸いこまないようにするため。

　　　エ　においのもととなるものを拡散させたほうが，においがわかりやすいため。

問9　図1のように，電車のレールにはすき間が見られます。その
　　　理由として最も適当なものを，次のア〜エのうちから1つ選び，
　　　記号で答えなさい。（　　　）

図1

　　　ア　ゆれが伝わらなくなり，電車のゆれを減らすことができる
　　　　　ため。

　　　イ　熱によって金属の体積が変化しても，レールが変形しないよ
　　　　　うにするため。

　　　ウ　レールの上に石やゴミなどがたまらないようにするため。

　　　エ　風の通り道になり，電車とレールのまさつを減らすことができるため。

問10　図2のように，ふりこの長さとおもりの重さを同じにし，ふれは
　　　ばを10°または30°にして実験を行いました。このとき，1往復する時
　　　間とふりこの最下点aを通過するときの速さについて，最も適当な組
　　　み合わせを，次のア〜エのうちから1つ選び，記号で答えなさい。

（　　　）

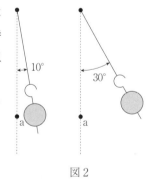

図2

	1往復する時間	最下点aを通過する速さ
ア	同じ	同じ
イ	同じ	30°の方が速い
ウ	30°の方が長い	同じ
エ	30°の方が長い	30°の方が速い

③ ≪小問集合≫　次の問いに答えなさい。

（常翔啓光学園中）

(1)　写真は，常翔啓光学園中学校のグラウンドのすみに生えている植物です。この植物の名前を答えなさい。（　　　　）

(2)　次の図は，こん虫のからだを示しています。あしのつき方として正しいものを次から選び，記号で答えなさい。（　　　　）

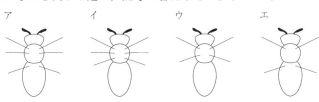

(3)　塩酸にとけて気体を発生する物質を次からすべて選び，記号で答えなさい。（　　　　）

ア　黒鉛（えん）　イ　銅　ウ　鉄　エ　ガラス　オ　アルミニウム

(4)　空のペットボトルに水と二酸化炭素を入れ，ふたをしてからよくふったときと，そのペットボトルに石灰水を入れ，よくふったときのようすとして，正しい組み合わせを次から選び，記号で答えなさい。（　　　　）

	水と二酸化炭素を入れてふったとき	石灰水を入れてふったとき
ア	ペットボトルがふくらむ	中の液体は変化しない
イ	ペットボトルがふくらむ	中の液体が白くにごる
ウ	ペットボトルがへこむ	中の液体は変化しない
エ	ペットボトルがへこむ	中の液体が白くにごる
オ	ペットボトルは変化しない	中の液体は変化しない
カ	ペットボトルは変化しない	中の液体が白くにごる

(5)　含（ふく）まれるつぶの大きさが0.06mm以下のたい積岩として正しいものを次から選び，記号で答えなさい。（　　　　）

ア　ぎょう灰岩　イ　でい岩　ウ　砂岩　エ　れき岩

(6)　太陽のいちばん近くを公転している惑星（わく）の名前を答えなさい。（　　　　）

(7)　同じ時刻に見える星の位置が1日にずれて見える角度として正しいものを次から選び，記号で答えなさい。（　　　　）

ア　約1度　イ　約4度　ウ　約5度　エ　約10度

(8)　100gの鉄球と500gの鉄球を10mの高さから落とすとどうなりますか。正しいものを次から選び，記号で答えなさい。（　　　　）

ア　100gの鉄球の方が早く地面に着く。　　イ　500gの鉄球の方が早く地面に着く。

ウ　両方がほぼ同時に地面に着く。

(9)　一直線上を，サイレンを鳴らしながら救急車がK君に近づいてきました。救急車が発しているサイレンの音に比べて，K君が聞いたサイレンの音はどのように聞こえますか。正しいものを次から選び，記号で答えなさい。（　　　　）

ア　ちがう音色に聞こえる。　　イ　より高い音に聞こえる。　　ウ　より低い音に聞こえる。

エ　同じ高さの音に聞こえる。

⑽　なべやフライパンの取っ手は，おもにプラスチックでできています。フライパンから取っ手への熱の伝わり方と同じものはどれですか。正しいものを次から選び，記号で答えなさい。（　　　）

ア　ストーブに手をかざすと手があたたかくなる。

イ　たき火で燃えた灰が上の方へのぼっていく。

ウ　よく晴れた夏の日の道路が熱くなる。

エ　コップにお湯をそそぐと，コップの外側があたたかくなる。

4　《小問集合》　次の⑴〜⑹の内容について，それぞれ㋐〜㋒のように説明しました。3つすべてが正しい場合は「○」，3つすべてがまちがっている場合は「×」と答えなさい。また，正しいものが2つでまちがっているものが1つであればまちがっているものの記号を，まちがっているものが2つで正しいものが1つであれば正しいものの記号を，それぞれ答えなさい。　　　（京都教大附桃山中）

⑴　さまざまな物質の体積について（　　　）

㋐　とじこめた空気は，おされると（外から力が加わると）体積が小さくなり，やがて体積はなくなります。

㋑　とじこめた水は，おされると（外から力が加わると）もとの体積より小さくなります。

㋒　水は，氷になると体積が小さくなります。

⑵　メダカのようすや，メダカのたまごの変化について（　　　）

㋐　図1のAはメダカのメスで，Bはメダカのオスです。

㋑　メダカのこどもはたまごの中にいるとき，たまごの中の養分を使って育っていきます。

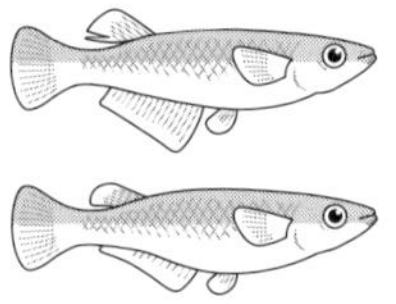

㋒　かえったばかりのメダカのこどもは，親からエサを与えられて育ちます。

図1

⑶　台風について（　　　）

㋐　台風は，日本の南の方で発生し，その多くは，はじめは西の方へ動き，やがて北や東の方へと動きます。

㋑　台風が進む方向の左側は，台風の進む方向と風の向きが同じになるので，特に強い風がふきます。

㋒　台風のうずまきの中心である「台風の目」では，特に強い風がふいたり強い雨がふったりします。

⑷　ふりこのきまり・実験について（　　　）

㋐　おもりを10gから20gにすると，ふりこの1往復する時間は短くなります。

㋑　ふりこの長さを15cmから30cmにすると，ふりこの1往復する時間は短くなります。

㋒　おもりを1個から3個に増やすときは，図2のように上下につるします。

⑸　消化と吸収について（　　　）

㋐　消化された食べ物の養分は，水とともに，主に大腸から吸収されます。

㋑　口からこう門までの食べ物の通り道を，食道といいます。

㋒　かん臓は，運ばれてきた養分の一部を一時的にたくわえ，必要なときに，全身に送るはたらきをしています。

図2

(6) 電気とわたしたちのくらしについて（　　　）

　(ア)　コンデンサーは，電気を発電するというはたらきがあります。

　(イ)　電気を熱に変える電熱線を使った電気製品には，オーブントースター，ドライヤー，電気ストーブがあります。

　(ウ)　手回し発電機を同じ回数だけ回して，コンデンサーに電気をため，豆電球と発光ダイオードの明かりがついていた時間を調べると，豆電球のほうが長い時間，明かりがつきました。

---

5 《小問集合》　次の問いに答えなさい。　　　　　　　　　　　　　　　　（大阪教大附平野中）

(1) ベルトッツィ，メルダル，シャープレスの三人が，2022年のノーベル化学賞を受賞しました。求める物質を効率よくつくることができる方法を提唱したことが，高い評価を受けました。この方法は，医薬品や材料の開発など，幅広い分野で活用され始めています。この方法の名称は何ですか。次のア～オから1つ選び，記号で答えなさい。（　　　）

　ア　クイックケミストリー　　　イ　スピードケミストリー　　　ウ　クリックケミストリー

　エ　タッチケミストリー　　　　オ　スムースケミストリー

(2) アメリカ航空宇宙局（NASA）が中心になって開発を行っている宇宙望遠鏡が，計画はたびたび延期されたものの，2021年12月25日に打ち上げられました。望遠鏡の調整の後，2022年7月11日には，アメリカ大統領ジョー・バイデンがホワイトハウスで行った特別イベントで，この宇宙望遠鏡が撮影した画像を公開しました。この宇宙望遠鏡の名称を，次のア～エから1つ選び，記号で答えなさい。（　　　）

　ア　ハッブル宇宙望遠鏡　　　イ　ジェームズ・ウェッブ宇宙望遠鏡

　ウ　ナンシー・グレース・ローマン宇宙望遠鏡　　　エ　ケプラー宇宙望遠鏡

(3) 2022年6月から8月の日本における平均気温は，統計開始以来2番目に高かったと，気象庁から発表されました。また，2022年12月から2023年2月までの日本における平均気温は，例年並みか低くなるという見通しであることも，気象庁から発表されています。これらのようになるのは，太平洋の赤道付近から南アメリカ大陸沿岸にかけての海面の温度が，通常よりも低い状態が続く現象が起こっていることが原因の1つであると考えられています。

　　下線部の現象を何といいますか。次のア～エから1つ選び，記号で答えなさい。（　　　）

　ア　エルニーニョ現象　　　イ　フェーン現象　　　ウ　ヒートアイランド現象

　エ　ラニーニャ現象

(4) 右の図のように，1kgのおもりをつるして固定し，手の位置を変えて手ごたえがどのように変わるかを調べました。手ごたえが大きくなるのは，ア，イのどちらに手を動かしたときですか。記号で答えなさい。

（　　　）

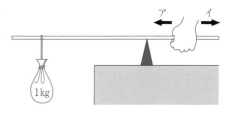

(5) 動物や植物が生きていくために共通して必要なものを，次のア～カからすべて選び，記号で答えなさい。（　　　）

　ア　水　　イ　二酸化炭素　　ウ　ちっ素　　エ　酸素　　オ　日光　　カ　養分

1 ≪総合問題≫ (1) 液体と物質に関する，あとの問1～問6に答えなさい。 (大阪薫英女中)

問1．右の表は物質の比重を表しています。

これらを水に入れた時，それぞれどのようになると考えられますか。正しいものを，下のア～エの中から1つ選び，記号で答えなさい。ただし，水の比重を1.0とします。（　　　）

	物質A	物質B	物質C
比重	0.4	1.0	7.9

	A	B	C
ア	浮く。	浮く。	沈む。
イ	沈む。	沈む。	浮く。
ウ	浮く。	水中で止まる。	沈む。
エ	沈む。	水中で止まる。	浮く。

問2．ある立方体の重さをばねばかりではかると，300gでした。この立方体を図1のように水をいれた水そうのなかに入れると，ばねばかりの目盛りは200gを示しました。このとき，立方体がおしのけた水の体積を答えなさい。ただし，水の密度を1000kg/m³とします。（　　　cm³）

図1

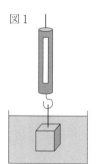

問3．濃度が5％の食塩水を200gつくるとき，食塩は何g必要か答えなさい。
（　　　g）

問4．水の体積をはかるのに使う，図2の器具の名前を答えなさい。（　　　）

問5．ある濃度の水溶液350gに，水を250g混ぜると，濃度7％の水溶液が600gできました。このときのもとの水溶液の濃度（％）を答えなさい。
（　　　％）

図2

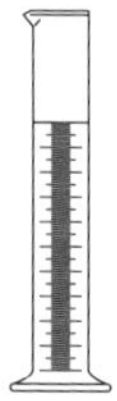

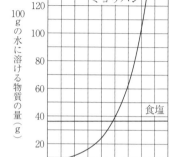

問6．下のア～エの中から，もっとも水に溶けやすいものを1つ選び，記号で答えなさい。（　　　）

ア．砂糖　　イ．砂　　ウ．鉄粉　　エ．小麦粉

(2) 右のグラフは，食塩とミョウバンの溶解度をあらわしたものです。あとの問7～問10に答えなさい。

問7．20℃の水が100g入ったビーカーに，40gの食塩のかたまりを入れ，ひと晩放置しました。この時の様子として正しいものを，下のア～エの中から1つ選び，記号で答えなさい。
（　　　）

ア．食塩のかたまりはみえなくなっていた。

イ．食塩のかたまりは全く変化しなかった。

ウ．水面に白い結しょうが表れていた。

エ．食塩のかたまりは小さくなり，一部残っていた。

問8．物質を溶かし続け，それ以上溶けなくなった水溶液を何というか，答えなさい。（　　　）

問9. 60℃の水100gにミョウバンを溶け残るまで加え続け，溶け残ったミョウバンをろ過して取り除いてから，水溶液を20℃まで冷やしました。このとき，何gの結しょうが得られるか，グラフから計算して答えなさい。（　　　g）

問10. 溶解度の説明として正しいものを，下のア～エの中から１つ選び，記号で答えなさい。

（　　　）

ア．一般的に，溶けるものが固体の場合，温度が高くなるほど溶解度は小さくなる。

イ．水の量を増やすと，溶解度は大きくなる。

ウ．溶かすものを小さく砕くと，溶解度は大きくなる。

エ．溶解度はものの種類によって異なる。

---

2 《総合問題》　次の文章を読み，後の各問いに答えなさい。　　　　　　　（同志社女中）

　46億年前，小さな天体が衝突と合体をくり返し，地球が誕生した。このとき，小さな天体に含まれていた水や二酸化炭素は気体として放出されて当時のa地球の空気ができたため，当時の空気の主な成分は水蒸気と二酸化炭素であった。b水蒸気と二酸化炭素のような気体は熱を地表付近に閉じ込めるはたらきがあるため，衝突をくり返す地球の地表の温度は1500℃以上になり，c岩石などのあらゆるものがとけて混ざりあったマグマの海になっていた。その後，地球に衝突する天体の数が減ると，しだいに地表面や空気の温度は下がっていき，d水蒸気は水にすがたを変えて地表に雨として降り，海がつくられた。eこれまでに発見されたれき岩の年齢などから，38億年前には海が安定して存在していたと考えられている。また，この当時の海には，f生き物の材料になるアミノ酸が豊富に含まれていたと考えられている。現在の地球には多くの生命が存在しているが，確認されている中で生き物としての形を残した最も古いg化石は35億年前のhたい積岩から見つかっている。

問1　下線部aについて，現在の地球の空気全体の体積のうち，水蒸気を除いた二酸化炭素がしめる体積の割合として，最も適当なものを次のア～エから一つ選び，記号で答えなさい。（　　　）

　ア．78％　　イ．21％　　ウ．1％　　エ．0.04％

問2　下線部bについて，人間の活動によって，大気中にしめる二酸化炭素の割合が増えてきていることを，近年の地球温暖化の原因とする見方がある。次の文XとYはそれぞれ正しいか，間違っているか。その組み合わせとして，最も適当なものを右のア～エから一つ選び，記号で答えなさい。

（　　　）

	X	Y
ア	正しい	正しい
イ	正しい	間違っている
ウ	間違っている	正しい
エ	間違っている	間違っている

X．火力発電によって大気中に二酸化炭素が放出される。

Y．地球温暖化によって海水面の上昇が心配されている。

問3　下線部cについて，マグマの海の中には，重さの違ういろいろなものが含まれていた。これらのものは長い時間をかけて重さの違いで分かれていき，冷えて固まった。このことから，地球の内部の構造にはどのような特徴があると推定できるか。最も適当なものを次のア～エから一つ選び，記号で答えなさい。（　　　）

ア．地表に近いほど軽く，地球の中心に近いほど重いものでできている。

イ．地表に近いほど重く，地球の中心に近いほど軽いものでできている。

ウ．北極に近いほど軽く，南極に近いほど重いものでできている。

エ．北極に近いほど重く，南極に近いほど軽いものでできている。

問4　下線部 d について，当時の海は塩酸などを含んだ雨が降ってできたと考えられている。塩酸に関する次の文 X と Y はそれぞれ正しいか，間違っているか。その組み合わせとして，最も適当なものを右のア～エから一つ選び，記号で答えなさい。（　　　）

	X	Y
ア	正しい	正しい
イ	正しい	間違っている
ウ	間違っている	正しい
エ	間違っている	間違っている

X．塩酸は塩素が水にとけた水溶液である。

Y．青色リトマス紙に塩酸をつけると赤色になる。

問5　下線部 e について，れき岩によって海があったことを推定できるのはなぜか。最も適当なものを次のア～エから一つ選び，記号で答えなさい。（　　　）

ア．れき岩は海の塩分が長い時間をかけて固まってできるため。

イ．れき岩は水の運ぱん・しん食・たい積のはたらきによってできるため。

ウ．れき岩は水面をただよう火山灰が固まってできるため。

エ．れき岩は必ず海にすむ生き物の化石を含むため。

問6　下線部 f について，2014 年に打ち上げられた日本の探査機が，ある小惑星に着陸して採取したものに「アミノ酸」が含まれていたことが報告された。この探査機と着陸した小惑星の名前の組み合わせとして，最も適当なものを右のア～エから一つ選び，記号で答えなさい。（　　　）

	探査機	小惑星
ア	はやぶさ	イトカワ
イ	はやぶさ	リュウグウ
ウ	はやぶさ 2	イトカワ
エ	はやぶさ 2	リュウグウ

問7　下線部 g について，次の文 X と Y はそれぞれ正しいか，間違っているか。その組み合わせとして，最も適当なものを右のア～エから一つ選び，記号で答えなさい。（　　　）

	X	Y
ア	正しい	正しい
イ	正しい	間違っている
ウ	間違っている	正しい
エ	間違っている	間違っている

X．昔の生き物が生活したあとは化石といえる。

Y．昔の川が流れたあとは化石といえる。

問8　下線部 h について，たい積岩の特徴を説明した次の文 X と Y はそれぞれ正しいか，間違っているか。その組み合わせとして，最も適当なものを右のア～エから一つ選び，記号で答えなさい。（　　　）

	X	Y
ア	正しい	正しい
イ	正しい	間違っている
ウ	間違っている	正しい
エ	間違っている	間違っている

X．岩石をつくっている粒は角ばっている。

Y．マグマが冷えて固まってできる。

3 ≪総合問題≫ 次の【会話文1】と【会話文2】を読んで, (1)～(6)の各問いに答えなさい。

(滋賀大附中)

【会話文1】

> 先生：昔から, 日本にはお月見をする習わしがあります。秋の時期には, 満月を見ますね。
>
> 花子：月の表面にはクレーターと呼ばれるくぼみがあります。また, 月の表面にあるもようを日本ではウサギの姿と見ることもありますね。なぜ月の形は満月だけでなく, さまざまな見え方をするのかな。
>
> 太郎：お月見の時にかざるススキについてあまりくわしく知らないな。ススキも花を咲かせたり, 実や種子をつけたりするのかな。くわしく調べてみたいな。

【太郎さんが調べてわかったこと】

　　ススキの穂は, ススキの花が集まったものです。花が咲いてから実ができると, まわりにふさふさとした毛が図1のように広がってくることがわかりました。また, 月は太陽の光の当たり方によって地球からの見え方が変わることがわかりました。

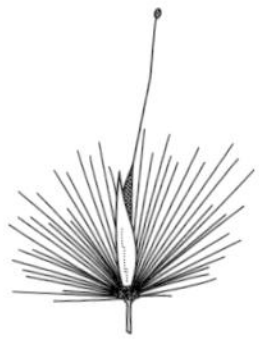

図1

(1) 太郎さんは, ススキの実の特ちょうから「実の運ばれ方」には都合の良い点があると気づきました。太郎さんが気づいたこととは, どのようなことですか。ススキの実の特ちょうに触れて書きなさい。

　　(　　　　　　　　　　　　　　　　　　　　　　　　　　　　　　　　　　　　　)

(2) ススキの花について考えられるものを, 次のア～ウから一つ選び, 記号で答えなさい。(　　　)

　　ア　日照時間が長くなり, 連続した暗い時間が短くなると開花する。

　　イ　日照時間が短くなり, 連続した暗い時間が長くなると開花する。

　　ウ　温度が高くなると花が開花し, 低くなると閉じる。

(3) 花子さんは月の形の見え方について調べるために, 暗くした部屋で白いボールに支えの棒を立てた後, 太陽に見立てた電灯の光を当て, カメラで写真をとりました。図2のアの方向から写真をとると, ボールが満月のように見えました。このとき, 電灯の光を当てた方向を, 図2のア～クから一つ選び, 記号で答えなさい。(　　　)

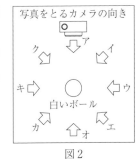

図2

(4) 図2のアの方向から写真をとることは変えずに, 電灯を置く位置だけを変えると, ボールは図3のように見えました。電灯の光を当てた方向を, 図2のア～クから一つ選び, 記号で答えなさい。

　　　　　　　　　　　　　　　　　　(　　　)

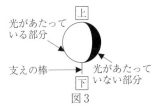

図3

【会話文2】

花子：飼育小屋にいるウサギのうしろあしをよく見ると，ヒト
　　の足とは全くつくりがちがいます。同じ動物でも，ウサギ
　　とヒトでは，体のつくりと運動とのかかわりもちがうので
　　しょうか。

先生：いいえ，図4をよく見てください。ウサギもヒトも，体
　　の骨のつくりはほとんど同じです。もう少しくわしく調
　　べてみてはどうですか。

ウサギの骨格（模式図）

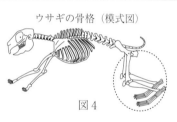

図4

(5)　図4に見られる，あしを曲げたりのばしたりすることができる骨と骨のつなぎ目を何といいま
　　すか。（　　　　）

(6)　花子さんは，ウサギのあしが曲がるしくみを説明する
　　ために，図4の◯で示す部分について，図5のような模
　　型をつくりました。あしが曲がるしくみについて，どの
　　ようなことがわかりますか。次のア～ウから一つ選び，記
　　号で答えなさい。（　　　　）

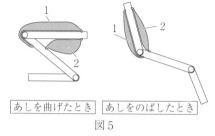

あしを曲げたとき　あしをのばしたとき
図5

　ア　1と2の筋肉が同時にちぢむと，あしは曲がること。

　イ　1の筋肉がちぢむと，2の筋肉がゆるみ，あしが曲が
　　ること。

　ウ　2の筋肉がちぢむと，1の筋肉がゆるみ，あしが曲がること。

A book for You
赤本バックナンバーのご案内

赤本バックナンバーを1年単位で印刷製本しお届けします！

弊社発行の「中学校別入試対策シリーズ（赤本）」の収録から外れた古い年度の過去問を1年単位でご購入いただくことができます。

「赤本バックナンバー」はamazon（アマゾン）の*プリント・オン・デマンドサービスによりご提供いたします。

定評のあるくわしい解答解説はもちろん赤本そのまま,解答用紙も付けてあります。

志望校の受験対策をさらに万全なものにするために,「赤本バックナンバー」をぜひご活用ください。

⚠ *プリント・オン・デマンドサービスとは,ご注文に応じて1冊から印刷製本し,お客様にお届けするサービスです。

ご購入の流れ

① 英俊社のウェブサイト https://book.eisyun.jp/ にアクセス

② トップページの「中学受験」 赤本バックナンバー をクリック

③ ご希望の学校・年度をクリックすると,amazon（アマゾン）のウェブサイトの該当書籍のページにジャンプ

④ amazon（アマゾン）のウェブサイトでご購入

⚠ 納期や配送,お支払い等,購入に関するお問い合わせは,amazon（アマゾン）のウェブサイトにてご確認ください。

⚠ 書籍の内容についてのお問い合わせは英俊社（06−7712−4373）まで。

⚠ 表中の×印の学校・年度は,著作権上の事情等により発刊いたしません。あしからずご了承ください。

※価格はすべて税込表示

学校名	2019年実施問題	2018年実施問題	2017年実施問題	2016年実施問題	2015年実施問題	2014年実施問題	2013年実施問題	2012年実施問題	2011年実施問題	2010年実施問題	2009年実施問題	2008年実施問題	2007年実施問題	2006年実施問題	2005年実施問題	2004年実施問題	2003年実施問題	2002年実施問題
大阪教育大学附属池田中学校	赤本に収録	1,320円 44頁	1,210円 42頁	1,210円 42頁	1,210円 40頁	1,210円 40頁	1,210円 40頁	1,210円 42頁	1,210円 40頁	1,210円 42頁	1,210円 38頁	1,210円 40頁	1,210円 38頁	1,210円 38頁	1,210円 36頁	1,210円 36頁	1,210円 40頁	1,210円 40頁
大阪教育大学附属天王寺中学校	赤本に収録	1,320円 44頁	1,210円 38頁	1,210円 40頁	1,210円 40頁	1,210円 40頁	1,210円 40頁	1,320円 44頁	1,210円 44頁	1,210円 40頁	1,210円 42頁	1,210円 38頁	1,210円 38頁	1,210円 38頁	1,210円 38頁	1,210円 40頁	1,210円 40頁	
大阪教育大学附属平野中学校	赤本に収録	1,210円 42頁	1,320円 44頁	1,210円 36頁	1,210円 36頁	1,210円 34頁	1,210円 38頁	1,210円 38頁	1,210円 36頁	1,210円 34頁	1,210円 36頁	1,210円 36頁	1,210円 34頁	1,210円 32頁	1,210円 30頁	1,210円 26頁	1,210円 26頁	
大阪女学院中学校	1,430円 60頁	1,430円 62頁	1,430円 64頁	1,430円 64頁	1,430円 58頁	1,430円 64頁	1,430円 62頁	1,430円 64頁	1,430円 60頁	1,430円 62頁	1,430円 60頁	1,430円 60頁	1,430円 56頁	1,430円 56頁	1,430円 58頁	1,430円 58頁		
大阪星光学院中学校	赤本に収録	1,320円 50頁	1,320円 48頁	1,320円 48頁	1,320円 46頁	1,320円 44頁	1,320円 44頁	1,320円 46頁	1,320円 46頁	1,320円 44頁	1,320円 44頁	1,210円 42頁	1,210円 42頁	1,320円 44頁	1,210円 40頁	1,210円 42頁		
大阪府立咲くやこの花中学校	赤本に収録	1,210円 36頁	1,210円 38頁	1,210円 38頁	1,210円 36頁	1,210円 34頁	1,430円 34頁	1,320円 62頁	1,320円 42頁	1,320円 46頁	1,320円 44頁	1,320円 50頁						
大阪府立富田林中学校	赤本に収録	1,210円 38頁	1,210円 40頁															
大阪桐蔭中学校	1,980円 116頁	1,980円 122頁	2,090円 134頁	2,090円 134頁	1,870円 110頁	2,090円 130頁	2,090円 130頁	1,980円 122頁	1,980円 114頁	2,200円 138頁	1,650円 84頁	1,760円 90頁	1,650円 84頁	1,650円 80頁	1,650円 88頁	1,650円 84頁	1,650円 80頁	1,210円 38頁
大谷中学校〈大阪〉	1,430円 64頁	1,430円 62頁	1,320円 50頁	1,870円 102頁	1,870円 104頁	1,980円 112頁	1,980円 116頁	1,760円 98頁	1,760円 96頁	1,760円 96頁	1,760円 94頁	1,870円 100頁	1,760円 92頁					
開明中学校	1,650円 78頁	1,870円 106頁	1,870円 106頁	1,870円 110頁	1,870円 108頁	1,870円 104頁	1,870円 102頁	1,870円 102頁	1,870円 100頁	1,870円 102頁	1,870円 104頁	1,870円 104頁	1,760円 96頁	1,760円 96頁	1,870円 100頁			
関西創価中学校	1,210円 34頁	1,210円 34頁	1,210円 36頁	1,210円 32頁	1,210円 32頁	1,210円 34頁	1,210円 32頁	1,210円 32頁	1,210円 32頁									
関西大学中等部	1,760円 92頁	1,650円 84頁	1,650円 84頁	1,650円 80頁	1,320円 48頁	1,210円 42頁	1,320円 44頁	1,210円 42頁	1,320円 44頁	1,320円 44頁								
関西大学第一中学校	1,320円 48頁	1,320円 48頁	1,320円 48頁	1,320円 48頁	1,320円 44頁	1,320円 46頁	1,320円 44頁	1,320円 44頁	1,210円 40頁	1,320円 40頁	1,320円 44頁	1,210円 40頁	1,320円 44頁	1,210円 40頁	1,210円 40頁	1,210円 40頁	1,210円 40頁	
関西大学北陽中学校	1,760円 92頁	1,760円 90頁	1,650円 86頁	1,650円 84頁	1,650円 88頁	1,650円 84頁	1,650円 82頁	1,430円 64頁	1,430円 62頁	1,430円 60頁								
関西学院中学部	1,210円 42頁	1,210円 40頁	1,210円 40頁	1,210円 40頁	1,210円 36頁	1,210円 38頁	1,210円 36頁	1,210円 40頁	1,210円 40頁	1,210円 38頁	1,210円 36頁	1,210円 34頁	1,210円 36頁	1,210円 34頁	1,210円 36頁	1,210円 34頁	1,210円 36頁	1,210円 36頁
京都教育大学附属桃山中学校	1,210円 40頁	1,210円 38頁	1,210円 38頁	1,210円 36頁	1,210円 34頁	1,210円 36頁	1,210円 34頁	1,210円 34頁	1,210円 36頁	1,210円 38頁	1,210円 32頁	1,210円 40頁	1,210円 36頁	1,210円 36頁	1,210円 42頁	1,210円 38頁		

近畿の中学（五十音順）

※価格はすべて税込表示

学校名	2019年実施問題	2018年実施問題	2017年実施問題	2016年実施問題	2015年実施問題	2014年実施問題	2013年実施問題	2012年実施問題	2011年実施問題	2010年実施問題	2009年実施問題	2008年実施問題	2007年実施問題	2006年実施問題	2005年実施問題	2004年実施問題	2003年実施問題	2002年実施問題
京都女子中学校	1,540円	1,760円	1,760円	1,650円	1,650円	1,650円	1,650円	1,430円	1,430円	1,430円	1,430円	1,430円	1,430円	1,430円	1,430円	1,430円		
	68頁	92頁	90頁	86頁	86頁	80頁	84頁	62頁	60頁	62頁	60頁	58頁	58頁	56頁	56頁	56頁		
京都市立西京高校附属中学校	赤本に収録	1,210円	1,210円	1,210円	1,210円	1,210円	1,210円	1,210円	1,210円	1,210円	1,210円	1,210円	1,210円					
		36頁	38頁	38頁	40頁	34頁	32頁	32頁	34頁	26頁	24頁	24頁	24頁					
京都府立洛北高校附属中学校	赤本に収録	1,210円	1,210円	1,210円	1,210円	1,210円	1,210円	1,210円	1,210円	1,210円	1,210円	1,210円	1,210円					
		40頁	40頁	40頁	36頁	34頁	32頁	32頁	36頁	28頁	24頁	26頁	26頁					
近畿大学附属中学校	1,650円	1,650円	1,650円	1,650円	1,650円	1,650円	1,650円	1,650円	1,540円	1,650円	1,540円	1,540円	1,540円	1,540円	1,540円	1,540円		
	86頁	80頁	82頁	84頁	80頁	80頁	78頁	78頁	76頁	78頁	70頁	76頁	74頁	74頁	70頁	68頁		
金蘭千里中学校	1,650円	1,650円	1,540円	1,980円	1,980円	1,320円	1,430円	1,430円	1,320円	1,540円	1,540円	1,540円	1,540円	1,540円	1,540円	1,540円		
	78頁	80頁	74頁	116頁	116頁	48頁	58頁	56頁	50頁	72頁	76頁	74頁	70頁	66頁	72頁	72頁		
啓明学院中学校	1,320円	1,320円	1,320円	1,320円	1,320円	1,320円	1,320円	1,320円	1,320円	1,320円	1,320円	1,210円	1,210円					
	44頁	46頁	46頁	46頁	48頁	44頁	44頁	46頁	46頁	44頁	44頁	42頁	42頁					
甲南中学校	1,430円	1,540円	1,540円	1,540円	1,540円													
	62頁	76頁	74頁	74頁	72頁													
甲南女子中学校	1,650円	1,540円	1,650円	1,650円	1,650円	1,540円	1,540円	1,540円	1,540円	1,540円	1,540円	1,540円	1,430円					
	84頁	76頁	82頁	78頁	80頁	74頁	72頁	72頁	72頁	70頁	74頁	72頁	56頁					
神戸海星女子学院中学校	1,540円	1,540円	1,540円	1,430円	1,430円	1,430円	1,430円	1,540円	1,540円	1,430円	1,320円	1,210円	1,210円					
	74頁	72頁	68頁	64頁	62頁	64頁	64頁	68頁	70頁	58頁	44頁	38頁	40頁					
神戸女学院中学部	赤本に収録	1,320円	1,320円	1,320円	1,320円	1,320円	1,320円	1,320円	1,210円	1,210円	1,210円	1,210円	1,210円	1,210円	1,210円	1,210円	1,210円	1,210円
		48頁	48頁	48頁	44頁	44頁	44頁	46頁	44頁	42頁	42頁	40頁	38頁	40頁	38頁	38頁	36頁	36頁
神戸大学附属中等教育学校	赤本に収録	1,320円	1,320円	1,320円	1,320円													
		50頁	52頁	46頁	44頁													
甲陽学院中学校	赤本に収録	1,320円	1,320円	1,320円	1,320円	1,320円	1,320円	1,320円	1,320円	1,320円	1,320円	1,210円	1,210円	1,210円	1,210円	1,210円	1,210円	1,210円
		50頁	46頁	44頁	44頁	44頁	44頁	44頁	44頁	44頁	44頁	42頁	42頁	42頁	40頁	42頁	42頁	40頁
三田学園中学校	1,540円	1,540円	1,430円	1,430円	1,430円	1,540円	1,430円	1,430円	1,430円	1,430円	1,430円	1,430円	1,430円	1,430円	1,430円	1,430円	1,210円	
	66頁	68頁	64頁	62頁	62頁	66頁	58頁	54頁	60頁	58頁	60頁	60頁	62頁	58頁	54頁	54頁	38頁	
滋賀県立中学校（河瀬・水口東・守山）	赤本に収録	1,210円	1,210円	1,210円	1,210円	1,210円	1,210円	1,210円	1,210円	1,210円	1,210円	1,210円	1,210円					
		24頁	24頁	24頁	24頁	24頁	24頁	24頁	24頁	24頁	24頁	24頁	24頁					
四天王寺中学校	1,320円	1,320円	1,320円	1,320円	1,320円	1,320円	1,320円	1,320円	1,320円	1,210円	1,320円	1,320円	1,320円	1,430円	×	1,430円	1,430円	1,430円
	52頁	46頁	50頁	50頁	50頁	48頁	44頁	48頁	46頁	42頁	44頁	46頁	48頁	62頁	×	56頁	56頁	54頁
淳心学院中学校	1,540円	1,540円	1,540円	1,430円	1,430円	1,430円	1,320円	1,320円	1,320円	1,320円	1,320円	1,320円	1,210円					
	66頁	70頁	66頁	62頁	62頁	60頁	44頁	44頁	44頁	44頁	44頁	46頁	42頁					
親和中学校	1,760円	1,870円	1,760円	1,540円	1,540円	1,540円	1,540円	1,540円	1,430円	1,430円	1,430円	1,430円	1,430円					
	94頁	108頁	94頁	76頁	74頁	76頁	74頁	74頁	56頁	54頁	54頁	54頁	56頁					
須磨学園中学校	1,980円	2,090円	2,090円	1,980円	2,090円	1,980円	1,980円	1,870円	1,980円	1,980円	1,980円	1,980円	1,980円	1,980円	1,980円	1,870円		
	118頁	124頁	134頁	120頁	124頁	112頁	114頁	110頁	116頁	122頁	122頁	118頁	120頁	116頁	114頁	104頁		
清教学園中学校	1,210円	1,540円	1,540円	1,540円	1,540円	1,540円	1,540円	1,540円	1,540円	1,540円	1,540円	1,540円	1,430円					
	38頁	72頁	70頁	70頁	72頁	70頁	66頁	68頁	68頁	70頁	68頁	68頁	64頁					
清風中学校	2,200円	2,090円	2,090円	2,200円	2,090円	2,090円	2,090円	2,090円	1,870円	1,980円	1,870円	1,870円	1,650円	1,540円	1,650円	1,540円		
	142頁	128頁	134頁	140頁	134頁	136頁	136頁	128頁	108頁	114頁	110頁	108頁	82頁	76頁	78頁	74頁		
清風南海中学校	赤本に収録	1,760円	1,760円	1,760円	1,760円	1,760円	1,760円	1,760円	1,760円	1,760円	1,760円	1,760円	1,760円	1,650円	1,650円	1,760円	1,650円	1,650円
		98頁	96頁	94頁	92頁	92頁	92頁	90頁	92頁	90頁	90頁	90頁	94頁	88頁	86頁	90頁	82頁	82頁
高槻中学校	1,870円	1,650円	1,650円	2,090円	1,980円	1,980円	2,090円	1,980円	1,540円	1,650円	1,540円	1,540円	1,540円	×	1,540円	×	1,540円	1,650円
	106頁	88頁	82頁	124頁	120頁	114頁	126頁	114頁	72頁	78頁	74頁	68頁	68頁	×	76頁	×	74頁	78頁
滝川中学校	1,760円	2,090円	1,870円	1,870円	1,760円													
	96頁	128頁	104頁	100頁	98頁													
智辯学園和歌山中学校	1,650円	1,650円	1,540円	1,540円	1,540円	1,540円	1,540円	1,540円	1,430円	1,540円	1,540円	1,540円	1,320円					
	80頁	80頁	74頁	72頁	72頁	70頁	74頁	74頁	64頁	74頁	76頁	70頁	46頁					
帝塚山中学校	2,090円	2,310円	2,310円	2,310円	2,310円	2,090円	2,090円	2,090円	2,090円	2,310円	2,090円	2,090円	2,200円	2,310円	1,540円	1,430円	1,430円	
	124頁	156頁	156頁	154頁	152頁	124頁	130頁	148頁	154頁	148頁	150頁	152頁	140頁	156頁	66頁	62頁	60頁	
帝塚山学院中学校	1,210円	1,210円	1,210円	1,210円	1,210円	1,210円	1,210円	1,210円	1,210円	1,210円	1,210円	1,210円	1,210円					
	42頁	38頁	36頁	36頁	38頁	36頁	36頁	34頁	36頁	34頁	34頁	34頁	36頁					
帝塚山学院泉ヶ丘中学校	1,320円	1,320円	1,210円	1,760円	1,650円	1,650円	1,650円	1,650円	1,320円	1,210円	1,210円	1,210円	1,210円					
	50頁	46頁	42頁	92頁	84頁	84頁	82頁	86頁	50頁	42頁	42頁	42頁	42頁					
同志社中学校	1,320円	1,320円	1,210円	1,210円	1,210円	1,210円	1,210円	1,210円	1,210円	1,210円	1,210円	1,210円	1,210円	1,210円	1,210円	1,210円	1,210円	1,210円
	48頁	44頁	40頁	40頁	40頁	40頁	40頁	40頁	42頁	40頁	40頁	40頁	42頁	40頁	38頁	40頁	38頁	36頁
同志社香里中学校	1,650円	1,650円	1,540円	1,650円	1,650円	1,650円	1,650円	1,650円	×	×	1,210円	1,210円	1,210円	1,210円	1,210円	1,210円	1,210円	
	86頁	78頁	76頁	78頁	80頁	78頁	80頁	78頁	×	×	38頁	38頁	40頁	40頁	38頁	42頁	40頁	
同志社国際中学校	1,320円	1,320円	1,320円	1,320円	1,320円	1,210円	1,210円	1,210円	1,210円	1,210円	1,210円	1,210円	1,210円					
	52頁	52頁	48頁	46頁	44頁	42頁	36頁	34頁	36頁	34頁	34頁	32頁	34頁					
同志社女子中学校	1,760円	1,760円	1,760円	1,760円	1,650円	1,650円	1,650円	1,650円	1,320円	1,320円	1,210円	1,210円	1,210円	1,210円	1,210円	×	1,320円	1,320円
	96頁	98頁	96頁	92頁	84頁	86頁	82頁	86頁	46頁	46頁	46頁	42頁	42頁	40頁	42頁	×	44頁	44頁

※価格はすべて税込表示

学校名	2019年実施問題	2018年実施問題	2017年実施問題	2016年実施問題	2015年実施問題	2014年実施問題	2013年実施問題	2012年実施問題	2011年実施問題	2010年実施問題	2009年実施問題	2008年実施問題	2007年実施問題	2006年実施問題	2005年実施問題	2004年実施問題	2003年実施問題	2002年実施問題
東大寺学園中学校	赤本に収録	1,430円	1,430円	1,430円	1,430円	1,430円	1,320円	1,320円	1,320円	1,320円	1,320円	1,320円	1,320円	1,320円	1,210円	1,320円	1,320円	1,320円
		58頁	58頁	54頁	54頁	56頁	50頁	52頁	52頁	48頁	46頁	44頁	46頁	48頁	42頁	46頁	44頁	46頁
灘中学校	赤本に収録	1,320円	1,320円	1,320円	1,320円	1,320円	1,320円	1,320円	1,320円	1,320円	1,320円	1,320円	1,210円	1,320円	1,320円	1,320円	1,320円	
		48頁	48頁	52頁	48頁	46頁	46頁	44頁	44頁	46頁	46頁	46頁	42頁	46頁	46頁	46頁	46頁	
奈良学園中学校	2,090円	1,980円	1,980円	1,980円	1,980円	1,870円	1,980円	1,870円	1,870円	1,870円	1,870円	1,870円	1,870円	1,870円	1,540円	1,540円		
	132頁	120頁	120頁	112頁	116頁	110頁	114頁	110頁	108頁	104頁	106頁	104頁	102頁	100頁	68頁	66頁		
奈良学園登美ヶ丘中学校	1,540円	1,540円	1,540円	1,650円	1,650円	1,650円	2,090円	2,090円	1,980円	1,870円	1,760円	1,760円						
	70頁	70頁	68頁	86頁	80頁	86頁	126頁	126頁	120頁	104頁	98頁	96頁						
奈良教育大学附属中学校	1,320円	1,210円	1,210円	1,210円	1,210円	1,210円	1,210円	1,210円	1,210円	1,210円	1,210円	1,210円	1,210円	1,210円	1,210円	1,210円	1,210円	
	44頁	42頁	38頁	36頁	38頁	38頁	36頁	38頁	36頁	38頁	36頁	38頁	38頁	36頁	38頁	38頁	38頁	
奈良女子大学附属中等教育学校	1,210円	1,210円	1,210円	1,210円	1,210円	1,210円	1,210円	1,210円	1,210円	1,210円	1,210円	1,210円	1,210円					
	24頁	24頁	24頁	24頁	24頁	24頁	24頁	24頁	24頁	24頁	24頁	24頁	24頁					
西大和学園中学校	赤本に収録	2,200円	2,200円	1,430円	1,870円	1,760円	1,430円	1,430円	1,650円	1,650円	×	1,650円	×	1,650円	1,320円	1,320円	1,320円	1,320円
		136頁	140頁	58頁	100頁	98頁	54頁	54頁	84頁	86頁	×	80頁	×	84頁	48頁	44頁	46頁	46頁
白陵中学校	赤本に収録	1,210円	1,210円	1,210円	1,210円	1,210円	1,210円	1,210円	1,210円	1,210円	1,210円	1,210円	1,210円	1,210円	1,210円	1,210円	1,210円	1,210円
		36頁	38頁	36頁	38頁	36頁	38頁	36頁	38頁	36頁	36頁	34頁	36頁	34頁	36頁	34頁	34頁	34頁
東山中学校	1,320円	1,320円	1,320円	1,320円	1,320円													
	48頁	50頁	44頁	46頁	48頁													
雲雀丘学園中学校	1,650円	1,650円	1,650円	1,650円	1,430円	1,210円	1,210円	1,210円	1,210円	1,210円	1,210円	1,210円	1,210円	1,210円	1,210円	1,210円		
	78頁	80頁	80頁	78頁	60頁	32頁	30頁	30頁	32頁	30頁	28頁	28頁	26頁	26頁	26頁	28頁		
武庫川女子大学附属中学校	1,650円	1,650円	1,650円	1,760円	1,650円	1,760円	1,760円	1,760円	1,760円	1,760円	1,650円	1,430円	1,430円					
	88頁	78頁	80頁	90頁	88頁	92頁	94頁	96頁	90頁	94頁	88頁	56頁	56頁					
明星中学校	1,980円	1,980円	1,980円	1,980円	1,980円	1,980円	1,980円	1,760円	1,650円	1,650円	1,650円	1,650円	1,650円	1,650円	×	1,650円		
	118頁	116頁	122頁	116頁	112頁	112頁	118頁	92頁	86頁	86頁	86頁	86頁	80頁	84頁	×	84頁		
桃山学院中学校	1,540円	1,650円	1,650円	1,540円	1,650円	1,650円	1,540円	1,540円	1,650円	1,540円	1,540円							
	74頁	82頁	80頁	76頁	78頁	78頁	74頁	74頁	78頁	72頁	68頁							
洛星中学校	赤本に収録	1,760円	1,870円	1,760円	1,760円	1,760円	1,870円	1,870円	1,760円	1,760円	1,760円	1,760円	1,760円	1,760円	1,650円	1,650円	1,650円	1,650円
		98頁	100頁	96頁	96頁	92頁	100頁	102頁	96頁	96頁	94頁	96頁	94頁	94頁	84頁	82頁	82頁	84頁
洛南高等学校附属中学校	赤本に収録	1,430円	1,430円	1,430円	1,320円	1,320円	1,430円	1,430円	1,320円	1,430円	1,320円	1,430円	1,320円	1,320円	×	1,430円	1,430円	1,430円
		56頁	56頁	54頁	52頁	52頁	54頁	56頁	52頁	54頁	50頁	48頁	52頁	48頁	×	60頁	60頁	58頁
立命館中学校	1,650円	1,650円	1,650円	1,650円	1,650円	1,540円	1,540円	1,540円	1,540円	1,540円	1,540円	1,540円	×	1,430円	1,430円			
	82頁	82頁	78頁	86頁	80頁	76頁	72頁	74頁	72頁	70頁	66頁	70頁	×	58頁	54頁			
立命館宇治中学校	1,650円	1,650円	1,650円	1,650円	1,540円	1,540円	1,540円	1,540円	1,540円	1,540円	1,540円	1,320円	1,320円	1,320円	1,320円	1,320円		
	86頁	82頁	80頁	78頁	76頁	76頁	68頁	72頁	74頁	74頁	72頁	52頁	52頁	52頁	52頁	52頁		
立命館守山中学校	1,650円	1,430円	1,540円	1,430円	1,430円	1,430円	1,430円	1,430円	1,430円	1,430円	1,430円	1,430円						
	80頁	64頁	66頁	64頁	62頁	60頁	60頁	58頁	58頁	56頁	58頁	54頁						
六甲学院中学校	1,430円	1,430円	1,430円	1,430円	1,430円	1,320円	1,430円	1,320円	1,430円	1,430円	×	1,320円	1,430円	1,320円	1,320円	1,320円	1,320円	
	58頁	56頁	56頁	60頁	56頁	52頁	56頁	52頁	54頁	56頁	×	50頁	58頁	50頁	46頁	52頁	50頁	
和歌山県立中学校（向陽・古佐田丘・田辺・桐蔭・日高高附中）	1,210円	1,760円	1,760円	1,650円	1,650円	1,650円	1,540円	1,650円	1,760円	1,870円	1,650円	1,650円	1,540円					
	34頁	90頁	90頁	86頁	80頁	88頁	70頁	78頁	98頁	108頁	88頁	78頁	74頁					
愛知中学校	1,320円	1,320円	1,320円	1,320円	1,320円	1,210円	1,210円	1,210円	1,210円	1,210円	1,210円	1,210円	1,210円	1,210円	1,210円	1,210円	1,210円	
	48頁	44頁	46頁	44頁	42頁	38頁	34頁	38頁	38頁	36頁	36頁	36頁	34頁	32頁	30頁	32頁	28頁	
愛知工業大学名電中学校	1,320円	1,650円	1,980円	1,650円	1,650円													
	46頁	86頁	122頁	82頁	86頁													
愛知淑徳中学校	1,430円	1,320円	1,320円	1,320円	1,320円	1,210円	1,320円	1,320円	1,320円	1,320円	1,210円	1,210円	1,210円					
	54頁	48頁	46頁	46頁	44頁	42頁	46頁	44頁	44頁	44頁	42頁	42頁	40頁					
海陽中等教育学校	赤本に収録	1,760円	2,090円	2,090円	1,980円	1,980円	1,980円	1,980円	1,980円	1,540円	1,430円	1,760円	1,870円	1,870円				
		90頁	132頁	126頁	122頁	116頁	112頁	112頁	112頁	74頁	64頁	96頁	110頁	100頁				
金城学院中学校	1,320円	1,320円	1,210円	1,210円	1,210円	1,210円	1,210円	1,210円	1,210円	1,210円	1,210円	1,210円	1,210円	1,210円	1,210円	1,210円		
	46頁	44頁	40頁	42頁	42頁	38頁	40頁	42頁	42頁	38頁	40頁	40頁	38頁	36頁	36頁	24頁		
滝中学校	1,320円	1,320円	1,320円	1,320円	1,210円	1,210円	1,210円	1,210円	1,210円	1,210円	1,210円	1,210円	1,210円	1,210円	1,210円	1,210円	1,210円	
	48頁	48頁	46頁	44頁	40頁	42頁	40頁	40頁	42頁	40頁	40頁	38頁	42頁	42頁	40頁	34頁	36頁	
東海中学校	1,320円	1,320円	1,210円	1,320円	1,210円	1,320円	1,320円	1,320円	1,320円	1,210円	1,320円	1,210円	1,320円	1,210円	1,210円	1,210円		
	50頁	44頁	38頁	44頁	42頁	44頁	44頁	44頁	44頁	40頁	44頁	40頁	38頁	36頁	40頁	36頁		
名古屋中学校	1,430円	1,320円	1,320円	1,320円	1,320円	1,320円	1,320円	1,320円	1,210円	1,210円	1,210円	1,210円	1,210円					
	56頁	52頁	50頁	48頁	50頁	44頁	44頁	40頁	40頁	40頁	36頁	34頁	40頁					
南山中学校女子部	1,430円	1,320円	1,320円	1,320円	1,210円	1,320円	1,320円	1,320円	1,320円	1,210円	1,320円	1,320円	1,320円	1,320円	1,210円	1,210円		
	56頁	50頁	52頁	50頁	48頁	46頁	48頁	46頁	44頁	42頁	44頁	46頁	46頁	44頁	42頁	42頁		
南山中学校男子部	1,320円	1,320円	1,320円	1,320円	1,210円	1,320円	1,320円	1,320円	1,320円	1,320円	1,210円	×	1,210円	1,210円	1,210円	1,210円		
	52頁	50頁	50頁	46頁	42頁	46頁	46頁	44頁	46頁	46頁	42頁	×	40頁	38頁	40頁	36頁		

愛知の中学（五十音順）

英俊社の中学入試対策問題集

各書籍のくわしい内容はこちら→

算数が苦手でも大丈夫。1日10問で受験に必要な力が身につく!

日々トレ算数問題集　今日からはじめる受験算数

その1 基礎解法編
1,430円(税込)

その2 反復学習編
1,650円(税込)

その3 テストゼミ編
1,430円(税込)

近畿圏の中学入試の定番

近畿の中学入試シリーズ　各書籍 2,310円(税込)

最新2年分の近畿圏中学入試から問題を精選し、単元別にまとめています。段階的な問題配列で、無理なく実力アップをはかれます。

近畿の中学入試 標準編 算数	近畿の中学入試 発展編 算数
近畿の中学入試 標準編 理科	近畿の中学入試 発展編 理科
近畿の中学入試 標準編 社会	近畿の中学入試 発展編 社会
近畿の中学入試 標準編 国語	近畿の中学入試 発展編 国語

近畿の中学入試 英語　※英語は単元別ではなく、学校単位の収録です

算数・国語・理科の弱点対策!

合格トレインシリーズ　各書籍 1,540円〜1,760円(税込)

赤本5年分から良問を厳選。算数は『数と計算』『文章題』『図形』に分かれており、苦手分野を集中的にトレーニングすることができます。

合格トレイン 算数 数と計算	**合格トレイン 理科** 計算問題
合格トレイン 算数 文章題	**合格トレイン 理科** 知識問題
合格トレイン 算数 図形	**合格トレイン 理科** 思考問題
合格トレイン 国語 読解(改訂版)	
合格トレイン 国語 ことば・漢字・文法	

学校・塾の指導者の先生方へ

赤本収録の**入試問題データベース**を利用して、**オリジナルプリント教材**を作成していただけるサービスが登場!!　生徒**ひとりひとりに合わせた教材作り**が可能です。

プリント教材作成システム
KAWASEMI Lite

くわしくは KAWASEMI Lite 検索 で検索!
まずは無料体験版をぜひお試しください。

※指導者の先生方向けの専用サービスです。受験生など個人の方はご利用いただけませんので、ご注意ください。

 解 答

1．力のつりあいと運動

★問題 P．3〜15★

[1] (2) 支点の左右で(支点からの距離)×(おもりの重さ)の合計が等しいとき，棒は水平につりあう。支点からの距離が3で等しいので，おもりの重さも同じ。

(3) 支点から4離れたコの位置につるすおもりの重さは，

$$12 (g) \times 3 \div 4 = 9 (g)$$

(4) 支点から3離れたケの位置につるすおもりの重さは，

$$30 (g) \times 5 \div 3 = 50 (g)$$

(5) 支点から1離れたキの位置につるすおもりの重さは，

$$10 (g) \times 4 + 10 (g) \times 1 \div 1 = 50 (g)$$

(6) 棒1のケの位置につるしたひもにかかる重さは，(4)と同じ50g。

よって，チにつるすおもりの重さは，

$$50 (g) - 18 (g) - 5 (g) = 27 (g)$$

このとき，棒2も水平につりあう。

答 (1) D　(2) 10 (g)　(3) B　(4) C　(5) D

(6) B

[2] 問1．うでの左側にかかる力の大きさは，

$$20 (g) \times 6 (マス) = 120$$

なので，右側につるすおもりの位置は支点から，

$$120 \div 30 (g) = 4 (マス)$$

はなれたところ。

問2．うでの左側にかかる力の大きさは問1と同じ120なので，クにつるすおもりの重さは，

$$120 \div 1 (マス) = 120 (g)$$

問3．うでの左側にかかる力の大きさは，

$$120 + 30 (g) \times 3 (マス) = 210$$

なので，スにつるすおもりの重さは，

$$210 \div 6 (マス) = 35 (g)$$

問4．うでの左側にかかる力は120，右側にかかる力は，

$$50 (g) \times 2 (マス) = 100$$

なので，右側の方が，

$$120 - 100 = 20$$

小さい。

よって，もう一つのおもりをつるす位置は支点から，

$$20 \div 20 (g) = 1 (マス)$$

右側の位置。

問5．

(i) $60 (g) \times \dfrac{40 (cm)}{40 (cm) + 20 (cm)} = 40 (g)$

(ii) うでのケからスまでの重さは，

$$60 (g) - 40 (g) = 20 (g)$$

うでの左側にかかる力の大きさは，

$$40 (g) \times 4 (マス) = 160，$$

右側にかかる力の大きさは，

$$20 (g) \times 2 (マス) = 40$$

なので，差は，

$$160 - 40 = 120$$

よって，スにつるすおもりの重さは，

$$120 \div 4 (マス) = 30 (g)$$

問6．穴によって，うでは12等分に分けられる。支点がオのとき，おもりによって左側にかかる力の大きさは，

$$60 (g) \times 2 (マス) = 120$$

このとき，うでの重さだけで左側にかかる力は，

$$60 (g) \times \dfrac{4}{12} \times \dfrac{4}{2} (マス) = 40，$$

右側にかかる力は，

$$60 (g) \times \dfrac{8}{12} \times \dfrac{8}{2} (マス) = 160，$$

左右の差は，

$$160 - 40 = 120$$

となり，おもりによる力と等しくなるのでつり合う。

答 問1．サ　問2．120 (g)　問3．35 (g)

問4．ク　問5．(i) 40 (g)　(ii) 30 (g)

問6．オ

[3] (1) 図1で，Ⓐ3個とⒷ1個がつりあっているので，おもりⒶの重さを1，おもりⒷの重さを3とする。てこのつりあいより，図2でおもりⒸ2個分の重さは，

$$(1 \times 2 + 3) \times 30 (cm) \div 30 (cm) = 5$$

より，Ⓒ1個分の重さは，

$5 \div 2 = 2.5$

(2)　(1)より，図3の左側につるしたおもりの重さは，

　　$3 + 2.5 = 5.5$，

　　右側につるしたおもりの重さは，

　　$1 \times 2 + 3 = 5$

　　なので，右側の方が軽い。

(3)　(1)より，棒を反時計回りに回すはたらきは，

　　$(1 + 2.5 \times 2) \times 10 \,(\mathrm{g}) \times 30 \,(\mathrm{cm}) = 1800$

　　棒を時計回りに回すはたらきも1800になれば
つりあうので，棒の右側につるすおもりの重さは，

　　$1800 \div 20 \,(\mathrm{cm}) = 90 \,(\mathrm{g})$

　　おもり⑧の重さは，

　　$3 \times 10 \,(\mathrm{g}) = 30 \,(\mathrm{g})$

　　なので，つるすおもり⑧の数は，

　　$90 \,(\mathrm{g}) \div 30 \,(\mathrm{g}) = 3 \,(個)$

答　(1) ⑧＞©＞Ⓐ　(2) ア　(3) 3（個）

4 (1)　支点と力点のきょりに対して，支点と作用点
のきょりが小さいほど，力点で加えた小さな力
が作用点で大きくなる。せんぬきは，支点―作
用点―力点の位置関係で，支点と作用点のきょ
りがとても小さいため，加えた力が大きくなっ
てせんをぬくことができる。ピンセットは支点
―力点―作用点の位置関係で，力点で加えた小
さな動きが作用点で大きくなり，細かい作業に
向いている。

(2)ア．支点が棒のちょうど中央のため，棒の両
端に同じ重さのおもりをつるすと，棒はつり
合う。

　　イ．60gのおもりが棒を反時計回りにまわす
はたらきが，

　　　　$60 \,(\mathrm{g}) \times 40 \,(\mathrm{cm}) = 2400$

　　　　より，イの重さは，

　　　　$2400 \div (100 - 40)\,(\mathrm{cm}) = 40 \,(\mathrm{g})$

　　ウ．60gのおもりが棒を反時計回りにまわす
はたらきが，

　　　　$60 \,(\mathrm{g}) \times 40 \,(\mathrm{cm}) = 2400$，

　　　　30gのおもりが棒を時計回りにまわすは
たらきが，

　　　　$30 \,(\mathrm{g}) \times 40 \,(\mathrm{cm}) = 1200$

　　　　なので，ウのおもりが棒を時計回りにまわす
はたらきは，

　　　　$2400 - 1200 = 1200$

よって，ウの重さは，

　　$1200 \div (100 - 40)\,(\mathrm{cm}) = 20 \,(\mathrm{g})$

(3)A．ばねばかりBがつるす点を支点として考え
ると，2つのおもりが棒を反時計回りにまわ
すはたらきが，

　　$200 \,(\mathrm{g}) \times (100 - 50)\,(\mathrm{cm})$

　　$+ 100 \,(\mathrm{g}) \times (100 - 50 - 30)\,(\mathrm{cm})$

　　$= 12000$

　　ばねばかりAが棒を時計回りにまわすはた
らきも12000なので，ばねばかりAが示す
値は，

　　$12000 \div 100 \,(\mathrm{cm}) = 120 \,(\mathrm{g})$

　　B．棒には下向きに，

　　$200 \,(\mathrm{g}) + 100 \,(\mathrm{g}) = 300 \,(\mathrm{g})$

　　の力がかかっているので，上向きにも300g
の力がかかる。

　　よって，ばねばかりBの示す値は，

　　$300 \,(\mathrm{g}) - 120 \,(\mathrm{g}) = 180 \,(\mathrm{g})$

(4)・(5)　棒の両端をばねばかりでつるすと，左端
をつるしたばねばかりは120g，右端をつるした
ばねばかりは80gを示すことになるので，棒の
重さは，

　　$120 \,(\mathrm{g}) + 80 \,(\mathrm{g}) = 200 \,(\mathrm{g})$

図7のように棒の左端を支点として考えると，
ばねばかりが棒を反時計回りにまわすはたら
きが，

　　$80 \,(\mathrm{g}) \times 100 \,(\mathrm{cm}) = 8000$

棒の重心に200gの重さがかかっていると考え
ることができるので，棒の重心は棒の左端から，

　　$8000 \div 200 \,(\mathrm{g}) = 40 \,(\mathrm{cm})$

答　(1) ① ウ　② ア　③ オ

(2) ア．60（g）　イ．40（g）　ウ．20（g）

(3) A．120（g）　B．180（g）　(4) 200（g）

(5) 40（cm）

5 (1)　棒の重さ300gは，棒のはしから，

　　$100 \,(\mathrm{cm}) \div 2 = 50 \,(\mathrm{cm})$

である棒の中央につるされていると考える。図
1より，支点から棒の重さまでの長さは，

　　$50 \,(\mathrm{cm}) - 20 \,(\mathrm{cm}) = 30 \,(\mathrm{cm})$

棒の重さから棒に反時計回りにはたらく力は，

　　$30 \,(\mathrm{cm}) \times 300 \,(\mathrm{g}) = 9000$

棒が水平になるとき，おもりAから棒にはたら
く時計回りの力は9000。支点からおもりAま

での長さは 20cm なので，おもり A の重さは，

9000 ÷ 20（cm）＝ 450（g）

図 2 より，支点から棒の重さまでの長さは，

50（cm）− 30（cm）＝ 20（cm）

棒の重さから棒に反時計回りにはたらく力は，

20（cm）× 300（g）＝ 6000

支点の左のおもり B から棒に反時計回りにはたらく力と支点の右のおもり B から棒に時計回りにはたらく力の比は，支点からの長さの比と同じになるので，

5（cm）：30（cm）＝ 1：6

棒が水平になるとき，支点の左のおもり B と右のおもり B から棒にはたらく力の差が 6000 となるので，支点の左のおもり B から棒にはたらく力は，

$6000 × \dfrac{1}{6 − 1} = 1200$

よって，おもり B の重さは，

1200 ÷ 5（cm）＝ 240（g）

(2)(あ)　はかり A を支点と考える。はかり A から棒の中央までの長さは，

50（cm）− 10（cm）＝ 40（cm）

棒の重さから棒に時計回りにはたらく力は，

40（cm）× 300（g）＝ 12000

棒が水平になるとき，はかり B から棒に反時計回りにはたらく力は 12000。表 2 より，$b = 250$ なので，はかり A からはかり B までの長さは，

12000 ÷ 250（g）＝ 48（cm）

よって，

$x = 10（cm）+ 48（cm）= 58（cm）$

(い)・(う)　(あ)より，棒の重さから棒に時計回りにはたらく力は 12000。

よって，棒が水平になるとき，はかり B から棒に反時計回りにはたらく力は 12000。表 1 より，$x = 70$ なので，はかり A からはかり B までの長さは，

70（cm）− 10（cm）＝ 60（cm）

b の値は，

12000 ÷ 60（cm）＝ 200（g）

棒にはたらく上向きの力と下向きの力はつり合っているので，a の値は，

300（g）− 200（g）＝ 100（g）

(3)ア．2 つのはかりの値を足し合わせると棒の重さと等しくなる。

イ．x の値が 50 より小さい場合，棒に時計回りにはたらく力はあるが，棒に反時計回りにはたらく力がないので，棒は時計回りにかたむく。

ウ・エ．x の値が 90 より大きくなると，b の値よりも a の値の方が大きくなり，棒を水平に保つことができる。

(4)(え)　はかり A を支点と考える。(2)(あ)より，棒の重さから棒に時計回りにはたらく力は 12000。表 2 より，$x = 45$，$b = 400$。はかり A からはかり B までの長さは，

45（cm）− 10（cm）＝ 35（cm）

はかり B から棒に反時計回りにはたらく力は，

35（cm）× 400（g）＝ 14000

棒が水平になるとき，200g のおもりから棒に時計回りにはたらく力は，

14000 − 12000 ＝ 2000

はかり A から 200g のおもりまでの長さは，

2000 ÷ 200（g）＝ 10（cm）

y の値は，

10（cm）+ 10（cm）＝ 20（cm）

(お)　(2)(あ)より，棒の重さから棒に時計回りにはたらく力は 12000。表 2 より，$y = 50$ なので，はかり A から 200g のおもりまでの長さは，

50（cm）− 10（cm）＝ 40（cm）

200g のおもりから棒に時計回りにはたらく力は，

40（cm）× 200（g）＝ 8000

棒が水平になるとき，はかり B から棒に反時計回りにはたらく力は，

12000 + 8000 ＝ 20000

表 2 より，$b = 250$ なので，はかり A からはかり B までの長さは，

20000 ÷ 250（g）＝ 80（cm）

x の値は，

10（cm）+ 80（cm）＝ 90（cm）

答 (1) A．450（g）　B．240（g）

(2)(あ) 58　(い) 100　(う) 200　(3) ウ

(4)(え) 20　(お) 90

6 (1)　ばね A のもとの長さは 10cm であり，10g で，

12（cm）− 10（cm）＝ 2（cm）

のびる。

よって，40g のおもりをつるすと，ばねの長

さは，

$$10 \text{ (cm)} + 2 \text{ (cm)} \times \frac{40 \text{ (g)}}{10 \text{ (g)}} = 18 \text{ (cm)}$$

(2)A．ばね A にかかる力は，

$$30 \text{ (g)} + 30 \text{ (g)} = 60 \text{ (g)}$$

よって，ばね A の長さは，

$$10 \text{ (cm)} + 2 \text{ (cm)} \times \frac{60 \text{ (g)}}{10 \text{ (g)}} = 22 \text{ (cm)}$$

B．ばね B のもとの長さは 6 cm であり，10g で，

$$9 \text{ (cm)} - 6 \text{ (cm)} = 3 \text{ (cm)}$$

のびる。

よって，30g のおもりをつるすと，ばねの長さは，

$$6 \text{ (cm)} + 3 \text{ (cm)} \times \frac{30 \text{ (g)}}{10 \text{ (g)}} = 15 \text{ (cm)}$$

(3) 図 2 のようにばね A とばね B を直列につなぐと，おもりをつるさないときのばね全体の長さは，

$$10 \text{ (cm)} + 6 \text{ (cm)} = 16 \text{ (cm)}$$

で，10g のおもりをつるすとばねののびの合計は，

$$2 \text{ (cm)} + 3 \text{ (cm)} = 5 \text{ (cm)}$$

となる。

よって，図 2 では，ばね A とばね B ののびの合計は，

$$66 \text{ (cm)} - 16 \text{ (cm)} = 50 \text{ (cm)}$$

なので，ばね A だけののびは，

$$50 \text{ (cm)} \times \frac{2 \text{ (cm)}}{5 \text{ (cm)}} = 20 \text{ (cm)}$$

となり，ばね A の長さは，

$$10 \text{ (cm)} + 20 \text{ (cm)} = 30 \text{ (cm)}$$

また，ばね B だけののびは，

$$50 \text{ (cm)} \times \frac{3 \text{ (cm)}}{5 \text{ (cm)}} = 30 \text{ (cm)}$$

となり，ばね B の長さは，

$$6 \text{ (cm)} + 30 \text{ (cm)} = 36 \text{ (cm)}$$

(4) ばねやおもりが動かないように，ばねばかりが 50g の力でばね B とおもりを支えている。

(5) 図 4 は，図 3 でばねばかりを引く 50g の力を 50g のおもりに置きかえたものといえる。

よって，ばね B には 50g の力がかかるので，ばね B の長さは，

$$6 \text{ (cm)} + 3 \text{ (cm)} \times \frac{50 \text{ (g)}}{10 \text{ (g)}} = 21 \text{ (cm)}$$

(6) 図 5 では，それぞれのばね A にかかる力は，

$$60 \text{ (g)} \div 2 = 30 \text{ (g)}$$

なので，ばね A の長さは，

$$10 \text{ (cm)} + 2 \text{ (cm)} \times \frac{30 \text{ (g)}}{10 \text{ (g)}} = 16 \text{ (cm)}$$

(7) 図 6 では，ばね A とばね B にかかる力が同じであり，ばねの長さも同じ。

また，10g のおもりをつるしたときのばね B とばね A ののびの差が，

$$3 \text{ (cm)} - 2 \text{ (cm)} = 1 \text{ (cm)}，$$

ばね A とばね B の長さの差が，

$$10 \text{ (cm)} - 6 \text{ (cm)} = 4 \text{ (cm)}$$

なので，ばね A とばね B の長さが同じになるのは，

$$10 \text{ (g)} \times \frac{4 \text{ (cm)}}{1 \text{ (cm)}} = 40 \text{ (g)}$$

のおもりをつるしたとき。

よって，棒の中心につるしたおもりの重さは，

$$40 \text{ (g)} + 40 \text{ (g)} = 80 \text{ (g)}$$

答 (1) 18 (cm)　(2) A．22 (cm)　B．15 (cm)
(3) A．30 (cm)　B．36 (cm)　(4) 50 (g)
(5) 21 (cm)　(6) 16 (cm)　(7) 80 (g)

7 (4)① 回転軸を支点としたときの，500g のおもりが輪軸を回すはたらきは，

$$500 \text{ (g)} \times 5 \text{ (cm)} = 2500$$

おもり A の重さは，

$$2500 \div 25 \text{ (cm)} = 100 \text{ (g)}$$

② ①より，輪軸を使うことで，おもりを引き上げる力は，

$$100 \text{ (g)} \div 500 \text{ (g)} = \frac{1}{5}$$

になるので，ひもを引くきょりは 5 倍になる。
よって，

$$10 \text{ (cm)} \times 5 = 50 \text{ (cm)}$$

答 (1) ウ
(2) (はさみ) イ　(くぎぬき) カ
(ピンセット) キ
(3) ウ　(4) ① 100 (g)　② 50 (cm)

8 (2)(大きさ) 図 2 で，ロープを引く力の大きさは，

$$6 \text{ (kg)} \times 1 \div 3 = 2 \text{ (kg)}$$

(長さ) ロープを引く長さは，

$$30 \text{ (cm)} \times 3 = 90 \text{ (cm)}$$

(3)(重さ) 図 3 で，動かっ車の 2 本のロープにかかる力の合計は，

$4\,(\text{kg}) \times 2 = 8\,(\text{kg})$

よって，動かっ車の重さは，

$8\,(\text{kg}) - 6\,(\text{kg}) = 2\,(\text{kg})$

（長さ）動かっ車を1個使っているので，ロープを引く長さは，

$30\,(\text{cm}) \times 2 = 60\,(\text{cm})$

(4) （大きさ）図4で，左端の動かっ車を支えるロープにかかる力は，

$(6 + 2)\,(\text{kg}) \div 2 = 4\,(\text{kg})$

また，真ん中の動かっ車を支えるロープにかかる力は，

$(4 + 2)\,(\text{kg}) \div 2 = 3\,(\text{kg})$

（長さ）動かっ車を2個使っているので，ロープを引く長さは，

$30\,(\text{cm}) \times 4 = 120\,(\text{cm})$

(5) 図5で，動かっ車を支えるロープにかかる力は，

$(10 + 2)\,(\text{kg}) \div 2 = 6\,(\text{kg})$

輪じくの大きい輪にかかっているロープにかかる力が1kgなので，輪じくの大きい輪と小さい輪の半径の比は，力の比 $1 : 6$ の逆比の $6 : 1$。また，動かっ車1個と輪じくを使っているので，ロープを引く長さは，

$30\,(\text{cm}) \times 2 \times 6 = 360\,(\text{cm})$

答 (1) エ　(2)（大きさ）2 (kg)　（長さ）90 (cm)

(3)（重さ）2 (kg)　（長さ）60 (cm)

(4)（大きさ）3 (kg)　（長さ）120 (cm)

(5)（大きい輪の半径：小さい輪の半径＝）6：1（長さ）360 (cm)

⑨ (1) ふりこの長さは支点からおもりの重心までの長さ。

(2) おもりは両端のAとDで，速さは0になる。

(3) おもりの重さ以外の条件をそろえて比べる。

(6) 振れ幅の角度以外の条件をそろえて比べる。

答 (1) イ

(2)（一番速い場所）C　（一番遅い場所）A・D

(3)◯（と）◯　(4) 変わらない。

(5) ふりこの長さが長いほど，ふりこが1往復する時間が長い。

(6)① 25　② 100

⑩ (2) ふりこが1往復する時間は，おもりの重さやふれはばには関係なく，ふりこの長さによって決まる。ここでは，おもりの大きさは無視して，（ふりこの糸の長さ）＝（ふりこの長さ）とみなす。

(3)① 実験3で，ふりこの糸の長さが100cmのとき，10往復する時間は19.8秒より，20秒。

② 実験3で，ふりこの糸の長さが，

$100 \div 25 = 4\,(\text{倍})$

になると，10往復する時間は，

$19.8 \div 10.0 = 1.98$

より，およそ2倍になる。

$200 \div 50 = 4\,(\text{倍})$

より，ふりこの糸の長さが200cmのふりこが10往復する時間は，ふりこの糸の長さが50cmのふりこのおよそ2倍。ふりこの糸の長さが50cmのとき，10往復する時間は14.0秒なので，200cmのふりこが10往復する時間は，

$14.0\,(\text{秒}) \times 2 = 28.0\,(\text{秒})$

より，28秒。

(5) Aの位置ではおもりの速さが0になるので，糸を切ると，おもりは真下に落下する。

(6) おもりはPと同じ高さまで上がる。

答 (1) 測定の誤差を減らすため。

(2) X．ふりこのふれはば

Y．ふりこの糸の長さ

(3)① 20秒　② 28秒　(4) C　(5) ア　(6) イ

⑪ (1)A・B．表1の実験1と実験5の結果から，点Aでの速さはボールの重さは関係せず，実験1と実験2の結果から，点Aでの速さはボールをはなす高さが関係することがわかる。Aの値は実験3の結果と同じになり，Bの値は実験4の結果と同じになる。

C・D．表2の実験1～実験3の結果から，ボールの重さが同じとき，箱が動いたキョリはボールをはなす高さに比例するとわかる。よって，Cの値は，

$25\,(\text{cm}) \times \dfrac{80\,(\text{cm})}{10\,(\text{cm})} = 200\,(\text{cm})$

Dの値は，

$36\,(\text{cm}) \times \dfrac{40\,(\text{cm})}{10\,(\text{cm})} = 144\,(\text{cm})$

(4) 実験では床と箱の間にまさつがあるので，床をすべりやすくするとよい。

答 (1) A．280　B．400　C．200　D．144

(2) 点Aでの速さは，ボールの重さに関わらず，はなす高さが高いほど大きくなる。

(3) 箱が動くキョリはボールの重さが重いほど，はなす高さが高いほど大きくなる。

(4)（例）床をすべりやすくする。

12 (1) 糸にかかる重さは，動かっ車 1 つにつき，おもりの重さの $\frac{1}{2}$ になるので，C にかかる重さは，

$$100（g）\times \frac{1}{2} = 50（g）$$

B にかかる重さは，

$$100（g）\times \frac{1}{2} \times \frac{1}{2} = 25（g）$$

定かっ車は力の向きを変えるだけなので，A にかかる重さは B と同じ 25g。

(2) 浮力は，物体がおしのけた分の水の重さと同じ大きさになる。水に沈んだ立方体の体積は，

$$4（cm）\times 4（cm）\times 4（cm）= 64（cm^3）$$

水の重さは 1 cm^3 あたり 1g なので，浮力は 64g。

(3) (2)より，立方体につながった糸にかかる重さは，

$$100（g）- 64（g）= 36（g）$$

(1)より，A にかかる重さは，

$$36（g）\times \frac{1}{2} \times \frac{1}{2} = 9（g）$$

❷ (1) A. 25（g）　B. 25（g）　C. 50（g）
(2) 64（g）　(3) 9（g）

2．電流のはたらきと磁石

★問題 P．16〜25★

1 問 2．かん電池の＋極と豆電球，かん電池の−極を輪のようにつなぐと，回路ができて豆電球が光る。

問 3．金属は電気を通すので，どう線の間につなぐと豆電球が光る。

問 5．アのように，かん電池を直列つなぎにすると，豆電球がもっとも明るく光る。イは並列つなぎになっているので，かん電池が 1 つのときと同じ明るさで光る。ウはかん電池の−極どうしをつないでいるので，豆電球が光らない。エは 2 つのかん電池が輪のようにつながれていて，かん電池とどう線だけの危険な回路（ショート回路）ができている。ショート回路ができていると，ショート回路の部分に大きな電流が流れて，豆電球には電流が流れないので光らない。

❷ 問 1．回路　問 2．ア・エ　問 3．イ・ウ・カ

問 4．直列（つなぎ）　問 5．ア

2 (1) 2 つの電池の＋極が逆向きにつながっているので，電流が流れない。

(2) 電池を直列につないだ分だけ回路に流れる電流が大きくなり，豆電球は明るく光る。

(3) 豆電球を直列につなぐと，それぞれに流れる電流が小さくなるので，豆電球 1 つのときよりも暗く光る。

(4) 電池や豆電球を並列につないでも，豆電球に流れる電流の大きさは電池 1 つ，豆電球 1 つの回路と変わらない。

(5) F の電池(い)と(う)は並列につながっているので，電池 1 つ分の電流と考える。全体では，電池 2 つを直列につないだときと同じ大きさの電流が流れる。

(6) 回路がとぎれてしまうので，豆電球は消える。

(7) (4)より，電池を並列につないでも豆電球の明るさは変化しないので，取りのぞいて回路がつながっていれば，豆電球は同じ明るさで光る。

❷ (1) D　(2) E　(3) H　(4) C（と）G　(5) イ
(6) エ　(7) ア

3 (1)・(2) ②の回路では，2 個の乾電池が直列につながっているので，豆電球は最も明るく光る。また，④の回路では，2 個の乾電池が並列につながっているので，豆電球の明るさは①の回路と同じであるが，乾電池に流れる電流は①の回路の半分になるので，乾電池を長く使える。なお，③の回路には電流が流れないので，豆電球は光らない。

(3) ⑥の回路では，スイッチが開いているときは，上側の 1 つの豆電球だけが光るが，スイッチを閉じると 2 つの豆電球が光る。

(4)⑨ 上側の 1 つの豆電球だけが光る。
⑩ いちばん上のダイオードには電流が流れないが，残りの 2 つのダイオードには電流が流れるので，すべての豆電球が光る。

(5) アの部分には右向きに電流が流れるようにダイオードをつなぎ，イの部分には左向きに電流が流れるようにダイオードをつなぐと，スイッチを閉じたときに，アの横にある豆電球と乾電池の横にある豆電球が光る。

❷ (1)⊏　(2)④　(3)イ　(4)⑨ 1　⑩ 4
(5)（次図）

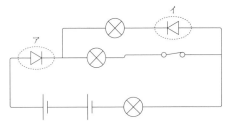

4 (1) 棒磁石の磁力は極付近だけにあり，中央付近には磁力がない。

(3) 2本の棒磁石をつなぐと，1本の磁石になる。

(4) スチール缶は鉄でできているので棒磁石につく。10円玉（おもに銅）や1円玉（アルミニウム）は鉄をふくまないので，棒磁石につかない。

(5)② 棒磁石のN極が北に引きつけられるので，地球は，南極がN極，北極がS極。

③ いずれの場合も，磁石は左向きに90度回転する。

答 (1) ア・イ

(2)① 引きあう　② しりぞけあう

③ しりぞけあう

(3) ウ　(4) ア・イ

(5)① 北　② S（極）　③(i) ア　(ii) ア

5 (2) 磁石は，ちがう極どうしを近づけると引きつけ合い，同じ極どうしを近づけるとしりぞけ合う。

(3) コイルの巻き数を増やしたり，電流の大きさを大きくしたりすると，電磁石が鉄を引きつける力が強くなり，ゼムクリップを持ち上げる数が増える。かん電池を直列つなぎで増やすと，電流の大きさが大きくなり，電磁石が鉄を引きつける力が強くなる。

(4) 電流の向きを逆にすると，電磁石の極が逆になる。

また，かん電池のつなぎ方を直列つなぎから並列つなぎに変えると，電流の大きさが小さくなり，電磁石が鉄を引きつける力が弱くなる。

(5) 導線と電流計の5Aの－たんしにつないだときは，目盛りの1を1Aとして読む。

答 (1) 電磁石　(2) N（極）

(3) コイルの巻き数を増やす。（または，かん電池を直列つなぎで増やす。）

(4)(ア)　(5) 1.6（A）

6 (2) 電池の数が同じ条件のものを比べる。

(3) 巻き数が同じ条件のものをそれぞれ比べる。

(4) コイルの巻き数が多く，コイルに流れる電流が強いほど，電磁石は強くなる。

(6) 電流により熱が発生するので，コイルは熱くなる。

答 (1) エ　(2) ア　(3) イ・オ　(4)④　(5) イ・ウ
(6) ア

7 (2) 図3では電池が並列につながっているので，回路全体に流れる電流の大きさは電池1個のときと同じ。

(3)(最も強い電磁石)　イでは，電池2個が直列につながっているので，回路に流れる電流の大きさが最も大きい。

(最も長持ちする電磁石)　エでは，電池3個が並列につながっているので，それぞれの電池からは，アの電池の $\frac{1}{3}$ の大きさの電流が流れる。

(4) 巻き数が多いほど電磁石は強くなる。

(6) 電磁石が半回転するごとに，コイルに流れる電流の向きを変えて，電磁石の極を反対にすることで，電磁石は回転を続けることができる。

(7) モーターの回転を速くするためには，磁石や電磁石の磁力を強くする必要がある。

答 (1) X．電流計　Y．検流計　(2) ウ

(3)(最も強い電磁石) イ

(最も長持ちする電磁石) エ

(4) イ　(5) ア　(6) ウ　(7) イ・ウ

(8) 磁石の力の強さを変えることができるから。

8 (2) 電流計は，ウやオのように回路に直列につなぐ。ただし，アのようにかん電池の＋極側と電流計の－端子をつなぐと，針が反対に振れる。イは回路に並列につないでいるので，電流計に大量の電流が流れて電流計が壊れてしまう。また，エの回路には電流が流れない。

(5) 図3では，光電池が直列につながっていて，片方の光電池に光が当たらないと，回路に電流が流れなくなる。

(6) 図4では，光電池が並列につながっていて，片方の光電池に光が当たらなくても，もう一方の光電池により，回路に電流が流れる。

答 (1)(記号) イ　(右図)

(2) ウ・オ

(3) 光電池を太陽光に対して垂直になるように立てる。

(4)(図3) ウ　(図4) イ

(5) 光が当たらなければ，電流を通すことができない。

(6) ウ

(7) 光電池は，当たる光の強さによって，電流の大きさが変わる。

(8) a．ウ　b．ア　c．エ　d．イ　e．エ

3．光・音

★問題 P．26〜31★

1 (1) 3枚の鏡からの光が重なったCがもっとも明るい。

(2) 1枚の鏡からの光しか届いていないAの温度がもっとも低い。

(3) 右の鏡を左に回転させることで，Bの部分にも，3枚の鏡からの光を重ねることができる。

(4) まどぎわに虫めがねを置くと，直射日光が当たり，焦点に光が集まるおそれがある。

(6) 大きい虫めがねの方がより多くの光を集めることができる。

(7) ソーラークッカーやビニルハウスは太陽からの熱を利用している。

(8) 冬になると太陽高度が低くなるので，太陽光電池と地面の角度を大きくする。

答 (1) C　(2) A　(3) 左　(4) エ　(5) ウ　(6) エ
(7) ウ　(8) エ

2 (1) 図の矢印の向きから見ると，スクリーンには，上下左右が反対の実像がうつる。

(2) とつレンズの下半分を通過した光によってスクリーンに実像がうつる。像は欠けないが，全体的に暗くなる。

(3) 焦点より遠い位置にあるガラス板を焦点に近づけると，スクリーンにうつる実像の大きさは大きくなり，ガラス板を焦点から遠ざけると，実像の大きさは小さくなる。

(4)③ もとの字と同じ大きさの文字がうつるのは，ガラス板とスクリーンを焦点きょりの2倍の位置に置いたときだから，とつレンズの焦点きょりは，

20 (cm) ÷ 2 = 10 (cm)

よって，焦点上にガラス板を置いたので像はできない。

④ 焦点よりも内側にガラス板を置いたので，スクリーンには像がうつらず，スクリーン側からとつレンズをのぞきこむと，もとの字よりも大きい正立像が見える。

答 (1) エ　(2) オ　(3)① ア　② イ

(4)③ オ　④ エ

3 (1) 光が反射するとき，入射角と反射角は必ず等しくなる。反射光の作図の際は，鏡による像と，鏡に光が当たった点を結ぶことで反射光の向きを求められる。

(2) 光が多く集まる部分ほど，明るくなり，温度も高くなる。

(3) 虫めがねの焦点に紙を置くと，光が1点に集められ，紙が焦げる。日光が集まるところが小さいほど，同じ面積あたりの光の量が多いので，早く焦げる。

答 (1)（次図あ の太線）　(2)（次図い）　(3) ア
(4) ボウルの内部に当たった光が反射して中に入れた食品に集まり，食品が発火点以上の温度になったため。

図あ

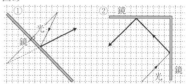

図い

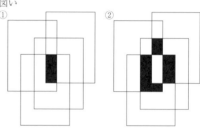

4 (1) イ．ふるえが大きいのは大きい音。高い音は，音を出しているものが1秒あたりにふるえる回数が多い。

ウ．トライアングルを強くたたくと，音は大きくなる。

オ．真空の状態では，すずの音は聞こえない。

キ．ぴんとはった針金をはじくと，音が出る。

ク．水の中でも，音は伝わる。

(2)・(3) 糸をつまむと，糸のふるえが止まるので，糸をつまんだ場所より先の人には音が伝わらなくなる。

答 (1) ア．○　イ．×　ウ．×　エ．○
オ．×　カ．○　キ．×　ク．×
(2) カエデ・スモモ　(3) ⑥

5 (2)・(3) げんは短いほど，また強く張られるほど，高い音を出す。装置BとDは，げんが同じ強さで張られているので，げんが短い装置Dの方が高い音が出る。装置BとCとでは，げんの

長さは装置Cの方が短く，げんを張る強さは装置Bの方が強いので，表の情報だけでは音の高さを比べられない。

(4)① げんの太さが，

1.0（mm）÷ 0.5（mm）= 2（倍），

1.5（mm）÷ 0.5（mm）= 3（倍）

になると，同じ音を出すために必要なおもりの個数は，

4（個）÷ 1（個）= 4（倍），

9（個）÷ 1（個）= 9（倍）

になる。表2のげんの太さが1.0mmのものと比べると，太さは，

2.0（mm）÷ 1.0（mm）= 2（倍）

になっているので，必要なおもりの個数は，

4（個）× 4 = 16（個）

② アは，表2の太さ0.5mm，長さ30cmのげんと比べると，太さが，

2.0（mm）÷ 0.5（mm）= 4（倍）

になって，おもりの個数が，

64（個）÷ 4（個）= 16（倍）

になっているので，同じ高さの音が出る。

イはおもりの個数は，

1（個）× ｛2.5（mm）÷ 0.5（mm）｝

× ｛2.5（mm）÷ 0.5（mm）｝= 25（個），

ウはおもりの個数は，

9（個）× ｛2.5（mm）÷ 0.5（mm）｝

× ｛2.5（mm）÷ 0.5（mm）｝= 225（個），

エはおもりの個数は，

1（個）× ｛3.0（mm）÷ 0.5（mm）｝

× ｛3.0（mm）÷ 0.5（mm）｝= 36（個）

必要。

答 (1) しんどうすること。(2) イ (3) エ

(4)① 16（個） ② ア

6 問1．振幅が大きくなると，音の大きさも大きくなる。

問2．弦をはる強さを強くしたとき，弦を細くしたとき，弦の長さを短くしたときに，音は高くなる。おもりを重くすると，弦をはる強さが強くなる。

問3．音の高さは振動数で決まり，振動数が多いほど高い音になる。音の振動数が多くなると，波の間隔がせまくなる。

問4．4秒間で音は，

680（m）× 2 = 1360（m）

進んだので，音の速さは，

1360（m）÷ 4（秒）= 340（m/秒）

問5．8秒間で音と船は合わせて，

（340 + 15）（m/秒）× 8（秒）= 2840（m）

進んでいるので，反射した音を聞いたときの船の位置は，がけから，

2840（m）÷ 2 = 1420（m）

離れている。

よって，船が最初に静止していた位置は，がけから，

1420（m）− 15（m/秒）× 8（秒）

= 1300（m）

答 問1．ウ 問2．ア 問3．エ

問4．340（m/秒） 問5．1300（m）

4．もののあたたまり方

★問題 P．32〜39 ★

1 問3．水は，温められたところが上へ，冷たいところが下へ動きながら温まっていくので，大きく円をえがくように(エ)→(ア)→(ウ)→(イ)の順に温まる。

問4．金属は，熱した部分に近いところから温まる。

問7．空気は水と温まり方が似ているので，図3でビーカーの底を熱したときのように，部屋の下のほうを暖めるようにすると，はやく部屋を暖めることができる。

答 問1．急にふっとうするのを防ぐため。

問2．(ア) 問3．(エ)→(ア)→(ウ)→(イ)

問4．(エ)→(ウ)→(イ)→(ア)

問5．(水)(エ) (金属)(イ) 問6．水 問7．(イ)

2 (エ)(a) 空気中の水蒸気が，氷を入れたコップに冷やされて水に変化した。

(b) 洗たくした服にふくまれる水が，水蒸気に変化し，空気中へ出ていった。

(c) やかんの口から出た水蒸気が，空気に冷やされて細かい水のつぶ（ゆげ）に変化した。

答 (ア) 1・3 (イ) 0（℃） (ウ) 2

(エ)(a) 4 (b) 3 (c) 4

3 (5) 体積の変化の割合が大きい順に，空気，水，金属となる。

答 (1) 急激なふっとうを防ぐため。

(2) 湯気がふたたび水蒸気になったから。

(3) 泡は水が水蒸気になったもので，試験管の水に冷やされて水にもどったから。

(4) エ (5) 空気

4 (2) 水は，液体から固体にすがたを変えているときは温度が0℃のまま変化しないが，すべてこおると，再び温度が下がり始める。

よって，水がすべてこおったのは，温度が0℃から下がり始めた14分後。

答 (1) ④　(2) ウ　(3) ウ　(4) 液体　(5) 固体
(6) じょう発　(7) ふっとう

5 (1)(イ) 磁石につくのは，鉄など一部の金属。
(ウ) 塩酸にとけるのは鉄やアルミニウムなどで，銅や銀は塩酸にはとけない。

(2) ガスバーナーに火をつける手順は，(カ)→(ア)→(ウ)→(イ)→(オ)→(エ)。

(4) 金属は，熱すると体積が大きくなり，冷やすと体積が小さくなるので，金属球を冷やして金属球の直径を小さくするか，金属の輪を熱して輪の直径を大きくすればよい。

(5) 金属でできた線路は，気温が上がり，長さが長くなってもぶつかりあわないように，すき間がつくられている。

(6) 異なる2種類の金属をはりあわせて両はしを固定したものに熱を加えると，熱に対する変化が大きい側がふくらむように曲がる。①が②に接するのは，図4の部分の中央部が上に向かってふくらみ，①の部品を押し上げたときなので，熱に対する変化が大きいのは(ア)。

答 (1) (ア)　(2) (ウ)　(3) (ウ)　(4) (イ)・(ウ)　(5) (ウ)
(6) (ア)

6 (1) 実験2の結果より，温かい湯につけると，もとの状態より体積が大きくなっている。

(2) 水よりも空気の方が，温度が変化したときの体積変化の割合が大きい。

答 (1) ウ　(2) ウ

7 (2) あたためられた水はまわりの水よりも軽くなるので，試験管の上の方にいき，上にあった水と入れかわることで熱している部分より上があたたまっていく。熱している部分よりも下の方は，あたたまりにくい。

(4) 水を加熱していくと，状態変化が起こるまではあたえた熱に対して規則正しく温度が高くなる。加熱し始めてから6分後にふっとうしたことがわかるので，6分後に100℃になり，その後，あたえた熱は水が水蒸気に変化するのに使われ，温度変化がとまる。

(5) 水が水蒸気になったものが，空気中で冷やされることで液体にもどり，白く見えるようになったものが湯気である。

(6) 湯気はふたたび水蒸気になり，見えなくなる。

答 (1) ふっとう石　(2) エ
(3) 灯油や水などは，温度が上がると体積が大きくなるから。
(4) (次図)　(5) (白いもの) 湯気　(記号) イ
(6) ア

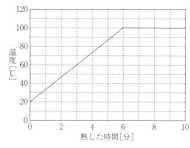

8 問1．磁石に引きよせられる金属は鉄。スチール缶は鉄でできている。

問2．物をあたためると体積が大きくなる。体積が大きくなる早さは物の種類によってちがい，金属はガラスよりも早い。

問3．熱したマス目から近いほど，熱が早く伝わる。ア・イは熱したマス目から×のあるマス目まで8マス，▲のあるマス目まで5マス。ウは熱したマス目から×のあるマス目と▲のあるマス目まで3マス。エは熱したマス目から×のあるマス目まで3マス，▲のあるマス目まで4マス。オは熱したマス目から×のあるマス目まで4マス，▲のあるマス目まで7マス。

問4．金属では，熱した部分から順に熱が伝わっていく。コップにあたたかいお茶を入れると，熱がお茶からコップに伝わってコップがあたたまる。

問5．表より，金属Cの棒はどの班ももっとも時間が長いので，熱が伝わる速さはもっとも遅い。金属Aの棒はもっとも時間が短い2班が40秒，もっとも時間が長い4班が48秒。また，金属Bの棒はもっとも時間が短い3班が40秒，もっとも時間が長い1班が48秒。よって，金属Aと金属Bのもっとも短い時間ともっとも長い時間が同じなので，熱が伝わる速さを判断することができない。

答 問1．ウ　問2．エ　問3．ア・イ　問4．ウ
問5．イ・オ

5．ものの燃え方と気体の性質

★問題 P. 40〜47 ★

1 (1) 二酸化炭素を石灰水に通すと白くにごる。

(2) ドライアイスから見える白い煙のようなものや，水に入れたときに発生する煙のようなものは，水や空気中の水蒸気が低温のドライアイスによって急激に冷やされることで固体や液体のつぶになったすがた。気体は目に見えない。

(3)・(4) 二酸化炭素は空気より重い。

(5) ビーカーの中が二酸化炭素で満たされ，ろうが燃えるために必要な酸素が入ってこなくなった。

(6)(体積) 状態変化をしても重さは変わらないので，$1cm^3$ のドライアイスは，

$$22 (L) \times \frac{1.6 (g)}{44 (g)} = 0.8 (L),$$

つまり，$800cm^3$ の気体になる。

よって，体積は，

$$800 (cm^3) \div 1 (cm^3) = 800 (倍)$$

(重さ) 400mL の二酸化炭素の気体は，

$$400 (mL) \div 800 (mL) = 0.5 (倍)$$

より，ドライアイス $0.5cm^3$ 分なので，その重さは，

$$1.6 (g) \times \frac{0.5 (cm^3)}{1 (cm^3)} = 0.8 (g)$$

(7) ろうそくが燃えるとき，酸素が使われて，二酸化炭素が発生する。ちっ素はものが燃える前後で変化はない。

(8) ろうそくが燃えるための新しい空気は，つつの下から入ってくる。つつの中で熱せられた気体はまわりよりも軽くなり上昇し，つつの上から出ていく。

(9)・(10) 無重力状態では温度が違っても空気の重さが変わらず，(8)のような空気の流れが起こらなくなる。そのため，アのように円形になる。

答 (1)二酸化炭素 (2)ウ (3)イ (4)ウ (5)イ
(6)(体積) 800 (倍) (重さ) 0.8 (g)
(7)(酸素) イ (二酸化炭素) ア (ちっ素) ウ
(8) イ (9) ア (10)① イ ② エ

2 (2) 燃やす前の空気には，約8割のちっ素と約2割の酸素が含まれているので，図の○はちっ素，△は酸素を表している。ろうそくを燃やすと，ちっ素は変化せず，空気中の酸素の一部が使われ，二酸化炭素が発生する。

よって，燃やした後の気体の割合は，○の数は変わらず，△の1つが二酸化炭素を表す●に変わっている(ア)のようになる。

(3)(イ)・(ウ) 二酸化炭素が水にとけると，酸性の炭酸水になる。酸性の水溶液は，ムラサキキャベツ液を赤色に変える。

(オ) 気体がとけた水溶液は，蒸発させると何も残らない。

答 (1)(エ)・(オ) (2)(ア) (3)(ア)・(エ)・(カ)

3 (1) わりばしから液体が発生することと，試験管の加熱部分が液体により急に冷やされると割れる危険があることを説明する。

(2) 試験管から気体が出て行くだけで，新たな空気は入ってこない。

(4) 青色のリトマス紙が赤色に変化するのは酸性の水よう液。石けん水とアンモニア水はアルカリ性で，食塩水は中性。

(5) 蒸し焼きの過程で液体や気体がわりばしから出て行くので，もとよりも軽くなる。木炭は，空気中ではほのおを出さずに燃える。

答 (1) 生じた液体が加熱部分に流れて試験管が割れるのを防ぐため。
(2)酸素(または，空気) (3)(ウ) (4)(ウ) (5)(イ)

4 (1) 炎のまわりに対流ができるので，炎は上向きにのびる。

(2)・(3) 物が燃えるときは，物と酸素が結びつく。木や紙などが燃えると，二酸化炭素が発生する。

答 (1) ウ (2) エ (3) ア

5 (1) 鉄の重さと酸化鉄の重さは比例の関係にある。

ア．表1より，

$$1.8 (g) \times \frac{7.0 (g)}{1.4 (g)} = 9.0 (g)$$

イ．表2より，

$$4.0 (g) \times \frac{7.0 (g)}{2.8 (g)} = 10 (g)$$

(2) 黒色の酸化鉄18gをつくるのに必要な鉄は，

$$1.4 (g) \times \frac{18 (g)}{1.8 (g)} = 14 (g)$$

赤色の酸化鉄18gをつくるときは，

$$2.8 (g) \times \frac{18 (g)}{4.0 (g)} = 12.6 (g)$$

重さの比は，

黒色：赤色 = 14：12.6

より，

黒色：赤色 = 10：9

(3)　もとの鉄の重さは,

$$1.4 \,(\text{g}) \times \frac{4.5 \,(\text{g})}{1.8 \,(\text{g})} = 3.5 \,(\text{g})$$

これが全て赤色の酸化鉄になったときの重さは,

$$4.0 \,(\text{g}) \times \frac{3.5 \,(\text{g})}{2.8 \,(\text{g})} = 5.0 \,(\text{g})$$

(4)①　8.4gの鉄が全て赤色の酸化鉄になったときの重さは,

$$4.0 \,(\text{g}) \times \frac{8.4 \,(\text{g})}{2.8 \,(\text{g})} = 12 \,(\text{g})$$

なので, 加熱後の物質11.2gの中には,

$$12 \,(\text{g}) - 11.2 \,(\text{g}) = 0.8 \,(\text{g})$$

の酸素と反応する黒色の酸化鉄があると考えられる。(3)より, 4.5gの黒色の酸化鉄は,

$$5.0 \,(\text{g}) - 4.5 \,(\text{g}) = 0.5 \,(\text{g})$$

の酸素と反応するので, 0.8gの酸素と反応する黒色の酸化鉄は,

$$4.5 \,(\text{g}) \times \frac{0.8 \,(\text{g})}{0.5 \,(\text{g})} = 7.2 \,(\text{g})$$

②　①より, 増えるのは0.8g。

答　(1) ア. 9.0　イ. 10

(2)(黒色:赤色=)10:9　(3)5.0（g）

(4)① 7.2（g）　② 0.8（g）

6　(1)　6gの炭素から22gの二酸化炭素が生じるので, 66gの二酸化炭素に含まれている炭素は,

$$6 \,(\text{g}) \times \frac{66 \,(\text{g})}{22 \,(\text{g})} = 18 \,(\text{g})$$

よって, 22gのプロパンに含まれている水素は,

$$22 \,(\text{g}) - 18 \,(\text{g}) = 4 \,(\text{g})$$

(2)　2gの水素から18gの水が生じるので, 22gのプロパンから生じる水は,

$$18 \,(\text{g}) \times \frac{4 \,(\text{g})}{2 \,(\text{g})} = 36 \,(\text{g})$$

(3)　22gのプロパンから66gの二酸化炭素と36gの水が生じるので, 結びついた酸素は,

$$66 \,(\text{g}) + 36 \,(\text{g}) - 22 \,(\text{g}) = 80 \,(\text{g})$$

答　(1)（炭素）18（g）　（水素）4（g）

(2) 36（g）　(3) 80（g）

7　(2)　うすい塩酸の場合, 鉄かアルミニウムと反応し水素が発生する。うすい水酸化ナトリウム水溶液は, アルミニウムと反応し水素が発生する。

(4)　発生する気体は体積が大きいので, 試験管が割れたり, ゴム栓が吹き飛ぶ危険がある。

答　(1) 水素　(2) イ・エ

(3)（記号）ウ　（理由）水に溶けにくい（性質）

(4) エ

8　(ア)　BTB液は, 酸性で黄色, 中性で緑色, アルカリ性で青色を示す。

よって, 水によくとけ, 水溶液がアルカリ性を示す気体Aはアンモニア。水によくとけ, 水溶液が酸性を示す気体Bは塩化水素。

(イ)　空気中に約78％ふくまれる気体Cはちっ素。ちっ素は, ものを燃やすときに使われたり, 発生したりしない。

(ウ)　空気中に約21％ふくまれる気体Dは酸素。日光が当たっている植物は光合成を行い, 二酸化炭素を取り入れて, 酸素を出す。1・2は二酸化炭素, 4は水蒸気。

(エ)　石灰水にふきこむと白くにごる気体Eは二酸化炭素。二酸化炭素は, 水にとけると酸性の炭酸水になる。

答　(ア) A. 4　B. 5　(イ) 3　(ウ) 3　(エ) 1

9　問1.

(2)　二酸化マンガンは, 過酸化水素水を分解するはたらきをしているので, 酸素の発生量は加えた二酸化マンガンの量には関係せず, 加えた過酸化水素水の量に比例する。

問2.

(1)　二酸化炭素を発生させるためには, 石灰石にうすい塩酸を加える。

また, 塩酸には気体の塩化水素がとけている。

(4)　石灰石10gに含まれている炭酸カルシウムは,

$$1 \,(\text{g}) \times \frac{2128 \,(\text{cm}^3)}{224 \,(\text{cm}^3)} = 9.5 \,(\text{g})$$

よって, 炭酸カルシウム以外の成分は,

$$10 \,(\text{g}) - 9.5 \,(\text{g}) = 0.5 \,(\text{g})$$

答　問1. (1)（固体A）②　（液体B）⑤

(2)(ア)（次図Ⅰ）　(イ)（次図Ⅱ）

問2. (1)①・④・⑤　(2) ドライアイス

(3) 水にとける性質　(4) 0.5（g）

図Ⅰ

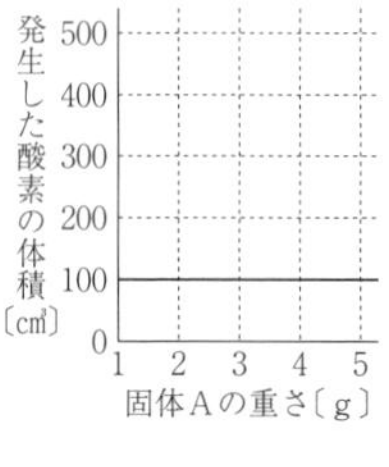

図Ⅱ

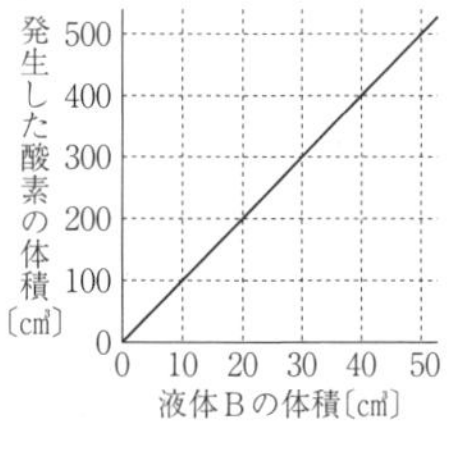

6．もののとけ方と水よう液の性質

★問題 P．48～63 ★

1 問1．食塩水 A の濃度は 12.5 ％なので，200g に
ふくまれる食塩の重さは，

$$200（g）\times \frac{12.5}{100} = 25（g）$$

問2．食塩水 B の重さは，

$$45（g）+ 5（g）= 50（g）$$

なので，濃度は，

$$5（g）\div 50（g）\times 100 = 10（\%）$$

問3．食塩水の重さの合計は，

$$200（g）+ 50（g）= 250（g）$$

この水溶液に食塩が，

$$25（g）+ 5（g）= 30（g）$$

ふくまれているので，濃度は，

$$30（g）\div 250（g）\times 100 = 12（\%）$$

問4．1mL の重さが 1.1g なので，250g の食塩
水の体積は，

$$250（g）\div 1.1（g/mL）= 227.2\cdots（mL）$$

より，227mL。

答 問1．25（g） 問2．10（%）
問3．12（%） 問4．227（mL）

2 (1)ア．砂は水にとけない。
エ．ホウ酸が水にとける量にもかぎりがある。
オ．ホウ酸も水にとけると，小さなつぶになる。
(4)① 60℃の水 100g にミョウバンは 57g とける
ので，水よう液の重さは，

$$100（g）+ 57（g）= 157（g）$$

② 水よう液ののう度は，

$$\frac{57（g）}{157（g）}\times 100 = 36.30\cdots（\%）$$

より，36.3 %。

③ 30℃の水 100g にミョウバンは 17g とける
ので，

$$57（g）- 17（g）= 40（g）$$

のミョウバンの固体が出てくる。

答 (1) イ・ウ (2) エ，ウ，キ，コ
(3) 水を加える。・水溶液をあたためる。
(4)① 157（g） ② 36.3（%）
③ ミョウバン 40g が固体になって出てくる。

3 (3) 表より，

$$35.8（g）\times \frac{150（g）}{100（g）}= 53.7（g）$$

(4) 20℃の水 50g にとける食塩は，

$$35.8（g）\times \frac{50（g）}{100（g）}= 17.9（g）$$

ホウ酸は，

$$4.88（g）\times \frac{50（g）}{100（g）}= 2.44（g）$$

よって，結しょうになるのはホウ酸で，重さは，

$$10（g）- 2.44（g）= 7.56（g）より，7.6g。$$

(5)① ろ液をそそぐときは，ガラス棒につたわ
せる。
また，ろうとの先はビーカーの側面につける。
② 10℃の水 200g にとけるホウ酸は，

$$3.65（g）\times \frac{200（g）}{100（g）}= 7.3（g）$$

のう度は，

$$\frac{7.3（g）}{7.3（g）+ 200（g）}\times 100 = 3.52\cdots（\%）$$

より，3.5 %。

答 (1)（食塩）ウ （ホウ酸）ア
(2) 飽和水よう液 (3) 53.7（g）
(4)（結しょう）ホウ酸 7.6（g）
(5)① ア ② 3.5（%）

4 (ア) グラフより，40℃の水 100g に物質 X は 60g
とけるので，40℃の水 40g にとける物質 X は，

$$60（g）\times \frac{40（g）}{100（g）}= 24（g）$$

(イ) 60℃の水 60g に 40g の物質 X をとかした水
溶液のこさは，

$$\frac{40（g）}{60（g）+ 40（g）}\times 100 = 40（\%）$$

(ウ) グラフより，水 100g にとける物質 X の量は，
80℃では 160g，20℃では 30g。
よって，80℃の水 80g に物質 X をとけるだけ
とかした水溶液を，20℃まで冷やしたときにで
きる結晶は，

$$(160 - 30)（g）\times \frac{80（g）}{100（g）}= 104（g）$$

(エ) 水 70g に物質 X を 100g とかすためには，水
100g に物質 X が，

$$100（g）\times \frac{100（g）}{70（g）}= 142.8\cdots（g）$$

とける温度にすればよい。グラフより，水 100g
に物質 X が 143g とける温度が約 75℃なので，

水の温度を約 75℃ より高くすれば物質 X はす
べてとける。

答 (ア) 24 (g)　(イ) 40 (%)　(ウ) 104 (g)　(エ) 6

5 (2)　資料 1 より，60℃の水 100g にミョウバンは
25g とけるので，

$$\frac{25 (g)}{(100 + 25) (g)} \times 100 = 20 (\%)$$

(4)②　100 (g) + 25 (g) = 125 (g)

③　ミョウバンは 60℃のほう和水よう液 125g
に 25g とけているので，1g がとけているほ
う和水よう液の重さは，
125 (g) ÷ 25 (g) = 5 (g)

④　ミョウバンは 60℃のほう和水よう液 5g に
1g とけているので，60℃のほう和水よう液
200g にとけているミョウバンの重さは，

$$1 (g) \times \frac{200 (g)}{5 (g)} = 40 (g)$$

⑤　とけているミョウバンの重さを ☐ g と
すると，

$$10 (\%) = \frac{\boxed{} (g)}{100 (g)} \times 100$$

より，

$$\boxed{} = 10 (g)$$

⑥　④より，60℃のミョウバンのほう和水よう
液 200g にとけているミョウバンは 40g なの
で，水の重さは，
200 (g) − 40 (g) = 160 (g)
⑤より，60℃ののう度 10％のミョウバンの水
よう液 100g にとけているミョウバンは 10g
なので，水の重さは，
100 (g) − 10 (g) = 90 (g)
よって，混ぜた水よう液のうち，水の重さは，
160 (g) + 90 (g) = 250 (g)

⑦　資料 1 より，40℃の水 100g にミョウバン
は 12g とけるので，40℃の水 250g にとける
ミョウバンの重さは，

$$12 (g) \times \frac{250 (g)}{100 (g)} = 30 (g)$$

⑧　④より，60℃のミョウバンのほう和水よう
液 200g にとけているミョウバンは 40g。⑤
より，60℃ののう度 10％のミョウバンの水
よう液 100g にとけているミョウバンは 10g。

⑦より，40℃の水 250g にとけるミョウバン
は 30g なので，とけきれなくなって取りのぞ
いたミョウバンは，
40 (g) + 10 (g) − 30 (g) = 20 (g)

⑨　⑥より，混ぜた水よう液のうち，水の重さ
は 250g なので，水 50g を蒸発させると，残っ
た水の重さは，
250 (g) − 50 (g) = 200 (g)
よって，60℃の水 200g にとけるミョウバン
の重さは，

$$25 (g) \times \frac{200 (g)}{100 (g)} = 50 (g)$$

(5)　水 50g を蒸発させた後の水よう液にとける
ミョウバンは 50g で，ろ過で取りのぞいた後の
水よう液にはミョウバンが 30g とけている。
よって，さらに，50 (g) − 30 (g) = 20 (g) の
ミョウバンをとかすことができる。

答 (1) ビーカー 1 の水よう液はガラスぼうを伝
わらせて注ぐ。・ろうとの先の長い方を，ビー
カー 2 の内側のかべにつけておく。

(2) 20 (%)　(3) 水とミョウバン

(4)② 125　③ 5　④ 40　⑤ 10　⑥ 250

⑦ 30　⑧ 20　⑨ 50

(5)⑩ B　⑪ 20

6 (3)　アンモニアがとけているアンモニア水と，塩
化水素がとけている塩酸は刺激臭がする。

(4)・(5)　アンモニア水と重そう水はアルカリ性，
食塩水は中性。

(7)　スチールウールは鉄なので，塩酸に入れると，
とけて水素が発生する。

答 (1) E　(2) 石灰水を入れてふりまぜる。

(3) A・B　(4) B・E　(5) 酸性　(6) C・D　(7) B

7 (2)　青色リトマス紙は赤色に，赤色リトマス紙は
青色に変化する。

(3)　図 1 より，赤色リトマス紙の色が変化したの
で，①の水よう液はアルカリ性。

(4)　BTB 液を加えると黄色になるのは，酸性の
水よう液。酸性の水よう液は，青色リトマス紙
の色が変化するので，③と④。

(5)　②はどちらのリトマス紙の色も変化しなかっ
たので，中性の食塩水。⑤は赤色リトマス紙の
色が変わったことからアルカリ性の水よう液で，
また，蒸発皿に固体が残ったので，固体がとけ
ている水よう液。

よって，重そう水。

(6) ③と④は酸性の炭酸水とうすい塩酸のどちらか。石灰水を入れると炭酸水だけが白くにごる。

(7) しょう油は，青色リトマス紙の色が変化し，蒸発させると固体が残るので，同じ結果になるものはない。

答 (1) 〔こまごめ〕ピペット (2) 赤(色)

(3) アルカリ(性) (4) ③・④

(5) ② 食塩水 ⑤ 重そう水

(6) 石灰水を入れて，白くにごれば炭酸水。変化がなければ，うすい塩酸。

(7) ×

8 ① 石灰水と水酸化ナトリウム水溶液はアルカリ性で，赤色リトマス紙が青色に変わる。

② 石灰水は二酸化炭素と反応して白くにごるが，水酸化ナトリウム水溶液は反応しない。

③ 塩酸と水と食塩水のうち，塩酸は酸性の水溶液で残りは中性。青色リトマス紙は酸性の水溶液につけると赤色に変わる。

④ 食塩水には固体の食塩が溶けているので，液体を蒸発させることで水と区別できる。

答 ① ウ ② オ ③ イ ④ エ

9 問1. ③はアルミニウムと石灰石をとかすのでうすい塩酸，⑤はアルミニウムだけをとかすので水酸化ナトリウム水よう液。

また，スライドガラスの上につけて，かわかしても何も残らなかった②は水。

問2. アルミニウムがとけると水素，石灰石がとけると二酸化炭素がそれぞれ発生する。アはちっ素，イは酸素，オはアルゴンの説明。

問3. 塩酸は酸性，水酸化ナトリウム水よう液はアルカリ性。二酸化マンガンは塩酸と反応しない。

問4. 食塩水は中性，重そう水はアルカリ性。

答 問1. ② 水 ③ 塩酸

⑤ 水酸化ナトリウム水よう液

問2. (i) エ (ii) ウ 問3. ウ 問4. イ

10 (1)・(2) 水素は空気中で燃えると水になる。

また，水素の重さは空気の約0.07倍。

(3)① $40 \, (\text{cm}^3) \times \dfrac{0.15 \, (\text{g})}{0.10 \, (\text{g})} = 60 \, (\text{cm}^3)$

② $40 \, (\text{cm}^3) \times \dfrac{0.25 \, (\text{g})}{0.10 \, (\text{g})} = 100 \, (\text{cm}^3)$

③ あえんを0.30g加えたときも気体の体積が比例していれば，

$40 \, (\text{cm}^3) \times \dfrac{0.30 \, (\text{g})}{0.10 \, (\text{g})} = 120 \, (\text{cm}^3)$

となるが，0.35g加えたときに発生した気体が114cm^3 なので，気体は最大で114cm^3 までしか発生しない。

(4)・(5) 20cm^3 の塩酸と過不足なく反応するあえんは，

$0.10 \, (\text{g}) \times \dfrac{114 \, (\text{cm}^3)}{40 \, (\text{cm}^3)} = 0.285 \, (\text{g})$

より，0.29g。

答 (1) 水素 (2) ア・エ・キ

(3) ① 60 ② 100 ③ 114 (4) (次図)

(5) 0.29g

(6) 塩酸がすべて反応してしまうから。

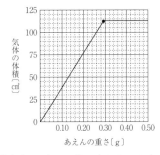

11 (1) 薬包紙の重さで差が生じないように，どちらにも薬包紙をのせる。右利きの人が決められた重さ分の物質をはかりとる時は，左側に分銅をのせる。

(2) (下線部 B) 発生した気体が袋の外に出ていないので，全体の重さは変わらない。

(下線部 D) 発生した気体を袋から試験管に移したので，気体の分が軽くなる。

(3) 空気と混ざらないように入れるには，水上置換法がよい。

(4)(a) 解答の他に，フェノールフタレイン水溶液を入れてもよい。

また，塩酸を近づけてもよい。

(d) (イ)はちっ素，(エ)は酸素。

(5)(b) 表とグラフより，加えるクエン酸が4.8g以降は発生する二酸化炭素の量が一定になる。

(c) (b)より，クエン酸1.6gと反応する重曹は，

$6.3 \, (\text{g}) \times \dfrac{1.6 \, (\text{g})}{4.8 \, (\text{g})} = 2.1 \, (\text{g})$

なので，反応せずに余る重曹は，

$4.0 \, (\text{g}) - 2.1 \, (\text{g}) = 1.9 \, (\text{g})$

(d) 消毒用エタノールは蒸発しやすい。液体が

気体になるときはまわりの熱をうばうので，エタノールを手につけると冷たく感じる。

答 (1)(エ)　(2)(下線部 B)(イ)　(下線部 D)(ウ)

(3)(ア)

(4)(a)(例) 気体のにおいをかぐ。

(b) 火のついた線香を入れる。

(c) 石灰水を加える。

(d)(ア)・(ウ)

(5)(a)(次図)　(b) 4.8 (g)

(c) 重曹(が) 1.9 (g 余る。)　(d)(ア)

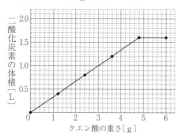

12 問2．うすい過酸化水素水に二酸化マンガンを加えると，過酸化水素が水と酸素に分解する。

問3．
(実験4)　実験4は25℃で行った実験1より低い温度である15℃で行うので，酸素が発生しなくなるまでにかかる時間が長くなる。
また，うすい過酸化水素水の量が同じなので，酸素の発生量は変わらない。

(実験5)　実験5は二酸化マンガンの量を実験1の2倍加えたので，酸素が発生しなくなるまでにかかる時間が短くなる。
また，うすい過酸化水素水の量が同じなので，酸素の発生量は変わらない。

問4．酸素の発生量は，
$$400 (g) - 390 (g) = 10 (g)$$

問5．
(水)　残っていた水は，
$$60 (g) - 10 (g) = 50 (g)$$

(二酸化マンガン)　反応前後での二酸化マンガンの量は変わらない。

答 問1．⑥

問2．ア．⑥　イ．②　ウ．⑤　エ．②

問3．(実験4)③　(実験5)⑤　問4．10 (g)

問5．(水) 50 (g)　(二酸化マンガン) 1 (g)

13 問1・問2．同じ濃さのうすい塩酸とうすい水酸化ナトリウム水よう液を同量まぜたので，完全に中和して中性の食塩水になった。

問5．うすい塩酸よりもうすい水酸化ナトリウム水よう液の量が多いものがアルカリ性になる。

答 問1．緑(色)　問2．(イ)　問3．(イ)

問4．中和　問5．(ア)・(イ)

14 (1)～(4)　20cm³ の塩酸に対して，加える水酸化ナトリウム水よう液を5cm³ ずつ増やしていくと，A～Dでは，残った固体が，
$$2 (g) - 1.5 (g) = 0.5 (g)$$
ずつ増えており，D～Fでは，残った固体が，
$$2.3 (g) - 2.0 (g) = 0.3 (g)$$
ずつ増えている。これより，塩酸と水酸化ナトリウム水よう液は，Dで過不足なく中和していることがわかる。
よって，Xは，食塩が，
$$0.5 (g) + 0.5 (g) = 1 (g)$$
残る。
また，Fにふくまれている食塩がDと同じ2gなので，水酸化ナトリウムが，
$$2.6 (g) - 2 (g) = 0.6 (g)$$
ふくまれている。

(5)　Eの結果より，5cm³ の水酸化ナトリウム水よう液には，
$$2.3 (g) - 2 (g) = 0.3 (g)$$
の水酸化ナトリウムがふくまれている。

答 (1)酸性　(2)1　(3)D　(4)0.6 (g)

(5) 0.3 (g)

15 (1)　グラフより，A液3cm³ とB液2cm³ がちょうど中和している。
よって，A液24cm³ とちょうど中和するB液は，
$$24 (cm^3) \times \frac{2 (cm^3)}{3 (cm^3)} = 16 (cm^3)$$

(2)　ア・ウのように，グラフより上側にある水溶液は酸性。

(3)　イの水溶液は，グラフより下側にあるので，アルカリ性。グラフより，A液9cm³ とちょうど中和するB液は6cm³ なので，B液を，
$$6 (cm^3) - 2 (cm^3) = 4 (cm^3)$$
加えればよい。

(4)　ウのように酸性の水溶液やエのように中性の水溶液を加熱すると，食塩だけが残る。
また，オのようにアルカリ性の水溶液を加熱すると，食塩と水酸化ナトリウムが残る。

(5)ウ．塩酸が残っているので，鉄とアルミニウムが溶ける。

オ．水酸化ナトリウム水溶液が残っているので，アルミニウムが溶ける。

(6) A 液の濃さを 2 倍にした C 液 3 cm³ とちょうど中和する B 液は，

$$2 \, (\text{cm}^3) \times 2 = 4 \, (\text{cm}^3)$$

(7) C 液 15cm³ に含まれているのと同じ量の塩酸を含む A 液は，

$$15 \, (\text{cm}^3) \times 2 = 30 \, (\text{cm}^3),$$

D 液 15cm³ に含まれているのと同じ量の塩酸を含む A 液は，

$$15 \, (\text{cm}^3) \div 2 = 7.5 \, (\text{cm}^3)$$

なので，A 液にそろえると，全部で，

$$30 \, (\text{cm}^3) + 7.5 \, (\text{cm}^3) = 37.5 \, (\text{cm}^3)$$

よって，ちょうど中和するために必要な B 液は，

$$37.5 \, (\text{cm}^3) \times \frac{2 \, (\text{cm}^3)}{3 \, (\text{cm}^3)} = 25 \, (\text{cm}^3)$$

答 (1) 16 (cm³)　(2) 黄（色）

(3) B （液を）4 (cm³ 加える。)　(4) ウ・エ

(5) ウ．① エ．④ オ．③　(6)①

(7) 25 (cm³)

[16] (1) 水溶液①〜③は塩酸が余っているので酸性。水溶液⑤〜⑦は水酸化ナトリウム水溶液が余っているのでアルカリ性。

(2)・(3) 水素は，水に溶けにくい気体で空気の約 0.07 倍の重さ。色やにおいはない。

(4) マグネシウムは塩酸に溶けるが水酸化ナトリウム水溶液には溶けない。銅は塩酸にも水酸化ナトリウム水溶液にも溶けない。表 2 から，塩酸が十分にある水溶液①・②において溶け残った 0.64g の固体は銅。

また，塩酸が残っていない水溶液④〜⑦において残った 1.12g の固体は銅とマグネシウム。

よって，マグネシウムは，

$$1.12 \, (\text{g}) - 0.64 \, (\text{g}) = 0.48 \, (\text{g})$$

なので，

マグネシウム：銅 = 0.48 (g)：0.64 (g)

= 3：4

(5) アルミニウムは塩酸にも水酸化ナトリウム水溶液にも溶ける。表 3 から，中性の水溶液④で溶け残った 1.18g の固体は銅とアルミニウム。

また，水酸化ナトリウム水溶液が十分にある水溶液⑥・⑦において溶け残った 0.64g は銅。

よって，アルミニウムの重さは，

$$1.18 \, (\text{g}) - 0.64 \, (\text{g}) = 0.54 \, (\text{g})$$

なので，銅が，

$$0.64 \, (\text{g}) - 0.54 \, (\text{g}) = 0.1 \, (\text{g})$$

多い。

(6) 表 2 から，水溶液③と④で溶け残ったマグネシウムの重さの差は，

$$1.12 \, (\text{g}) - 0.88 \, (\text{g}) = 0.24 \, (\text{g})$$

表 3 から，水溶液③と④で溶け残ったアルミニウムの重さの差は，

$$1.18 \, (\text{g}) - 1.00 \, (\text{g}) = 0.18 \, (\text{g})$$

なので，同じ量の塩酸と反応するマグネシウムとアルミニウムの重さの比は，

$$0.24 \, (\text{g}) : 0.18 \, (\text{g}) = 4 : 3$$

(7) 表 3 から，水溶液④の水酸化ナトリウム水溶液 20mL を塩酸 20mL に置きかえるごとに溶かすことのできるアルミニウムは，

$$1.18 \, (\text{g}) - 1.00 \, (\text{g}) = 0.18 \, (\text{g})$$

増えるので，水溶液①に溶けるアルミニウムは，

$$0.18 \, (\text{g}) \times \frac{60 \, (\text{mL})}{20 \, (\text{mL})} = 0.54 \, (\text{g})$$

同様に，水溶液④の塩酸 10mL を水酸化ナトリウム水溶液 10mL に置き換えるごとに，溶かすことのできるアルミニウムは，

$$1.18 \, (\text{g}) - 0.91 \, (\text{g}) = 0.27 \, (\text{g})$$

増えるので，水溶液⑦に溶けるアルミニウムは，

$$0.27 \, (\text{g}) \times \frac{40 \, (\text{mL})}{10 \, (\text{mL})} = 1.08 \, (\text{g})$$

よって，溶け残ったアルミニウムは，水溶液①では，

$$1.80 \, (\text{g}) - 0.54 \, (\text{g}) = 1.26 \, (\text{g}),$$

水溶液⑦では，

$$1.80 \, (\text{g}) - 1.08 \, (\text{g}) = 0.72 \, (\text{g})$$

なので，溶け残ったアルミニウムの重さの比は，

$$1.26 \, (\text{g}) : 0.72 \, (\text{g}) = 7 : 4$$

答 (1) （水溶液②）イ　（水溶液⑥）ア

(2) 水素　(3) ウ・カ・キ

(4) （マグネシウム：銅 =）3：4

(5) 銅（が）0.1 (g 多い)

(6) （マグネシウム：アルミニウム =）4：3

(7) （水溶液①：水溶液⑦ =）7：4

7．生き物のくらしとはたらき

★問題 P．64〜88 ★

1. (1) クマゼミは早朝から午前中にかけて鳴き，午後になるとほとんど鳴かなくなる。

(2)(ウ) ホウセンカの実がつきはじめるのは 9 月頃。

(エ) トノサマガエルの卵がかえるのは 4 月〜5 月頃。

(3) 食物れんさの後の生物の方が，より多くの物質が蓄積される。

答 (1)(エ)　(2)① (イ)　② (ア)　(3) サワガニ

2. (1) ヒメジョオン・トマトは夏，アヤメ・サクラ・アブラナ・ナズナは春，アジサイは初夏，バラは春と秋に，それぞれ花を咲かせる。

(2) アサガオとユリは，1 つの花におしべとめしべがそろっている。

(3)① けんび鏡の視野は，上下左右が実物と反対になっている。

(4) 実験①と②のように，暗期が一定時間よりも長いと花芽が作られる。

また，実験③と④のように，暗期が一定時間よりも短いと花芽が作られない。さらに，実験⑤のように，暗期が長くても，途中で光を当てて，暗期を中断した場合には，花芽は作られない。

答 (1) エ・カ　(2) イ・エ・オ

(3)① ななめ右上　② レボルバー　③ イ

(4)a・b．ウ　c．カ　d．コ

3. (1) インゲンマメの種子が発芽するためには，水，空気，適当な温度の 3 つの条件が必要。

(2) 実験③と実験④の条件を比べると，水，空気，光の条件が同じで，温度の条件だけがちがっているので，温度の条件についてわかる。

(3) 光の条件だけがちがい，そのほかの条件がすべて同じになっている実験①と実験③を比べればよい。

(4) 液体 A はヨウ素液。インゲンマメの種子やご飯には，でんぷんが含まれている。でんぷんがあるかどうかは，ヨウ素液が青紫色に変化するかどうかで調べることができる。

答 (1)①・③　(2)(キ)　(3)(イ)　(4)(エ)

4. 問 2．植物が大きくじょうぶに成長するためには，発芽に必要な条件の他に，肥料と日光が必要。

問 3．植物を日光に当てずに育てると，葉の数がふえず，葉の色は黄色っぽくなる。

問 4・問 5．ある条件が必要かどうかを調べるときは，調べたい条件を 1 つだけ変えて，その

ほかの条件はすべて同じにしたものを比べる。よって，日光の条件を調べるときは，日光の条件だけがちがうアとイを，肥料の条件を調べるときは，肥料の条件だけがちがうアとウを比べる。

答 問 1．空気・水　問 2．ア　問 3．イ

問 4．ア（と）イ　問 5．ア（と）ウ　問 6．日光

5. (問 3) (え)以外の花は，おしべとめしべが一つの花の中についている。

(問 5) ハチが花の中に入ると，体に花粉が付着し，他の花へ花粉を運ぶことで受粉ができる。

答 (問 1) (図) 2　(問 2) (あ)　(問 3) (え)

(問 4) (お)

(問 5) ハチによって受粉が行われるため。

6. (2) イが花びら，ウがおしべ，エがめしべ。

(4)・(5) ウリ科の植物は，おしべのないめ花と，めしべのないお花をさかせる。図は花のつけねがふくらんでいることから，子房をもつめしべとわかる。

(6) 顕微鏡で観察するときは，直射日光の当たらない明るい場所で行う。真横から見ながら対物レンズをプレパラートに近づけたあと，接眼レンズをのぞいて対物レンズをプレパラートから遠ざけながらピントを合わせる。視野を明るくするのは，プレパラートを置く前に行う。

(7) 顕微鏡では上下左右が反対になって見えるので，見えている物体を左下に動かしたいときは，プレパラートを右上に動かす。

答 (1) イ　(2) がく

(3) (記号) エ　(理由) 花粉がつきやすいようにするため。

(4) め花　(5) ウ　(6)① ×　② ×　③ ×

(7) プレパラートを右上に動かす。

7. (4) アサガオは，1 つの花でさく。おしべとめしべは同じ花にあり，1 つの花にあるおしべは 5 本で，めしべは 1 本。

また，5 枚の花びらが根元の方でつながってろうと状に見える。

(5) アサガオの茎は，水が通る管と養分が通る管が束になって輪のように並んでいる。水が通るところは茎の内側にある。

(7) 顕微鏡で見ると，実際と上下左右が逆に見える。穴 X を右下にずらして見たいので，反対の左上方向にプレパラートを動かす。

答 (1) デンプン　(2)① ヨウ素　② 青むらさき

(3) 水　(4) ウ　(5) イ　(6) 気こう　(7) エ

7. 生き物のくらしとはたらき

8 (2) ヨウ素液の色が変わるのは，光合成が行われてでんぷんができた部分。葉の緑色の部分に日光が当たると，光合成が行われる。

(5) AとCは日光の条件だけがちがうので，光合成に日光が必要であることがわかる。

(6) 光合成が葉の緑色の部分で行われているかを調べるためには，葉の色だけがちがい，同じように日光に当てたAとBを比べる。

答 (1)(ア) (2)A (3)青むらさき(色)
(4)でんぷん (5)(ア) (6)AとB

9 (4) 葉をエタノールにつけると，葉の緑色がとけ出し，葉は白色になる。

(6) CとDのふの部分には葉緑体がなく，Bは日光に当たっていないので，光合成は行われない。

答 (1)デンプン (2)光合成
(3)エタノールに引火しないようにするため。
(4)緑色 (5)青紫色 (6)A

10 2. 植物も呼吸を行っているので，酸素を吸収し二酸化炭素を放出している。光が弱いときには，光合成による二酸化炭素の吸収量が，呼吸による放出量を下回っている。

3. ブドウ糖がつくられる量は，

$$180 (mg) \times \frac{44 (mg)}{264 (mg)} = 30 (mg)$$

4. 光の強さが0キロルクスのとき，二酸化炭素の吸収量は−4mg。これは，植物の呼吸によって出された二酸化炭素であり，光合成のときにはこの二酸化炭素も使われるので，点Cのときの二酸化炭素吸収量は，

$$12 (mg) + 4 (mg) = 16 (mg)$$

5. 点Bでの二酸化炭素吸収量は点Cの値と同じ16mg。2時間では，

$$16 (mg) \times 2 = 32 (mg)$$

このときつくられるブドウ糖の量は，

$$180 (mg) \times \frac{32 (mg)}{264 (mg)} = 21.8\cdots(mg)$$

より，22mg。

答 1. 酸素 2. 呼吸 3. 30 (mg)
4. 16 (mg) 5. 22 (mg)

11 (2)〜(5) 葉にワセリンをぬると気孔がふさがれるので，水が水蒸気になって気孔から出ていく量が減る。

答 (1)水面からの水の蒸発をふせぐため。(2)C
(3)メスシリンダーの水面が低下した。(4)蒸散
(5)気孔 (6)道管 (7)緑のカーテン

12 (4)・(5) 枝Aは葉の両面とくき，枝Bは葉のうらとくき，枝Cは葉の表とくき，枝Dはくきのみで蒸散を行っている。葉の表からの蒸散量を調べるには，枝AとB，または，枝CとDの水の減少量の差を見る。

よって，

$$16.7 (cm^3) − 12.6 (cm^3)$$
$$(または，4.9 (cm^3) − 0.8 (cm^3))$$
$$=4.1 (cm^3)$$

葉のうらからの蒸散量を調べるには，枝AとC，または，枝BとDの水の減少量の差を見る。

よって，

$$16.7 (cm^3) − 4.9 (cm^3)$$
$$(または，12.6 (cm^3) − 0.8 (cm^3))$$
$$=11.8 (cm^3)$$

くきからの蒸散量は枝Dの水の減少量から0.8cm³とわかるので，出ていく水蒸気の量が最も多いのは，葉のうら。

答 (1)蒸散 (2)気こう (3)ウ
(4)(表) 4.1 (cm³) (うら) 11.8 (cm³)
(5)イ

13 問2. 胞子植物は，種子をつくらず，胞子でなかまをふやす。

問5.
(2) ジャガイモはくきを，タマネギは葉の根元を，エンドウは種子の部分を食用としている。

問6.
(1) 双子葉類の道管は，輪のように並んだ維管束の内側の部分。外側には，栄養分を運ぶ師管がある。

問7.
(1) 光合成をさかんに行っている間は，酸素の放出量が多くなる。

(2) 植物も呼吸を行うので，1日を通して二酸化炭素も放出している。特に夜間は光合成による酸素の放出がないので，二酸化炭素の放出が主となる。

答 問1. ① 種子 ② ら子 ③ ひ子
④ り弁花
問2. A. エ B. ウ
問3. C. 子ぼうがなく，はいしゅがむき出しになっている。
D. はいしゅが子ぼうにつつまれている。
問4. E. カ F. オ
問5. (1)(単子葉類) ひげ根

（双子葉類）主根と側根　(2) イ・ウ
問6. (1)（次図）(2) 道管
問7. (1) 酸素　(2) 二酸化炭素

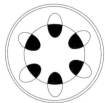

14 (2) 紅葉は，葉緑体が分解することで葉が赤色や
黄色になったりする現象。
(3) 光合成を行うとき，葉からは二酸化炭素，根
からは水を吸収する。
(4) 冬は，気温が低く，日照時間も短く，光合成
には適さないので，カエデは冬になる前に葉を
落とす。
(5) じょう散によって，体温調節や体内の水分調
節も行っている。
(6) メタセコイアはスギの仲間。
(8) サボテンの葉はするどい針のようになってい
るので，葉からは水分があまり出ていかない。
答 (1) 光合成　(2) ア　(3) 二酸化炭素
(4) イ・ウ　(5) じょう散　(6) イ　(7) ア・カ
(8) ア　(9) SDGs

15 (2)(ア) モンシロチョウの卵ではなく，トウモロコ
シについて書いている。
(ウ) 観察した時の日時や気温などの情報がない。
また，文章には感想を書かない。
(エ) 観察したまわりの環境について記録されて
いることはよいが，観察した卵の特徴がわか
らない。
(4) モンシロチョウは胸に2対のはねが付いてお
り，頭に近い1対の方が背中側になるよう，一
部が重なっている。
答 (1)(ア)・(ウ)　(2)(イ)　(3)(ア)　(4)(エ)

16 問2. ダンゴムシはあしが14本，クモはあしが8
本。どちらも，こん虫と同じ節足動物のなか
まではあるが，あしの数がこん虫と異なる。
問5. 幼虫のえさに卵をうみつける。モンシロ
チョウの幼虫のえさはダイコン，キャベツな
どのアブラナ科，アゲハチョウの幼虫のえさ
はレモン，ミカンなどのミカン科の植物。ブ
ドウは，ブドウ科。
問6. カイコはカイコガの幼虫でクワの葉，コ
アラはユーカリの葉をえさとする。
問7. モンシロチョウは幼虫のころはアブラナ科

の植物の葉をえさとするが，成虫になると花
のみつを吸う。カブトムシは幼虫のころはく
さった葉などをえさとするが，成虫は樹液を
えさとする。バッタは幼虫も成虫もイネ科の
植物，ナナホシテントウは幼虫も成虫もアブ
ラムシをえさとする。
答 問1. ① あたま　② むね　③ 6
問2. (イ)・(エ)
問3. 天敵に見つからないようにするため。
問4. ① (ウ)，(エ)，(ア)，(イ)　② (ウ)，(エ)，(イ)
問5. ① (イ)・(ウ)　② (ア)・(エ)
問6. (ア)・(イ)　問7. (イ)・(エ)
問8. えさのクララが生育しなくなるため，オ
オルリシジミはいなくなる。

17 (1) こん虫のなかまは体が頭・むね・はらにわか
れていて，むねにあしをもつ。
(3) カイコガとモンシロチョウはよう虫のとき
に植物を食べる。クマゼミのよう虫は木の汁を
吸う。
(7) コノハムシは枯れ葉に，ナナフシは木の枝の
形に似ている。
(8) こん虫の中でも，コオロギ・バッタ・キリギ
リスのなかまは，はねやあしをこすり合わせて
鳴くが，セミのなかまははらの発生器から音を
出している。
(10) モンシロチョウのよう虫には，キャベツなど
のアブラナ科の植物を与えるとよい。
(11) バッタ・コオロギ・トンボのなかまはさなぎ
の時期がない。
(12) コアオハナムグリ・アブラムシ・カブトムシ
の成虫は，植物のみつや花粉を食べる。
答 (1) イ　(2) ウ　(3) エ　(4) エ　(5) エ　(6) エ
(7) イ　(8) ア　(9) ア・イ・ウ　(10) ア・イ
(11) ウ・エ　(12) ア・ウ・オ

18 (1)ア．水がよごれたら，$\frac{1}{3}$～$\frac{1}{2}$ ほど，くみ置き
の水に取りかえる。
ウ．水そうは，藻が増えすぎないように，直射
日光の当たらない明るい場所に置く。
エ．水温は 25℃程度にして，水温があまり変
化しないようにするとよい。
(4)ア．人の卵の直径は約 0.14mm，ホウセンカの
種の直径は約 2.0mm，ゾウリムシの長さは
約 0.15～0.3mm。
(5) 受精した卵は，数時間後に，Dのように油の
粒が一箇所に集まり，反対側に変化が起こる。2

日後には，Bのように体のもとになるものができる。5～8日後には，C→Aのように，黒い目が大きくなる。10～12日後には，ふ化する。

答 (1) イ　(2) ウ　(3) エ　(4) イ　(5) ウ　(6) ア

19 (2)　イ・エは，めすに見られる特徴。

(3)ア．水そうは，直しゃ日光があたらない明るいところに置く。

　イ．子メダカは，親メダカに食べられてしまわないように，卵のうちから他の水そうで育てる。

(6) i ）　1匹のめすのメダカが産んだ40個の卵のうち，75％がかえるので，

$$40（個）× \frac{75}{100} = 30（匹）$$

ⅱ）　2代目のメダカの半分がめすで，それぞれが40個の卵を産むので，

$$30（匹）× \frac{1}{2} × 40（個）= 600（個）$$

ⅲ）　2代目が産んだ卵からかえる3代目のメダカは，

$$600（個）× \frac{75}{100} = 450（匹）$$

4代目のメダカは，

$$450（匹）× \frac{1}{2} × 40（個）× \frac{75}{100}$$
$$= 6750（匹）$$

なので，1000匹をこえるのは4代目。

答 (1) イ　(2) ア・ウ　(3) ア・イ

(4)① 光合成　② 酸素　③ 精子　④ 受精

(5) へその緒

(6) i ）30（匹）　ⅱ）600（個）　ⅲ）4（代目）

20 (1)1．水そうは，直射日光が当たらない明るいところに置く。

　3．水そうには，くみ置きした水を入れる。5．えさは，食べ残しが出ない量をあたえる。

(3)　メダカのオスはせびれに切れこみがあり，しりびれの後ろが長く，平行四辺形に近い。

答 (1) 3 （つ）

(2)(ア) ①　(イ) ④

(3)（右図）　(4) 受精

(5) 養分（または，栄養分）

(6)（問題点）天敵がふえた。（または，田んぼの水路が整備された。）（解決方法）他の地域でつかまえた外来生物などを持ちこまない。（または，田んぼと水路の落差を小さくする。）

21 問 2．接眼レンズは短いものほど倍率が高く，A

が20倍，Bが10倍，Cが8倍であり，対物レンズは長いものほど倍率が高く，Dが4倍，Eが10倍，Fが40倍。顕微鏡の倍率は2つのレンズの倍率の積。その組み合わせは，

　　$20 × 4 = 80（倍）$，
　　$20 × 10 = 200（倍）$，
　　$20 × 40 = 800（倍）$，
　　$10 × 4 = 40（倍）$，
　　$10 × 10 = 100（倍）$，
　　$10 × 40 = 400（倍）$，
　　$8 × 4 = 32（倍）$，
　　$8 × 10 = 80（倍）$，
　　$8 × 40 = 320（倍）$

の9通りだが，80倍は2回あるので，8通りになる。

問 3．問 2 より，CとDの32倍の組み合わせが最も低く，BとDの40倍の組み合わせが2番目に低い。

問 4．

(1)・(2)　ミドリムシには葉緑体があり，光合成を行うことで，自ら養分をつくることができる。また，べん毛を持っているので，自ら動くこともできる。

(3)　対物レンズは，倍率が大きくなるとレンズが長くなるので，プレパラートとの距離が短くなる。

(4)　対物レンズの倍率が，

$$\frac{40（倍）}{10（倍）} = 4（倍）$$

になるので，見える範囲の面積は，

$$\frac{1}{4 × 4}（倍）= \frac{1}{16}（倍）$$

になる。

答 問 1．レボルバー　問 2．8（種類）

問 3．B（と）D

問 4．(1) ミドリムシ　(2) 葉緑体　(3) ③　(4) ②

22 問 1．

①　バッタとコオロギのなかまには背骨がなく，全身がかたいからでおおわれている。

②　トカゲ・カエル・メダカのなかまは，まわりの温度によって体温が変化する。

③　ツバメのなかまの子は，かたいからをもつ卵で生まれる。

④　カエル・メダカのなかまは，からのない卵を水中に産む。

⑤　カエルのなかまは，子のうちはエラで呼吸

し，成体になると肺や皮ふで呼吸する。メダ
カのなかまは，一生エラで呼吸する。

答 問1．① ウ　② ア　③ オ　④ エ　⑤ イ

問2．A．ウ　B．エ　C．オ　D．イ　E．ア

23 (2) ミジンコとゾウリムシは動物プランクトンで，
光合成はできない。

(3)・(4) Bは微生物を食べるメダカ，Cにはメダ
カを食べるザリガニが入る。アメンボは昆虫を
食べる肉食動物。サギは水中の動物を食べる肉
食動物でメダカを食べることもあるが，水辺の
小動物も食べるので，表ではDにあてはまる。
ミミズはかれ草や土の中の微生物を食べる。

答 (1)（養分）でんぷん

（必要なもの）光・二酸化炭素

(2)(イ)・(エ)　(3) B．(ア)　C．(イ)　(4) サギ

(5) 食物連鎖　(6) A　(7) 分解者

24 問1・問2．生物Aは同じ気体を取りこんで出し
ているので植物。そのほかの生物が取りこん
でいる気体アが酸素で，そのほかの生物から
出されている気体イが二酸化炭素。酸素を取
りこんで二酸化炭素を出しているはたらきが
呼吸，二酸化炭素を取りこんで酸素を出して
いるはたらきが光合成。

問3．生物Bは植物を食べていることから草食動
物，生物Cは生物Bを食べることから肉食
動物。シマウマなどの草食動物は，ライオン
などの肉食動物からにげるため，目が横につ
いていて視野が広く，草をすりつぶすための
平らな臼歯（きゅうし）が発達している。

問5・問6．生物Dは，ほかのすべての生物を取
りこんでいることから，分解者。分解者は，
生物の死がいを取りこむことで呼吸を行い，
生きるためのエネルギーを得る。分解者が生
物の死がいを分解することで得られた養分は
植物に取りこまれる。

問7．生物の個体数は，えさとなる生物ほど多く
なる。

問9．(あ)は渡り（わた），(い)は回遊の説明。いずれも人の
手によって運ばれているのではなく，生物の
習性。

問10．生物Bに食べられていた生物Aは，食べ
られなくなるので，数を増やす。生物Cはえ
さが少なくなるので，数を減らす。

答 問1．ア．酸素　イ．二酸化炭素

問2．（呼吸）①・④・⑤・⑥・⑦

（光合成）②・③

問3．（生物B）(あ)・(う)　（生物C）(い)・(え)

問4．食べる食べられるの関係　問5．(え)

問6．(う)　問7．C＜B＜A

問8．外来生物（または，外来種・帰化生物）

問9．(う)・(お)　問10．(い)

25 (2) 図より，イナゴはイネを食べているので，イ
ネが大きく減少すると，イナゴは食べるものが
なくなって大きく減少する。

また，イナゴはカエルに食べられるので，カ
エルが大きく増加すると，イナゴは食べられる数
が増えて大きく減少する。

(3) イナゴの数はヘビよりも多い。イナゴはカエ
ルに食べられるので，カエルがすべて取り除か
れると，イナゴは食べられなくなって増加する。
また，ヘビはカエルを食べているので，カエル
がすべて取り除かれると，ヘビは食べるものが
なくなって減少する。

(4) イナゴは植物を食べ，ほかの動物に食べられ
る。ライオン・クマタカ・サメは動物を食べる。

答 (1)① 日光　② 食物連さ

(2) イネが大きく減少した。・カエルが大きく増
加した。

(3) ウ　(4) イ・エ

26 問2．ダンゴムシはエビやカニのなかまで，体の
分かれ方などが違う。クモと昆虫では，体の
分かれ方やあしの数が違う。

問3．トンボは幼虫から直接成虫に変わる。

問5．他に，歯の形が違うなどでもよい。ライオ
ンは主に動物の肉を食べるので，犬歯が大き
くとがっている。シマウマを草を食べるので，
臼歯が平たく大きい。

答 問1．a．頭　b．胸　c．腹

d．6（aとcは順不同）

問2．①・③・④　問3．①・④　問4．①・④

問5．（例）歯の大きさが違う。

（理由）食べる食べ物が違うため。

8．人のからだ

★問題 P．89〜97 ★

1 問2・問3．受精後約4週で心臓が動き始め，約
8週で目や耳ができる。その後，約16週で男
女の区別がつくようになり，約24週で体を
回転させてよく動くようになる。そして，約
38週でうまれる。

問7．ほ乳類のコウモリやイルカは胎生なのでへそがあるが，両生類のイモリ，は虫類のヤモリ，鳥類のペンギンは卵生なのでへそがない。

答 問1．ア．受精卵　イ．子宮　問2．②
問3．④　問4．ウ．羊水　エ．たいばん
問5．②　問6．③　問7．④・⑤

2 (2) だ液は，体温に近い温度で最もよくはたらく。
(3) Bにはだ液が入っていないので，デンプンが変化せずに残り，ヨウ素液が青むらさき色に変化する。

答 (1) ヨウ素液　(2) ウ　(3) ウ
(4)① 消化　② 小腸　③ 血液　④ かん臓
⑤ 大腸

3 (2)・(3) 消化管は，口→食道→胃→小腸→大腸→こう門の通り道。
(4) ブドウ糖やアミノ酸などの養分は，小腸の柔毛から吸収される。
(5) 体温に近い温度で，だ液を入れた③とだ液を入れなかった④の結果を比べる。
(6)・(7) ⑦と⑨ではベネジクト液を加えて加熱すると反応があったことから，デンプンがだ液によって糖に変えられて，セロハン膜を通過したことと，①ではだ液のはたらきが失われていないことがわかる。
また，⑧・⑩〜⑫ではヨウ素液を加えても反応がなかったことから，デンプンはセロハン膜を通りぬけることができないことと，⑤ではだ液のはたらきが失われたことがわかる。

答 (1) 青紫色　(2) 消化管　(3) (イ)・(エ)　(4) (ウ)
(5) ③(と)④　(6) (ウ)，(ア)，(イ)　(7) (イ)

4 (1) (あ)のだ液せんと，(い)のかん臓は消化管ではない。
(2) (え)の大腸は消化液をださない。
(3)イ．アミノ酸とタンパク質が反対。
エ．「消化しやすい」は，吸収しやすいの誤り。
(5) (か)が毛細血管で，(き)がリンパ管。

答 (1) (あ)・(い)　(2) (え)　(3) ア・ウ
(4) じゅうもう　(5) ア・エ

5 (1)a．心臓から全身へ血液を送る道筋とは別に，肺と心臓の間で血液を送る血管がつながっている。
b・c．門脈は，小腸などの消化器官からの血液をかん臓に送る血管のこと。
(2)ii．肺から心臓へ戻る血液が，酸素をもっとも多くふくむ。
(4) ①の右心房に，全身から血液が戻ってくる。

(7) 体重60kgの人の血液量は，

80 (mL) × 60 (kg) = 4800 (mL)

細胞に流れこむ酸素の量は，

$4800 \text{(mL)} \times \dfrac{20 \text{(mL)}}{100 \text{(mL)}} = 960 \text{(mL)}$

細胞で受けとることができるのは，

$960 \text{(mL)} \times \dfrac{68}{100} = 652.8 \text{(mL)}$

より，653mL。

答 (1) ウ　(2) i．③・④　ii．②・④
(3) 栄養分　(4) A　(5) 赤血球　(6) ウ
(7) 653 (mL)

6 (1) 体の各部分とは別の経路で心臓とつながっている(あ)は肺，血液の流れこむ血管がCとNの2つある(い)は肝臓。
(3)① (あ)の肺で酸素を血液中に取りこんでいるので，肺から出てすぐの血液が酸素を最も多くふくむ。
② 消化管で吸収した養分は(い)の肝臓に運ばれるので，肝臓に入る前の血液が養分を最も多くふくむ。
③ 血液にふくまれる体にとって不要なものは，二酸化炭素以外は腎臓でこしだされ，尿になる。
④ 肺では酸素を吸収するだけでなく，二酸化炭素を排出しているので，肺に入る前の血液が二酸化炭素を最も多くふくむ。
(4) Dは左心室といい，全身に血液を送り出すために，壁が分厚い筋肉でできている。
(6) 100mL = 0.1L より，
0.1 (L) × 50 (回) × 60 (分) = 300 (L)

答 (1)(あ) 肺　(い) 肝臓　(2) ウ
(3)① L　② N　③ H　④ M
(4) D　(5) ウ　(6) 300 (L)

7 (1) 吸気は，空気と同じ割合で気体がふくまれる。Aは呼気で減少しているので，呼吸により取りこまれる酸素，Bは呼気で増加しているので，呼吸により放出される二酸化炭素。
(4) 心臓から肺に向かう血管は肺動脈，肺から心臓にもどる血管は肺静脈。全身からもどってきた血液は心臓の右心房に入り，右心室に送られた血液が肺動脈を通って肺に送られる。

答 (1) A．酸素　B．二酸化炭素　C．窒素
(2) D．気管支　E．肺胞　(3) ウ　(4) ア

8 問3．ゴム膜を下に引くと，装置の中の圧力が低くなるのでゴム風船がふくらみ，ガラス管か

ら空気が入る。

問4. はく空気に二酸化炭素は約4％，酸素は約17％ふくまれている。残りの約78％は窒素。

答 問1. A. 肺　B. 気管　C. 肺胞
　　問2. 横隔膜　問3. (イ)　問4. (ウ)

⑨ (5) レンズは厚さが厚いほど，焦点までの距離が短くなる。

答 (1) 感覚器官
　　(2) A. こうさい　B. もうまく　(3) イ
　　(4)① イ・ウ　② ア・エ　(5) ア・エ

⑩ (問3) ヒトの手は，手のひらに13本，5つの指に14本の骨がある。

(問5)

① 関節で曲げ伸ばしできるようにするために，筋肉は関節をまたぐようについている。

② うでやあしなどを曲げたときには，曲がっているところの内側の筋肉が縮んでいる。

答 (問1) (う)　(問2) 関節　(問3) (え)
　　(問4) (あ)・(え)　(問5)① (う)　② D

9. 流水のはたらきと大地のでき方

★問題 P. 98～107★

① (2)・(3) せん状地や三角州は流水のたい積作用によってできる。

(4)・(5) 直径が大きく，重い粒が先にたい積する。Aがれき，Bが砂，Cが泥。

答 (1)① しん食　② 運ばん　③ たい積
　　(2) せん状地　(3) 三角州　(4) A→B→C
　　(5) A

② 問1・問2. 曲がった川の外側は流れが速く，川底が深くけずられる。内側は流れがおそく，たい積作用が大きくなるので，川底の浅い川原ができる。

問3. つぶが大きく，重いものほど河口に近い側にたい積する。つぶの大きさは大きい順に，れき，砂，泥。

問4. 水量が多くなると，運ばん作用が大きくなるので，つぶは遠くまで運ばれる。

答 問1. (イ)　問2. (ウ)
　　問3. A. (ウ)　B. (ア)　C. (イ)
　　問4. (ウ)　問5. (ア)

③ (2)① 三角州は，河口付近で砂や泥がたい積してできた三角形状の地形。

② V字谷は，川のしん食作用によって山の斜

面が深くけずられてできた谷。

(3)・(4) 川の上流の方が川はばがせまく，流れる水の速さがはやい。

また，河原の石は大きく，ごつごつとしているものが多い。下流では川はばが広がり，流れる水の量は多くなるが，水の流れはゆるやかになる。

(5) 20mm＝0.00002km より，流域にふった雨の総量は，

0.00002 (km) × 5 (時間) × 383 (km^2)

＝ 0.0383 (km^3)

この雨水を海まで流すのにかかる日数は，

0.0383 (km^3) ÷ 0.01 (km^3) ＝ 3.83 (日)

より，4日。

答 (1) イ　(2)① (う)　② (あ)　(3) ア　(4) エ
　　(5) ウ

④ 問1. 火山ガスがぬけるので，小さな穴が開いている。

問2. アンモナイトとキョウリュウは中生代に生きていた生物。

問3. ねんどは粒が小さくて，水を通しにくい。

問5. E層からD層がたい積したときは，粒が大きくなり，水深が浅くなった。その後，C層からB層がたい積したときに，粒が小さくなり，水深が深くなった。

答 問1. イ　問2. ウ　問3. ア
　　問4.① 流水　② ウ　問5. エ

⑤ (1) 地層は下から上へと積み重なっていくので，しゅう曲などによる順序の逆転がなければ，下にある層ほど古く，上にある層ほど新しい。

(3)・(4) B～Dの層は，どろ→砂→れきの順に，つぶの小さいものから大きいものへ変化しながらたい積している。海の深いところにはつぶの小さいどろが，海の浅いところにはつぶの大きいれきがたい積するので，海の深さはしだいに浅くなったと考えられる。

(5) 断層がB～Dの層だけに見られることから，B～Dの層ができた後に地しんが起こって断層ができ，その後，地層がもち上がって陸地となり，地層の表面がしん食されて，さらに年月が過ぎて地層がふたたび海中にしずんだ後で火山のふん火が起こり，火山灰がたい積したと考えられる。

答 (1) A，B，C，D　(2) 断層　(3) (ア)
　　(4) つぶの大きさがだんだん大きくなっているから。

(5) (ウ)，(イ)，(ア)

6 問2．図2より，1目盛りを2.5mとして読み取る。

問4．図1より，地点A・Bが東西に並んでいる。

問5．地点Aのぎょう灰岩の上面の標高は，

70（m）－ 15（m）＝ 55（m）

地点Bのぎょう灰岩の上面の標高は，

60（m）－ 5（m）＝ 55（m）

なので，東西方向の地層のかたむきはみられない。

問6．地表の標高が同じで，南北に並んでいる地点Bと地点Cのぎょう灰岩の地表からの深さを比べると，南の方にある地点Cの方が，

10（m）－ 5（m）＝ 5（m）深いところにある。

問8．地点Aと地点Pの標高差は，

70（m）－ 65（m）＝ 5（m）

地点Aの柱状図より，地表から，

5（m）＋ 20（m）＝ 25（m）

深い部分の層はでい岩。

問10．れき岩をつくる粒の大きいものは比較的海岸に近いところでたい積し，でい岩をつくる粒の小さいものは海岸から遠い海の深いところでたい積する。Yの部分では，れき岩，砂岩，でい岩の順にたい積しているので，海の深さが深くなっていったと考えられる。

答 問1．たい積岩 問2．7.5（m）
問3．かぎ層 問4．A（と）B 問5．イ
問6．ア 問7．示準化石 問8．でい岩
問9．（X岩）石灰岩 （気体）二酸化炭素
問10．エ

7 (2)・(3) 図のXは，左右に引かれる強い力がはたらいたときに生じる正断層。

(4)・(5) Fの不整合面があることで，1度陸になり，しん食された後に，再び，海底になったことがわかる。

(6) この地層は，E層→D層→C層→X→F面→B層→A層の順にできた。

答 (1) ⑦ (2) 断層 (3) ④ (4) 不整合面
(5) 2（回） (6) （3番目）C （5番目）F

8 問2．温かく浅いとしてもよい。

問5．火山灰は，地中の鉱物が冷えて固まったものがふくまれているので，ものを燃やしてできる一般的な灰とは異なる。

問7．地層Hよりも深いところの層は，Hよりも古い。

問10．地層Cよりも上は地層のずれがないので，地層Dができたあとに断層ができ，面アイの

ところまでけずられたとわかる。

答 問1．れき岩→砂岩→でい岩
問2．温かくすんだ（または，温かくきれいな）
問3．（生物の体や生活のあと）化石
（生物の名前）アンモナイト
問4．火山灰 問5．イ・ウ
問6．F（と）H・G（と）I 問7．G・I・J・K
問8．しん食 問9．断層 問10．D

9 (1) 激しく噴火する火山は，マグマのねばり気が強く，③のようなドーム形をしている。

(6) 100m深くなるごとに温度が2℃上昇するので，温度が，

45（℃）－ 21（℃）＝ 24（℃）

上昇するときの深さは，

24（℃）÷ 2（℃）× 100（m）＝ 1200（m）

答 (1) ③ (2) 火山灰（または，火山ガス）
(3) 水がマグマによって温められた（14字）
(4) 地熱発電（または，農地） (5) ④
(6) 1200（m）

10 (5)① 40km離れた地点にP波が伝わるのにかかる時間は，

$\dfrac{40（km）}{7（km/秒）} = 5.71\cdots（秒）$

より，5.7秒。

② 40km離れた地点にS波が伝わるのにかかる時間は，

$\dfrac{40（km）}{4（km/秒）} = 10（秒）$

③ 140km離れた地点にP波が伝わるのにかかる時間は，

$\dfrac{140（km）}{7（km/秒）} = 20（秒）$

S波が伝わるのにかかる時間は，

$\dfrac{140（km）}{4（km/秒）} = 35（秒）$

よって，P波とS波が伝わる時間の差は，

35（秒）－ 20（秒）＝ 15（秒）

(6) (5)より，震源から40km離れた観測地点Xでの，P波とS波の伝わる時間の差は，

10（秒）－ 5.7（秒）＝ 4.3（秒）

震源に近い場所では，P波が伝わってからすぐにS波が伝わるので，きん急地震速報が間に合わない場合がある。

答 (1) 断層 (2) 津波 (3) 液状化現象
(4) きん急地震速報 (5) ① 5.7 ② 10 ③ 15

(6) イ

11 (4)　地点 a と地点 b の震源からの距離の差は，

130（km）－ 60（km）＝ 70（km）

地点 a と地点 b の P 波の到着時刻の差は，

8 時 22 分 07 秒 － 8 時 21 分 53 秒 ＝ 14（秒）

地点 a と地点 c の P 波の到着時刻の差は，

8 時 22 分 21 秒 － 8 時 21 分 53 秒 ＝ 28（秒）

なので，地点 a と地点 c の震源からの距離の差は，

$$70（km）× \frac{28（秒）}{14（秒）} ＝ 140（km）$$

よって，地点 c の震源からの距離は，

60（km）＋ 140（km）＝ 200（km）

(5)　震度は，0，1，2，3，4，5 弱，5 強，6 弱，6 強，7 の 10 段階。

答 (1)(イ)　(2)(ア)　(3)(イ)　(4) 200（km）

(5) 10（段階）

10. 天気の変化

★問題 P. 108〜118 ★

1 (1)イ．気温は地面から 1.2〜1.5m の高さで測る。

ウ．温度計には直射日光が当たらないようにする。

(3)・(4)　晴れた日は午後 2 時ごろに最高気温を記録することが多く，最低気温と最高気温の差が大きい。

(5)　雲の量が 0〜8 が晴れ（特に雲の量が 0〜1 の時を快晴という），9〜10 がくもり。

(8)　夕焼けは西の空に雲がないときに見られる。また，天気は西から東に移り変わるので，夕焼けの次の日は晴れる。

答 (1)ア．○　イ．×　ウ．×　(2)百葉箱

(3) A　(4) ウ　(5) A・B・C・D・E　(6) かさ雲

(7) アメダス　(8) ウ

2 問 2．一日の中で太陽がもっとも高くなる頃，太陽は南の方向にあるので，影は北の方向にできる。

また，太陽が高い位置にあるほど，影の長さは短くなる。

問 3．

(1)　地面の温度は，温度計の液だめを地面に少し入れ，うすく土をかぶせてはかる。

(2)　図より，地面の温度がもっとも高くなるのは午後 1 時ごろなので，観察を開始した時刻

はそのおよそ 4 時間前の午前 9 時。

(4)　くもりの日は，晴れの日よりも気温が低くなり，温度の変化も小さくなる。

答 問 1．① イ　② ア　問 2．イ

問 3．(1) エ　(2) ウ　(3) イ　(4) ア

3 (1)　高気圧付近では下降気流，低気圧付近では上昇気流が起きる。高気圧付近では天気は良い。

(2)　雨を降らせる雲は，乱層雲と積乱雲。

(3)　昼は，陸地の方が海よりもあたたまりやすいので，陸地で上昇気流，海上で下降気流が起き，海から陸に風がふく。これを，海風という。

(5)　冬はシベリア高気圧が強くはり出すため，西高東低の気圧配置となり，日本には北西の冷たい風がふく。

答 (1) エ　(2) エ　(3) ウ　(4) 風がやむ　(5) ア

4 (2)　コップの表面についた水てきは，コップの表面付近の空気が冷やされて，ふくみきれなくなった水蒸気が液体のすがたに変わったもの。ドライヤーで熱風を当てると，空気にふくむことのできる水蒸気量が増えるので，水てきは再び水蒸気になる。

(3)①　水温が 12℃になったときに水てきができ始めたので，部屋の空気にふくまれていた水蒸気の量は，12℃の空気にふくむことのできる量と同じ。

②　実験を行ったときの部屋の気温は 28℃で，1 m³ あたり 27.2g の水蒸気をふくむことができる。実際には 10.7g の水蒸気がふくまれていたので，しつ度は，

$$\frac{10.7（g）}{27.2（g）} × 100 ＝ 39.33…（％）$$

より，39.3 ％。

答 (1)① ア　② ア　(2) イ

(3)① 10.7（g）　② 39.3（％）

5 (1)②　写真 A では，日本海側にすじ状の雲が見られる。これは冬の天気の特ちょう。写真 B では，日本の南の海上に台風が見られる。これは，夏から秋にかけての天気の特ちょう。

⑤　津波と液状化現象は，地震によってひき起こされる。

答 (1)① ひまわり　② イ　③ 台風　④ 偏西風

⑤ ウ・カ

(2) アメダス

6 問 1．エの乱層雲は，広い範囲におだやかな雨を降らせる。

問3．湿った空気には雲のつぶのもとになる水蒸気が多く含まれている。

また，暖かい空気は上空に行きやすいので，雲ができやすい。

問4．高潮は，台風などの低気圧と風による吹きよせで，海岸の水位が高まる現象。

問7．湿度は，その空気に含まれる水蒸気量によって変わる。空気に含みきれなかった水蒸気が水てきとなるので，水や氷のつぶができたときの空気は湿度が100％になる。

答 問1．ウ 問2．a．高い b．低い c．東
問3．ア 問4．ウ 問5．へん西風
問6．観天望気 問7．d．水蒸気 e．100

7 問2．風速が15m（秒速）以上は強風域，風速が25m（秒速）以上は暴風域。

問4．台風の中心に向かって左まわりに風がふきこんでいる。

問5．台風はほぼ1年中南の海上で発生しているが，日本に最も近づくのは8〜9月ごろ。

答 問1．②
問2．A．⑤ B．③ C．① D．⑥ E．④
問3．〔台風の〕目 問4．① 問5．③
問6．偏西風 問7．③

8 (3) 台風はほぼ一年中発生している。グラフからは台風の強さを見分けることはできない。

また，グラフは，平均接近数なので，必ず接近するとは限らない。

(4)・(5) 台風は南の海上で発生した後，北西に進み，日本付近では偏西風に流されて北東に進む。

(6) 9月18日午前2時には，和歌山は台風の南西にあるので，西よりの風が吹く。

(7) Aは風速15m以上の強風域，Cは台風の中心が通ることが予想される範囲。

答 (1) 8月 (2) 9月 (3) (ア) (4) (ウ)
(5) ① (イ) ② (ア) (6) (エ) (7) (ウ)

9 (1) 気温の測定は，風通しがよく直射日光が当たらない地上1.2〜1.5mの高さで行う。

(2) 放射冷却現象とは，地面から熱が逃げて気温が下がる現象。

(3) 雨を降らせる雲は，乱層雲と積乱雲。乱層雲は，広い範囲におだやかな雨を長い時間にわたって降らせる。

(5) 暴風域は，その時々の台風や雨雲の発達によって影響が異なる。

答 (1) イ (2) エ (3) イ (4) ア (5) ウ

11．天体の動き

★問題 P．119〜130 ★

1 ⑨・⑩ 太陽の位置が高くなるほど，かげの長さは短くなる。太陽の位置が最も高くなるのは，太陽が真南を通る正午ごろ。

答 ① ア ② エ ③ イ ④ セ ⑤ カ ⑥ ク
⑦ キ ⑧ ウ ⑨ サ ⑩ ケ ⑪ ソ ⑫ チ

2 (1) 太陽高度がもっとも高く，影がもっとも短いAが夏至の日，影の先たんがほぼ直線上を通るBが春分の日，太陽高度がもっとも低く，影がもっとも長いCが冬至の日の影。

(2) 棒の影は，西から東に動く。

また，真北にできるA4が正午の影なので，A7が3時間前の午前9時，A1が3時間後の午後3時の影。

(4)(2回記録できなかった日) Aの日が7回記録しているのに対して，Bの日は5回しか記録していない。Cの日は6回記録しており，記録できなかったのは正午の1回。

（時刻） 正午の1時間前の午前11時と正午の2時間後の午後2時の部分の記録がない。

(5) 正午に太陽は南中し，虹は太陽の反対側の北にできる。

(6) 午前9時の1時間前は午前8時だから，太陽は出ている。夏至の日は，太陽が北よりの位置から出るので，A7の1時間前の棒の影は南よりになる。

答 (1) (春分の日) B （夏至の日）A
（冬至の日）C
(2)（開始時刻）（午前）9（時）
（終了時刻）（午後）3（時）
(3) A2
(4)（2回記録できなかった日）B
（時刻）午前11（時）・午後2（時）
(5) ア (6) ウ

3 (2) 北半球側が太陽とは反対向きに傾いているAが冬至。

(3) Dは秋分の日の地球の位置であり，太陽の南中高度は，

$$90° − 36° = 54°$$

(4) A（冬至）の日の太陽の南中高度は，

$$90° − 36° − 23° = 31°$$

(5) 緯度が高いほど，太陽の南中高度は低くなる。

答 (1) イ (2) A (3) 54 (度) (4) 31 (度)
(5) イ (6) エサがなくなるから

④ 問2. Aの星が含まれているのははくちょう座。
　　　 Cの星が含まれているのはわし座。
　　 問5. 星の見かけの明るさを表す等級が1小さく
　　　　 なると, 明るさは2.5倍になる。
　　 問6. 星の表面温度によって見える色が変わる。
　　 答 問1. （ひこぼし）C　（おりひめ）B
　　　　 問2. こと(座)
　　　　 問3. A. デネブ　B. ベガ　C. アルタイル
　　　　 問4. ア　問5. キ　問6. イ

⑤ (ｵ)　時間が経つと, 東の空に見えたA～Cの星は,
　　　 南の高い空へのぼっていく。
　　 (ｶ)③　リュウグウが持ち帰った砂からは, 生物の
　　　　　 体をつくるもととなるアミノ酸が見つかって
　　　　　 いる。
　　 答 (ｱ)① ベガ　② 2　(ｲ) アルタイル
　　　　 (ｳ) 天の川　(ｴ) はくちょう(座)　(ｵ) 3
　　　　 (ｶ)① 4　② 2　③ 1

⑥ (1)・(2)　オリオン座は冬の代表的な星座であり,
　　　　　 星Aは赤色の1等星のベテルギウス。
　　 (4)　星座をつくる星は, 1日（24時間）で360°移
　　　　 動して, 前日とほぼ同じ位置に見える。
　　　　 　360° ÷ 24（時間）= 15°
　　 (5)　星Aは23時に南中してから,
　　　　 　1（時間）× $\frac{90°}{15°}$ = 6（時間後）
　　　　 の,
　　　　 　23 + 6 − 24 = 5（時）
　　　　 に西の空にしずむ。
　　 (7)　1か月後の23時に星Aは南の最も高い位置
　　　　 から西に30度動いた位置に見えるので, 星A
　　　　 が南中するのは, 23時の,
　　　　 　30° ÷ 15° = 2（時間前）
　　　　 である21時。
　　 (8)　南半球では, オリオン座は北の空を通り, 反
　　　　 時計回りに動く。
　　 答 (1) オリオン座　(2) エ　(3) ア　(4) 15度
　　　　 (5) オ
　　　　 (6) 地球が1日1回, 西から東へ自転している
　　　　　 から。
　　　　 (7) ア　(8) イ

⑦ (2)　星座をつくる星も, 太陽の動きと同じように,
　　　　 東の空から南の空の高いところを通り西の空へ
　　　　 移動する。
　　 (3)　①より, 6月下旬ごろベテルギウスは正午に
　　　　 南中する。地球の公転により, 星が同じ位置に
　　　　 見える時刻は, 1ヶ月で2時間早くなる。午前

0時は正午の12時間前なので, 南中するのは,
　　 12（時間）÷ 2（時間）= 6（ヶ月後）
(4)　②より, 地点Xの緯度を□□□度とすると,
　　 （90° − □□□）+ 23.4° = 81.4°
　　 より,
　　 □□□ = 32°
(5)　(4)より春分の日の太陽の南中高度は,
　　 90° − 32° = 58°
　　 ③より, 三つ星の南中高度も58°。
　　 ④より, リゲルの南中高度は,
　　 58° − 8° = 50°
答 (1) オリオン(座)　(2) (ｳ)　(3) エ　(4) 32(度)
　　 (5) 50(度)

⑧ (1)(A)　太陽の反対側にあるので, 満月に見える。
　　 (B)　地球から見て, 月の右側半分が欠けた半月
　　　　 に見える。
　　 (C)　太陽と同じ方向にあるので, 新月になる。
　　 (D)　新月から数日たっているので, 月の右側の
　　　　 一部が徐々に見え始める。
　　 (E)　満月になる前なので, 左側の一部が欠けた
　　　　 形に見える。
　　 (3)　同じ時間に月を観測すると, 見える位置は西
　　　　 から東に少しずつ移動する。
　　　　 また, 図1のように日によって月の明るく見え
　　　　 る部分は変わる。月は右側から徐々に満ちてく
　　　　 るので, 図2の月よりも2日後の月の方が, 明
　　　　 るく見える部分は増える。
　　 (5)(ｱ)　月の直径は太陽の約400分の1。
　　 (ｲ)　地球から月までの距離は, 地球から太陽ま
　　　　 での距離の約400分の1。
　　 (ｳ)　月はおよそ1か月かけて地球のまわりを1
　　　　 周する。
　　 (ｴ)　JAXAの月周回衛星は「かぐや」という。
　　 答 (1)(A) (ｱ)　(B) (ｳ)　(C) (ｸ)　(D) (ｴ)　(E) (ｷ)
　　　　 (2)(A) 満月　(C) 新月　(3) (ｱ)　(4) クレーター
　　　　 (5) (ｴ)

⑨ 問1・問2. 地球は西から東に自転するので, 月
　　　　 は東から西に動いて見える。
　　 問3・問4. 図1は満月なので, 地球から見たとき
　　　　 に月の明るい部分がすべて見えるCの位置。
　　　　 また, 満月は午前0時ごろに南中し, 6時間
　　　　 前の午後6時ごろが月の出, 6時間後の午前
　　　　 6時ごろが月の入り。
　　 問5・問6. 月は図2のA～Hを反時計回りに移
　　　　 動し, 約28日で1周する。満月(C)から7

日後は,

$$7 \div 28 = \frac{1}{4} (周)$$

進んだEの位置にあり, 地球から見ると, 左半分が明るい下弦の月。下弦の月は午前6時ごろに南中する。

また, 6時間前の午前0時ごろが月の出, 6時間後の午後0時ごろが月の入り。

問7. 月食は, 満月のとき, 月が地球の本影に入る現象。

答 問1. エ 問2. ウ 問3. C

問4. (あ)エ (い)ウ 問5. イ

問6. (あ)オ (い)ウ 問7. C

問8. (1)クレーター (2)月には大気がなく, 液体の水も存在しないため。

10 (2) P地点からHの位置を見たときの位置関係と同じになるので, Hの位置にあるボールと同じ見え方になる。

(3) 月は, 東から出て, 南の空の高いところへのぼっていく。

このとき, 月は, 南を中心に回転するようにかたむきが変わっていく。

(4) 月は, 約30日で, 新月→右半分が光って見える半月→満月→左半分が光って見える半月→新月とすがたを変えて, もとの形にもどる。

よって, (3)の右半分が光って見える半月の一週間後には満月が見える。満月は, 午後6時ごろ東から出て, 真夜中に南の空高くのぼる。

答 (1) B. (ウ) H. (オ) (2)(オ) (3)(イ)

(4)(形)(イ) (時刻)(ク)

11 (2)~(4) 次図のように, 夜明けごろの地球の位置からは, 東の空から南の空にむけて, 3つのわく星が, 金星, 火星, 木星の順に南よりに高く見える。

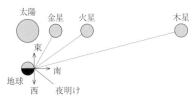

(5) 金星は図2の軌道を反時計回りに動くので, 1週間後には低い空に見える。

(6) 木星の直径は地球の約10倍で, 太陽系のわく星では最大。

答 (1) わく星 (2) イ (3) オ (4) エ (5) ア

(6) 木星

12 問1.

(2) こと座の1等星のベガ, はくちょう座の1等星のデネブ, わし座の1等星のアルタイルが夏の大三角をつくる。

問2.

① 地球7周半の距離は,

$$4 (万km) \times 7.5 (周) = 30 (万km)$$

② ①より, 光の速さは秒速30万kmなので, 1億5千万kmを進むのにかかる時間は,

$$15000 (万km) \div 30 (万km) = 500 (秒)$$

③ 太陽から出た光が木星にあたり, はね返って地球に届くまでに進んだ距離は,

$$78000 (万km) + 78000 (万km)$$

$$-15000 (万km)$$

$$=141000 (万km)$$

なので, かかる時間は,

$$141000 (万km) \div 30 (万km) = 4700 (秒)$$

④ 4万kmを1日, つまり24時間かけて回るので, 回る速さは, 時速,

$$40000 (km) \div 24 (時間) = 1666.6\cdots(km)$$

より, 1667km。

⑤ 地球の1年間の移動距離は, 半径1億5千万kmの円の円周と考えられるので,

$$15000 (万km) \times 2 \times 3.14$$

$$=94200 (万km)$$

より, 942 × 100万km。

⑥ 94200万kmを31 × 100万秒で進むので, 回る速さは秒速,

$$94200 (万km) \div 3100 (万秒)$$

$$=30.3\cdots(km)$$

より, 30km。

答 問1. (1)①(オ) ②(ア) (2)(エ)・(カ)・(キ) (3)(イ)

問2. ① 30 ② 500 ③ 4700 ④ 1667

⑤ 942 ⑥ 30

12. 自然・環境

★問題 P. 131～134 ★

1 問1.

(1)・(2) ウリ科のゴーヤは, 7～9月ごろに黄色の花をさかせる。

また, 花びらや葉には切れこみが入っている。

(3)・(4) 緑のカーテンは, ネットやフェンスに植物の茎をからみつかせてつくる。ヒルガオ科のアサガオは茎を支柱にからみつけ, ウリ

科のゴーヤおよびヘチマとキュウリは巻きひ
げを支柱にからみつける。

問2.

(2) 緑のカーテンは，部屋の外で光をさえぎる
ので，部屋の中に入る光が少なくなる。

(3) $1m^2$ につき，3.5kgの二酸化炭素を吸収す
るので，$25m^2$ の緑のカーテンが吸収する二
酸化炭素は，

　　　　3.5 (kg) × 25 = 87.5 (kg)

答 問1. (1) ③ (2) ④ (3) ② (4) ①・④・⑦
問2. (1) ア. 蒸散　イ. 二酸化炭素　(2) ①
(3) 87.5 (kg)

2 (2) プラスチックは炭素・水素・酸素などからでき
ているので，燃えると二酸化炭素や水が生じる。

(3) アルミニウムの密度は $2.7g/cm^3$ で塩酸の密
度よりも大きく，塩酸に沈む。
また，アルミニウムは塩酸にいれると溶けて水
素が発生する。

(4)① 密度が最も小さいアセトンが一番上にあ
り，密度が最も大きいガムシロップが最も下
にある。

②X. 密度が水の $1.0g/cm^3$ とアセトンの
$0.78g/cm^3$ の間のPP。

Y. 密度が水の $1.0g/cm^3$ とガムシロップの
$1.2g/cm^3$ の間のPS。

Z. 密度がガムシロップの $1.2g/cm^3$ よりも
大きいPET。

答 (1) イ (2) エ (3) エ
(4)① エ　② X. イ　Y. ウ　Z. ア

3 問1・問2. 植物は，葉の葉緑体で日光のエネル
ギーを利用して，水と二酸化炭素からデンプ
ンと酸素をつくる。

問3・問4. 植物や動物は呼吸を行い，酸素を取
り入れ，二酸化炭素を放出する。

問5. 森林が減少すると，森林による二酸化炭素
の吸収量が少なくなる。

問6. 二酸化炭素・水蒸気・メタンなどの気体を
温室効果ガスという。

問7. キツネは肉食動物。雨が降らない日が続く
と，植物が減り，キツネのえさとなる草食動
物の数も減る。

問8.
イ. 生物の種類や数のバランスがくずれてし
まう。

エ. 住むことができる生物の種類が変わってし
まう。

答 問1. C・D　問2. イ・エ　問3. 呼吸
問4. 呼吸　問5. ウ　問6. イ・ウ・キ
問7. ウ　問8. イ・エ

---

13. 小問集合

★問題 P. 135～139 ★

1 (5) 夏の大三角をつくる星は，こと座のベガ，は
くちょう座のデネブ，わし座のアルタイル。

(7) てこで力を入れるところは力点。

(8)・(9) 水が氷になると，重さは変わらないが，
体積は約1.1倍になる。

答 (1) ア　(2) イ　(3) イ　(4) ア　(5) アルタイル
(6) イ　(7) 力点　(8) イ　(9) 変わらない

2 問1. ツユクサとアサガオは夏，シロツメクサは
春から夏に花をさかせる。

問2. トウモロコシの花粉は風で運ばれる。

問3. 子宮の中にいる間は，へそのおを通して母
体から酸素を取りこんでいるので，肺での気
体のやりとりは行われない。

問5. アンモニア水にはアンモニア，うすい塩酸
には塩化水素，炭酸水には二酸化炭素がとけ
ており，これらはすべて気体。

問6. デネブは夏の大三角にふくまれる。

問8. においのもととなるものの中には，毒性が
あるなど大量に吸い込むと危険なものもある。

問10. ふりこの1往復する時間は，ふりこの長さ
によってのみ変わる。

答 問1. ウ　問2. イ　問3. ア　問4. エ
問5. ウ　問6. ア　問7. エ　問8. ウ
問9. イ　問10. イ

3 (2) こん虫のあしは3対（6本）で，すべて胸に
ついている。

(3) 鉄やアルミニウムを塩酸に加えると，水素が
発生する。

(4) 二酸化炭素はわずかに水にとけるので，水に
とけた分だけペットボトル内の体積が小さくな
り，ペットボトルはへこむ。
また，二酸化炭素を石灰水に通すと白くにごる。

(5) つぶが小さいものから順にでい岩，砂岩，
れき岩で，砂岩のつぶの大きさは $\frac{1}{16}$ mm から
2mm。ぎょう灰岩は火山活動によってふき出

た火山灰などのつぶがたい積してできた岩石。

(7) 地球はおよそ365日をかけて太陽のまわりを1周するので、同じ時刻に見える星の位置は、

360° ÷ 365（日）= 0.98…°

より、1日に約1°ずつずれて見える。

(8) 同じ高さから落とした物体が地面に落下するまでにかかる時間は、物体の重さによらない。

(9) 救急車が音を出しながら近づいてくるとき、音を伝える空気の波が押され、波の間かくが小さくなるので、もとの音より高く聞こえる。

(10) フライパンから取っ手への熱の伝わり方は伝導。アとウは放射、イは対流。

答 (1) タンポポ　(2) イ　(3) ウ・オ　(4) エ
(5) イ　(6) 水星　(7) ア　(8) ウ　(9) イ　(10) エ

4 (1)(ア) とじこめた空気をおすと、体積は小さくなるが、なくなることはない。

(イ) とじこめた水をおしても、体積は変わらない。

(ウ) 水は、氷になると体積が大きくなる。

(2)(ア) 図1のAはオス、Bはメス。

(ウ) かえったばかりのメダカのこどもは、腹のふくろの養分で育つ。

(3)(イ) 台風の進む方向と風の向きが同じになるのは、台風が進む方向の右側。

(ウ) 「台風の目」では、風や雨が止むことが多い。

(4)(ア) おもりの重さを変えても、ふりこの1往復する時間は変わらない。

(イ) ふりこの長さを長くすると、ふりこの1往復する時間は長くなる。

(ウ) おもりを図2のように増やすと、おもりの中心の位置が変わり、ふりこの長さが変わってしまうので、おもりを増やすときは、1か所につるす。

(5)(ア) 消化された食べ物の養分は、主に小腸から吸収される。

(イ) 口からこう門までの食べ物の通り道は消化管。

(6)(ア) コンデンサーは、電気をためるはたらきがある。

(ウ) 長い時間明かりがつくのは、発光ダイオード。

答 (1) ×　(2) (イ)　(3) (ア)　(4) ×　(5) (ウ)　(6) (イ)

5 (3)ア. ラニーニャ現象とは、太平洋から南アメリカ大陸沿岸にかけての海面の温度が平年より高い状態が続く現象。

イ. 湿った空気が山脈を越えると、乾いた風となり、気温が高くなる現象。

ウ. 都会でエアコンや自動車、工場などから出る熱により、周辺地域よりも気温が高くなる現象。

(4) てこの支点に近いところを持つほど、かかる力は大きくなる。

答 (1) ウ　(2) イ　(3) エ　(4) ア　(5) ア・エ・カ

---

14. 総合問題

★問題 P. 140～144★

1 (1)問1. 水よりも比重が小さいものは浮き、比重が大きいものは沈む。

問2. 立方体にはたらく浮力は、

300（g）− 200（g）= 100（g）

で、これは立方体がおしのけた水の重さと同じ。$1000 kg/m^3 = 1 g/cm^3$ より、重さ100gの水の体積は、

100（g）÷ 1（g/cm^3）= 100（cm^3）

問3. 食塩の重さは、

$200（g）× \frac{5}{100} = 10（g）$

問5. 水に溶けている物質の重さは、

$600（g）× \frac{7}{100} = 42（g）$

もとの水溶液の濃度は、

$\frac{42（g）}{350（g）} × 100 = 12（\%）$

(2)問7. グラフより、水100gに溶ける食塩の重さはおよそ38gで、水の温度によって溶ける量はほとんど変化しない。

よって、40gの食塩が少しずつ水に溶け、溶けきれない分が一部残る。

問9. グラフより、水100gに溶けるミョウバンの質量は、60°では約62g、20°では約12g。

よって、

62（g）− 12（g）= 50（g）

の結しょうが得られる。

問10.

ア. 溶けるものが固体の場合、水の温度が高くなると溶解度は大きくなる。

イ. 溶解度は、水100gに溶ける物質の量を示している。

ウ. 溶かすものの形を変えても、溶解度は変化しない。

答 問1. ウ　問2. 100（cm³）　問3. 10（g）

　　問4. メスシリンダー　問5. 12（％）　問6. ア

　　問7. エ　問8. 飽和水溶液　問9. 50（g）

　　問10. エ

2　問2.

　　X. 火力発電の燃料になる石炭や天然ガスなど
　　　は，燃やすと二酸化炭素を発生する。

　　Y. 地球全体の気温が上昇すると極付近の氷が
　　　とけ，海水全体の量が増える。

　　問4.

　　X. 塩酸は塩化水素が水にとけた水溶液。

　　Y. 塩酸は酸性の水溶液。

　　問6. はやぶさは，2003年に打ち上げられ，小惑
　　　星イトカワを観測した探査機。

　　問8.

　　X. たい積岩は，水のはたらきにより角がけず
　　　られた粒からできるので，岩石の粒は丸みを
　　　おびている。

　　Y. マグマが冷えて固まってできる岩石は火
　　　成岩。

　　答 問1. エ　問2. ア　問3. ア　問4. ウ
　　問5. イ　問6. エ　問7. イ　問8. エ

3　(2)　ススキは秋に花を咲かせる。夏至から冬至の
　　　期間は，日照時間が短くなる。

　　(3)　写真をとるカメラの向きが電灯の光を当てた
　　　アと同じ方向なので，ボールが満月のように見
　　　える。

　　(4)　図3のボールは，右側が少しだけ暗く見えて
　　　いるので，アの位置よりも少しだけ右にずれた
　　　イの位置から電灯の光を当てている。

　　答 (1) ふさふさとした毛がついているため，風
　　に乗りやすく，運ばれやすくなるということ。

　　(2) イ　(3) ア　(4) イ　(5) 関節　(6) ウ